TI DAVINCI DSP 系统开发应用技巧丛书

DAVINCI 技术剖析及实战应用开发指南

沈沛意　张　亮　周　梦　董洛兵　王　剑　编著

西安电子科技大学出版社

内 容 简 介

达芬奇(DAVINCI)技术是 TI 公司推出的一种应用于数字视频的内涵丰富的综合体，它是处理数字图像、视频、语音和音频信息的新平台。达芬奇技术包括达芬奇处理器(基于 ARM+DSP 的片上系统)、软件、开发工具、算法库和其他的一些技术上的支持。

本书深入地解析了 DAVINCI 技术的原理、创建的方法及步骤。本书从实际应用的角度，以基于 DAVINCI 技术的硬件平台 DM6467 和 DM365 为例，系统地讲述了 DAVINCI 技术在各个处理器平台下的 Codec、Server 和 App 三部分的详细内容，包括各种配置文件、源文件等内容及功能，三部分的创建生成方法、应用程序的编写和算法的调用流程，以及各个处理器的 UBOOT、UBL、Linux 内核开发和硬件系统的烧写方法等；同时，针对 DAVINCI 技术在 CCS 中的实际应用进行了讲解，包括 CCS 开发环境的配置和 DAVINCI 技术的具体实现等内容；最后，从算法和内存两方面介绍了 DSP 系统算法的优化，以及基于裸通信机制的 DAVINCI 核间通信模型。

本书还提供了各个 DAVINCI 硬件平台下的开始环境、算法及应用程序的源码。

本书是针对科研中的实际问题进行讨论和阐述的，并且本书中所有例程都经过实际测试，可以在出版社网站上进行下载和测试。本书既可作为高等院校电子类等专业本科生、研究生的嵌入式系统相关教学实验教材，也可作为相关音视频开发科研人员的工具书和参考书。

图书在版编目(CIP)数据

DAVINCI 技术剖析及实战应用开发指南 / 沈沛意等编著.—西安：西安电子科技大学出版社，2012.4
(TI DAVINCI DSP 系统开发应用技巧丛书)
ISBN 978 - 7 - 5606 - 2720 - 5

Ⅰ. ① D… Ⅱ. ① 张… Ⅲ. ① 数字信号—信号处理 Ⅳ. ① TN911.72

中国版本图书馆 CIP 数据核字(2011)第 278493 号

策　　划	戚文艳	
责任编辑	戚文艳　李恩科	
出版发行	西安电子科技大学出版社(西安市太白南路 2 号)	
电　　话	(029)88242885　88201467	邮　编　710071
网　　址	www.xduph.com	电子邮箱　xdupfxb001@163.com
经　　销	新华书店	
印刷单位	西安文化彩印厂	
版　　次	2012 年 4 月第 1 版　2012 年 4 月第 1 次印刷	
开　　本	787 毫米×1092 毫米　1/16　印　张　15	
字　　数	351 千字	
印　　数	1～3000 册	
定　　价	27.00 元	

ISBN 978 - 7 - 5606 - 2720 - 5/TN · 0637
XDUP 3012001 - 1
*** 如有印装问题可调换 ***

本社图书封面为激光防伪覆膜，谨防盗版。

前 言

随着多媒体技术的不断发展和应用,数字视频以其不可阻挡的趋势渗入到人们的工作和生活中,并正在带来一场革命。视频功能的增加,可以使各种电子产品及嵌入式应用的附加值大大增加。用户可以通过视频交互,开启各种基于视频服务的大门,包括视频点播、互动和导向等;先进的监视系统可以采集视频信号并实时处理、自动跟踪目标,还可以改善服务的可靠性。

然而,随着基于视频的应用的发展,开发者面临着更大的压力,因为数字视频的实现是极其复杂的。开发者需要花费很长的时间来熟悉各种多媒体的标准,而这些标准又在不停地改变。同时,已有数字视频的实现,往往与特定的硬件平台和操作系统绑定在一起,开发者只能通过编写和修改代码来进一步开发和改变。总之,数字视频的实现是复杂、费时且昂贵的过程。

但随着达芬奇(DAVINCI)技术的出现和发展,这一切都在发生改变。

2005年,TI公司推出了应用于数字视频领域的一种内涵丰富的综合体——DAVINCI(达芬奇)技术。达芬奇技术是以多处理器硬件结构(ARM+DSP)和开放软件结构为基础的。它的硬件产品在一个芯片封装内集成了ARM嵌入式处理器内核与C64x+数字信号处理器内核,提高了系统集成度,降低了系统板级成本,双处理器的协同运作效率也有很大提高;它的软件架构对复杂性较高的算法部分进行了模块化,大大增强了算法与应用程序的独立性,使得算法部分具有了良好的可扩展性。

DAVINCI处理器将高性能可编程的核与存储器及外设集成在一起,包括一个可编程的DSP处理器,以及面向视频的硬件加速器,可为实时的压缩-解压缩算法及其他通信信号处理提供所需的计算功能;处理器还将一个RISC处理器和DSP组合在一起,增加对控制界面和用户界面的支持,使其更加易于编程;该处理器所集成的视频外设降低了系统的成本,简化了设计。这种多处理器的硬件结构构成了开放软件的基础,便于灵活、快速地开发各类包含数字视频的产品。

目前市场提供的关于DAVINCI开发的书籍大多都是由TI公司的网站上提供的datasheet翻译而来,这些书大多都是概念性的介绍,翻译错误百出,没有太大的实际指导意义。

本书针对与实际应用中的具体开发流程密切相关的知识进行了详细的讲解。与其他类型的书相比,本书力图在以下方面有所突破:

(1) 合理阐述DAVINCI技术的系统结构和处理器。

(2) 详细阐述DAVINCI技术的开发原理、步骤以及应用:包括DAVINCI技术中Codec、Server和App三部分的核心内容,讲述了其中所包含的文件、需要特别注意的问题以及开发过程中的各种配置文件等内容。

(3) 以TMS320DM6467、TMS320DM365实际典型硬件平台为例,详细地讲解了在实际应用开发的过程中，各种处理器开发环境的搭建、各种参数的基本配置以及具体算法创建的演示范例和应用程序创建实例，详细描述了包含在 DAVINCI 硬件平台上的 UBL、UBOOT 以及 Linux 内核的开发和系统的烧写、启动。

(4) 全面阐述 DAVINCI 技术中的 DSP 算法的优化方法。

(5) 系统讲述 CCS 开发环境的配置和 DAVINCI 技术的实现。

(6) 讲述 DAVINCI 核间通信的原始机制及依据此机制建立的核间通信模型。

本书全面系统地提供了各个开发平台下的开发环境、算法及应用程序创建实例的源码。本书的出版，一方面可以极大地促进相关的科研工作，解决科研工作中没有相关参考书的紧迫需求，同时，也可以弥补目前 TI 嵌入式处理器相关教材的匮乏。

本书第 1 章由张亮、沈沛意编写，第 2 章由王剑、张亮编写，第 3、4 章由张亮、周梦编写，第 5、6、7 章由张亮、周梦和沈沛意编写，第 8 章由董洛兵、张亮、周梦编写。西安电子科技大学的王军宁教授、李云松教授在百忙中审阅了全书，提出了许多宝贵的意见。

在本书的撰写过程中，得到了 TI 公司大学计划负责人沈洁女士、浙江大学陈耀武教授、西安电子科技大学杨刚教授、张向东教授的大力支持和帮助。西安电子科技大学的华磊、周海龙、范晔、刘春红、曹冰、李博、马萧、夏盛新、刘中辉、刘玄、刘施、曹二奎、徐锡杰、罗玲利、胡正川、郑少雄、吴晓晨、丁洁琼、康越等研究生对本书的内容作了大量的校对工作，同时，对书中的所有例程进行了验证。在本书的撰写过程中还得到了各种科研项目及基金的支持，其中包括：国家自然科学基金（61072105）、陕西省自然科学基金（2010JM8005）、中央高校基本科研业务费、模式识别国家重点实验室开放课题等，在此向他们一并表示感谢。

在从事科研和教学的同时，我们得到了西安电子科技大学武波教授的大力支持和帮助，得到了西安电子科技大学软件学院许多老师的帮助和鼓励。特别是在筹建西安电子科技大学—TI 多核嵌入式联合实验室的过程中，始终得到了浙江大学陈耀武教授、西安电子科技大学傅丰林教授的关心和支持，因此，本书也是编者对他们所表达的一份真诚的感谢。

在承担繁重的科研、教学工作的同时，能够及时完成本书的撰写，作为编者，我们都深深地感到任务的艰巨，在此，特别感谢依然在攻读博士学位的张丽女士和毛翠平女士，感谢你们对我们的理解、支持和对家庭的无私的奉献。

希望本书能够为读者带来切实的参考价值，欠妥之处还望读者体谅并及时指正，不胜感激。

沈沛意　张　亮

2012 年 3 月

目 录

第1章 绪论 1
1.1 达芬奇技术概述 1
1.2 达芬奇技术的组成 2
1.2.1 达芬奇硬件处理器 2
1.2.2 达芬奇的软件介绍 8
1.2.3 达芬奇的开发工具 12
1.3 达芬奇技术的优点 15
1.4 Codec Engine 简介 15
1.4.1 Codec 概述 16
1.4.2 Server 概述 16
1.4.3 App 概述 17
1.5 小结 17

第2章 达芬奇软件开发中的自动化工具 18
2.1 软件管理方式 SVN 18
2.1.1 CVS 版本管理系统 18
2.1.2 Subversion 版本管理系统 18
2.2 编译管理 19
2.2.1 工具依赖 19
2.2.2 创建一个简单的 Automake 工程 19
2.2.3 软件开发环境创建 22
2.2.4 Automake 管理 framework 工程 23
2.2.5 Makefile.am 文件的编写规则 25
2.3 自动脚本生成 27
2.3.1 Autogen 工具简介 27
2.3.2 def 文件解析 28
2.3.3 tpl 文件解析 29
2.3.4 由 def 和 tpl 文件自动生成参数文件 30
2.4 CMake 工具的使用 35
2.4.1 CMake 工具简介 35
2.4.2 CMake 工具的简单例子 36
2.4.3 简单示例工程化 39
2.4.4 静态库和动态库的构建 41
2.4.5 外部共享库的使用 42
2.5 小结 43

第3章 算法创立者 Codec 44
3.1 Codec 里的源码结构 44

—1—

  3.1.1 package.bld 44
  3.1.2 package.xdc 45
  3.1.3 package.xs 46
  3.1.4 package.mak 47
  3.1.5 <MODULE>.xdc 47
  3.1.6 <MODULE>.xs 48
  3.1.7 源代码文件 48
  3.1.8 lib 和 package 文件夹 54
 3.2 Codec 的生成方法 54
  3.2.1 人脸跟踪算法简介 55
  3.2.2 基于 examples 自带的算法生成 Codec 57
  3.2.3 基于 RTSC 生成 Codec 63
 3.3 小结 70

第 4 章 服务集成者 Server 71
 4.1 Server 里的 cfg 文件 71
  4.1.1 配置需要的 Module 71
  4.1.2 Codec 的 Module 73
  4.1.3 配置 Server 74
  4.1.4 配置 DSKT2 77
  4.1.5 配置 DMAN3 79
  4.1.6 配置 RMAN 80
 4.2 Server 中的 tcf 文件 80
  4.2.1 environment 环境数组变量 80
  4.2.2 内存映射的 mem_ext 数组 81
  4.2.3 设置 device_regs 85
  4.2.4 设置 params 85
  4.2.5 utils.loadPlatform 的使用 86
  4.2.6 配置 bios 命名空间 86
  4.2.7 prog.gen()的使用 87
 4.3 Server 的生成方法 87
  4.3.1 Server 端文件的修改 87
  4.3.2 基于 XDC 生成 Server Package 89
  4.3.3 使用基于 configuro 的 Makefile 文件生成 Server Package 89
 4.4 小结 91

第 5 章 Engine 集成和应用者 App 93
 5.1 App 里的配置文件 93
  5.1.1 ARM 端算法的创建 93
  5.1.2 DSP 端算法的创建 94
 5.2 核心 Engine 的 APIs 94

- 5.2.1 Engine_open 94
- 5.2.2 Engine_close 95
- 5.2.3 获取内存和 CPU 信息 95
- 5.2.4 获取算法信息 95
- 5.3 VISA 的 APIs 96
  - 5.3.1 创建算法实例——*_create 96
  - 5.3.2 删除算法实例——*_delete 98
  - 5.3.3 控制算法实例——*_control 98
  - 5.3.4 处理数据——*_process 99
- 5.4 Server 的 APIs 100
  - 5.4.1 获取 Server 句柄 100
  - 5.4.2 获取内存的 heap 信息 100
  - 5.4.3 重新配置 Server 端的算法堆 102
- 5.5 软件跟踪——GT_trace 103
  - 5.5.1 配置 TraceUtil 103
  - 5.5.2 GT_trace 的使用 105
- 5.6 各类 API 的调用流程 107
  - 5.6.1 API 调用流程概述 107
  - 5.6.2 API 调用实例 107
- 5.7 小结 113

第 6 章 基于 TMS320DM6467 的开发系统演示范例 114

- 6.1 DM6467 硬件开发系统 114
- 6.2 DM6467 开发环境搭建 115
  - 6.2.1 Linux 开发环境的搭建 115
  - 6.2.2 SDK 套件安装 118
  - 6.2.3 SDK 套件的配置 120
  - 6.2.4 修改其他文件 121
- 6.3 DM6467 开发实例 122
  - 6.3.1 DM6467 中自带算法库的使用 122
  - 6.3.2 算法的实现过程 126
- 6.4 DM6467 UBL、UBOOT 及 Linux 内核开发 130
  - 6.4.1 UBL 代码和相关配置 130
  - 6.4.2 UBOOT 结构和配置 132
  - 6.4.3 Linux 内核开发 139
- 6.5 DM6467 硬件系统烧写 143
  - 6.5.1 文件系统的制作 143
  - 6.5.2 NAND Flash 分区 147
  - 6.5.3 内核和文件系统的烧写 148
- 6.6 小结 149

第7章 基于 TMS320DM365 的开发系统演示范例 150
7.1 DM365 硬件开发系统 150
7.2 DM365 开发环境搭建 151
7.2.1 Linux 开发环境的搭建 151
7.2.2 SDK 套件的安装 151
7.2.3 SDK 套件的配置 152
7.2.4 修改其他文件 153
7.3 DM365 开发实例 153
7.3.1 DM365 中的视频子系统 VPSS 153
7.3.2 DM365 视频子系统驱动开发 157
7.3.3 DM365 中自带算法库的使用 180
7.3.4 算法的实现过程 189
7.4 内核和文件系统的制作及烧写 193
7.4.1 UBOOT 文件的烧写 193
7.4.2 内核文件的制作和烧写 197
7.4.3 文件系统的制作和烧写 199
7.5 小结 200

第8章 DSP 系统算法优化和 DAVINCI 核间通信模型 201
8.1 算法的优化 201
8.1.1 数据类型的优化 201
8.1.2 数值操作的优化 202
8.1.3 变量定义及使用的优化 202
8.1.4 函数的调用 203
8.1.5 程序流程的设计 203
8.2 内存的优化 204
8.2.1 Cache 的优化 204
8.2.2 DDR2 的优化 205
8.3 DAVINCI 核间通信机制 207
8.3.1 ARM 和 DSP 之间的联系 207
8.3.2 ARM-DSP 中断 208
8.4 基于裸机制的 DAVINCI 核间通信模型 209
8.5 小结 210

附录 A Codec 端 make 命令的输出 211
附录 B config.bld 文件 220
附录 C package.bld 文件 224
附录 D makefile 文件 225
附录 E 本书中用到的术语和缩写对照表 226
参考文献 229

第1章 绪 论

随着多媒体技术的不断发展和应用,数字视频以其不可阻挡的趋势渗入到人们的工作和生活中,并在商业、国防、公共事业等方面产生了巨大的应用价值。但是,数字视频的实现是一件很复杂的事情,这主要是因为:多媒体标准众多,而且还在不断地变化;现有数字视频的实现常基于特定的操作系统和硬件平台,会导致不可避免的重编码和修改;数字视频编码和操作方式具有多样性,因此导致开发者陷入细节而费时、费力。达芬奇(DAVINCI)技术的出现将使数字视频的实现得到极大的简化。

2005年,TI公司推出了应用于数字视频领域的一种内涵丰富的综合体——DAVINCI(达芬奇)技术。达芬奇技术以多处理器硬件结构(ARM+DSP)和开放软件结构为基础,具有高功能、低功耗等特点,能够快速、方便地开发含有数字视频应用的产品。

本章简单介绍了达芬奇技术的基本知识,描述了达芬奇技术的硬件处理器、达芬奇技术的软件和开发工具以及达芬奇技术的执行框架——Codec Engine等。本章的内容有利于初学者对达芬奇技术有一个概括性的理解,并为后面几章的学习做一铺垫。

1.1 达芬奇技术概述

达芬奇技术实际上就是包含有针对数字音视频优化的基于DSP的系统解决方案,其中有四个基本组成,即芯片、软件、开发工具套件和支持,如图1.1所示。

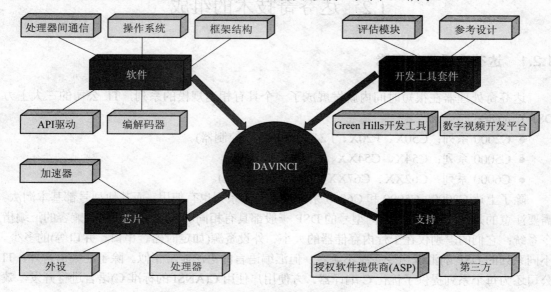

图1.1 达芬奇技术系统构成

达芬奇芯片是一个具有双核硬件结构(ARM+DSP)的单片系统，集成有 TI 高性能 C64+核心 DSP、ARM9 核心处理器、视频前端处理器和视频加速器，还有非常丰富的外围设备，如数字视频、数字音频、高速网络、DDR2 高速存储器、ATA 硬盘和多种存储卡等接口。一方面，可编程的 DSP、面向视频的硬件加速器以及实时的压缩-解压缩算法保障了其具有强大的计算能力；另一方面，基于 RISC 的 ARM 处理器为控制界面和用户界面提供了简便的编程支持。达芬奇技术以多处理器的硬件结构为基础，同时提供了开放的软件结构。达芬奇技术建立在已有的嵌入式操作系统(例如 Linux)的驱动程序之上，因此，开发者不需要重新熟悉繁杂的 API，从而降低了数字视频实现的复杂性。

在软件方面，达芬奇技术全面支持由底层到高层的软件系统。达芬奇技术在嵌入式操作系统方面对 Linux 的支持极为完善，也有支持 WinCE 的能力；在数字视频、影像、语音和音频上可以支持 H.264、MPEG4/2、H.263、VC1、JPEG、G.711/G.723、MP3、WMA 等多种编解码器；通过多媒体框架结构进行数字视频软件系统的集成，并提供 API 驱动程序支持，同时有助于实现处理器间的通信。

达芬奇有多种开发工具套件以满足各种需求，其中评估模块和参考设计有益于硬件设计，而数字视频开发平台和 Green Hills 开发工具对缩短软件系统集成时间有很大帮助。达芬奇的支持体系很强大，其中既有来自 TI 公司授权软件提供商(ASP)的支持，也有更为广泛的第三方网络的支持。所有的数字视频类产品都有机会采用达芬奇技术，不仅有众所周知的产品，如数码相机或摄像机、个人媒体播放器、数字机顶盒、IP 可视电话、数字媒体网关、数字视频服务器、IP 网络摄像机、数字硬盘录相机等，还有包含汽车智能视觉在内的新产品，当然还有更多的产品将脱颖而出。

总之，达芬奇技术是一个内容十分丰富的综合体，它的出现会使数字视频的实现发生改变。

1.2 达芬奇技术的组成

1.2.1 达芬奇硬件处理器

达芬奇处理器在很短时间内就发展成了一个具有相当规模的系列，TI 公司的三大主力 DSP 产品是：
- C2000 系列：C50X、F20X、F24X、F24XX(控制器)。
- C5000 系列：C54X、C54XX、C55XX(低功耗)。
- C6000 系列：C62XX、C67XX、C64XX(高性能)。

除了上述 C2000、C5000 和 C6000 系列外，C3X 系列也有使用，而其他型号都基本淘汰。需要注意的是，同一系列中不同型号的 DSP 一般都具有相同的 DSP 核、相同或兼容的汇编指令系统；它们的差别仅在于片内存储器的大小、外设资源(如定时器、串口、并口等)的多少。不同系列的 DSP 的汇编指令系统不兼容，但汇编语言的语法非常相似。除了汇编语言外，TI 公司还为每个系列提供了优化 C 编译器，方便用户使用 C(ANSI 的标准 C)语言进行开发，效率可以做到手工汇编的 90%甚至更高。下面我们简单介绍一下这几个常用的系列。

(1) C2000 系列。C2000 系列是一个控制器系列，全部为 16 位定点 DSP。该系列中的一些型号具有片内 Flash RAM，如 TMS320F24X、TMS320LF240X 等。TI 公司所有 DSP 中，也只有 C2000 中有 Flash。作为控制器，C2000 系列除了有一个 DSP 核以外，还有大量的外设资源，如 A/D、定时器、各种串口(同步或异步)、WATCHDOG、CAN 总线、PWM 发生器、数字 IO 脚等。

(2) C5000 系列。C5000 系列是一个定点低功耗系列，特别适用于手持通信产品，如手机、PDA、GPS 等。目前的处理速度一般在 80～400 MIPS。C5000 系列主要分为 C54XX 和 C55XX 两个系列。两个系列在执行代码级是兼容的，但它们的汇编指令系统却不同。C5000 包含的主要外设有 McBSP 同步串口、HPI 并行接口、定时器、DMA 等。其中 C55XX 提供 EMIF 外部存储器扩展接口，允许用户直接使用 SDRAM、SBSRAM、SRAM、EPROM 等各种存储器。因为 C54XX 没有提供 EMIF，所以只能直接使用静态存储器 SRAM 和 EPROM。另外，C5000 系列一般都使用双电源供电，其 I/O 电压和核电压一般不同，而且不同型号也有差别。不过，TI 公司提供的全系列的 DC-DC 变换器可以解决 DSP 的电源问题。C5000 系列一般都提供 PGE 封装，便于 PCB 板的制作。

(3) C6000 系列。C6000 系列是一个 32 位的高性能的 DSP 芯片，目前的处理速度为 800～2400 MIPS，而且还在不断提高。其中，C62XX 为定点系列，C67XX 和 C64XX 为浮点系列。同 C55XX 一样，C6000 也提供 EMIF 扩展存储器接口，方便用户使用各种外部扩展存储器，如 SBSRAM、SDRAM、SRAM、EPROM。C6000 提供的主要外设有 McBSP 同步串口、HPI 并行接口、定时器、DMA 等。另外，在 C6000 的一些型号中还提供了 PCI 接口。C6000 只提供 BGA 球形封装，在 PCB 板制作时需要多层板，增加了开发和调试的难度。另外，C6000 系列的功耗较大，需要仔细考虑 DSP 与系统其他部分的电源分配，选择适当的 DC-DC 转换器。

(4) C3X 系列。C3X 系列虽然不是目前 TI 的主流产品，但作为一个 32 位的低价位浮点 DSP，仍然被广泛使用。其中，TMS320VC33 的最高处理速度为 150MFLOP。C3X 系列的结构比较简单，外设也比较少，主要有同步串口、DMA 通道、定时器，能用于数字 I/O 的引脚也只有两条。TMS320VC33 的参数说明如下：

- 高品质的浮点 DSP，13 ns 和 17 ns 指令周期。
- 34 K × 32 bit 片内 RAM。
- X5 PLL 时钟产生器。
- 低功耗，<200 mV@150 MFLOP。
- 16/32 bits 整数和 32/40 bits 浮点数运算。
- 32 位指令字，24 bits 地址线。
- 具有 Bootloader。具有一个串口，两个 32 位的定时器和 DMA。
- 8 个扩展精度寄存器，R0，R1，…，R7。
- 双电压供电，1.8 V 核电压和 3.3 V 的 IO 电压。
- 支持 JTAG 调试标准。4 个简单、高效的预译码信号。

TI 公司的 DAVINCI(达芬奇)处理器系列基于 TMS320C64X + DSP 内核，还可以包括可升级、可编程的数字信号处理 SOC、加速器和外设。达芬奇处理器包括 TMS320DM3X、TMS320DM643X、TMS320DM644X、TMS320DM646X、TMS320DM647/TMS320DM648 等系列。

下面对达芬奇处理器系列进行较详细的介绍。

表 1.1 对 TMS320DM646X 系列的片上系统进行了横向的对比。由表中的内容可以看出，同一系列的处理器从总体上来说差别很小，只是在部分硬件性能上有些差异。以表中的 AVCE6467T 和 VCE6467T 为例，AVCE6467T 和 VCE6467T 差别很小，AVCE6467T 较 VCE6467T 而言功能更为强大。AVCE6467T 在 VCE6467T 的基础上，包括基础包、支持前向纠错等；在软件方面，音频上支持 G.722，视频上支持 H.264 SVC 等。

表 1.1 TMS320DM646X 系列的片上系统

	AVCE6467T	TMS320DM6467-729	TMS320DM6467-594	TMS320DM6467T-1000	VCE6467T
状态	ACTIVE	ACTIVE	ACTIVE	ACTIVE	ACTIVE
SubFamily	TMS320-DM646X SOC	TMS320DM646X SOC	TMS320DM646X SOC	TMS320DM646X SOC	TMS320-DM646X SOC
DMA/Ch	64 EDMA	64 EDMA	64 EDMA	64 EDMA	64 EDMA
Frequency /MHz	1000	729	594	1000	1000
I^2C	1	1	1	1	1
McASP	2	2	2	2	2
On-Chip L2/SRAM/KB	128 (DSP)	128 (DSP)	128 (DSP)	128 (DSP)	128 (DSP)
PWM /Ch	2	2	2	2	2
Timers	2 64 bit GP 1 64 bit WD	2 64 bit GP 1 64 bit WD	2 64 bit GP 1 64 bit WD	2 64 bit GP 1 64 bit WD	2 64 bit GP 1 64 bit WD
Core Supply /V	1.3	1.2	1.2 1.05 (Smart Reflex)	1.3	1.3
EMAC	10/100/1000	10/100/1000	10/100/1000	10/100/1000	10/100/1000
IO Supply /V	1.8 3.3	1.8 3.3	1.8 3.3	1.8 3.3	1.8 3.3
On-Chip L1/SRAM /KB	64(DSP) 56(ARM)	64(DSP) 56(ARM)	64(DSP) 56(ARM)	64(DSP) 56(ARM)	64(DSP) 56(ARM)
SPI	1	1	1	1	1
UART (SCI)	3	3	3	3	3
CPU	1 C64X+ 1 ARM9	1 C64X+ 1 ARM9 DAVINCI High Definition Video	1 C64X+ 1 ARM9 DAVINCI High Definition Video	1 C64X+ 1 ARM9 DAVINCI High Definition Video	1 C64X+ 1 ARM9
HPI	1 32/16 bit	1 32/16 bit	1 32/16 bit	1 32/16 bit	1 32/16 bit

表 1.2 对 TMS320DM3X 系列的片上系统进行了对比分析。

表 1.2 TMS320DM3X 系列的片上系统

	TMS320DM335-216	TMS320DM365-300	TMS320DM365-270	TMS320DM365-216	TMS320DM368
Status	ACTIVE	ACTIVE	ACTIVE	ACTIVE	ACTIVE
SubFamily	TMS320DM3X AMR9 Based SOC	TMS320DM3X AMR9 Based SOC	TMS320DM3X AMR9 Based SOC	TMS320DM3X AMR9 Based SOC	TMS320DM3X AMR9 Based SOC
ADC		1	1	1	1
Boot Loader Available	YES	YES	YES	YES	YES
Core Supply /V	1.3	1.35	1.2	1.2	1.35
DMA/Ch	64 EDMA	64 EDMA	64 EDMA	64 EDMA	64 EDMA
EMAC		10/100	10/100	10/100	10/100
HPI		1 16 bit	1 16 bit	1 16 bit	1 16 bit
IO Supply /V	1.8 3.3	1.8 3.3	1.8 3.3	1.8 3.3	1.8 3.3
Operating Temperature Range/℃	−40~100 0~85	0~85 −40~85	0~85	0~85	0~85 −40~85
PWM/Ch	4	4	4	4	4
ROM/KB	8	16	16	16	16
Timers	3 64 bit GP 1 64 bit WD	4 64 bit GP 1 64 bit WD	4 64 bit GP 1 64 bit WD	4 64 bit GP 1 64 bit WD	4 64 bit GP 1 64 bit WD
Voice Codec		1	1	1	1
Audio Codec Bundle		MP3 AAC WMA AEC	MP3 AAC WMA AEC	MP3 AAC WMA AEC	MP3 AAC WMA AEC
CPU	1 ARM9	1 ARM9	1 ARM9	1 ARM9	1 ARM9
DAC	1	3	3	3	3
EMIF	1 8/16 bit EMIFA 1 16 bit mDDR/DDR2	1 8/16 bit EMIFA 1 16 bit mDDR (168 MHz) /DDR2 (270 MHz)	1 8/16 bit EMIFA 1 16 bit mDDR (168 MHz) /DDR2 (216 MHz)	1 8/16 bit EMIFA 1 16 bit mDDR (168 MHz) /DDR2 (173 MHz)	1 8/16 bit EMIFA 1 16 bit mDDR (168 MHz) /DDR2 (340 MHz)
I²C	1	1	1	1	1
Key Scan		1	1	1	1
McBSP		1	1	1	1
RAM/KB	32	32	32	32	32
Trace Enabled	YES	YES	YES	YES	YES
UART(SCI)	3	2	2	2	2
USB	1	1	1	1	1
ASP	2				
External Memory Type Supported	Async SRAM mDDR DDR2 SDRAM OneNAND NAND Flash SmartMedia/XD	Async SRAM mDDR DDR2 SDRAM OneNAND NAND Flash SmartMedia/XD	Async SRAM mDDR DDR2 SDRAM OneNAND NAND Flash SmartMedia/XD	Async SRAM mDDR DDR2 SDRAM OneNAND NAND Flash SmartMedia/XD	Async SRAM mDDR DDR2 SDRAM OneNAND NAND Flash SmartMedia/XD

最后，简单区分一下 OMAP3525/30 处理器，如表 1.3 所示。

表 1.3 OMAP3525/30 处理器

	OMAP3525	OMAP3530
Status	ACTIVE	ACTIVE
SubFamily	OMAP3525/30 Processor	OMAP3525/30 Processor
Core Supply/V	0.8～1.35	0.8～1.35
DMA/Ch	64 EDMA 32 bit Channel SDMA	64 EDMA 32 bit Channel SDMA
EMIF	1 32 bit SDRC 1 16 bit GPMC	1 32 bit SDRC 1 16 bit GPMC
Frequency/MHz	430	520
I²C	3	3
McSPI	4	4
Timers	12 32 bit GP　2 32-bit WD	12 32 bit GP　2 32 bit WD
Video Port(Configurable)	1 Dedicated Output 1 Dedicated Input	1 Dedicated Output 1 Dedicated Input
External Memory Type Supported	LPDDR NOR Flash NAND flash OneNAND Asynch SRAM	LPDDR NOR Flash NAND flash OneNAND Asynch SRAM
IO Supply/V	1.8 3.0(MMC1 Only)	1.8 3.0(MMC1 Only)
McBSP	5	5
On-Chip L1/SRAM/KB	112(DSP) 32(ARM Cortex-A8)	112(DSP) 32(ARM Cortex-A8)
Pin/Package	423FCBGA　515POP-FCBGA	423FCBGA　515POP-FCBGA
RISC Frequency/MHz	600	720
ROM/KB	15(DSP) 32(ARM Cortex-A8)	15(DSP) 32(ARM Cortex-A8)

以下具体介绍上述系列中的 TMS320DM6467 处理器、OMAP3530 处理器和 TMS320DM365 处理器。

1. TMS320DM6467 处理器

TMS320DM6467 是一种基于 DSP 的超强性能 SoC，针对实时、多种格式的高清视频转换进行了专门的设计。DM6467 数字媒体处理器集成了一个 ARM926EJ-S 核与 600 MHz 的 C64X + DSP 核，并采用高清视频/影像协处理器(HD-VICP)、视频数据转换引擎以及目标视频端口接口，在执行高达 H.264HP@L4(1080p 30fps、1080i 60fps、720p 60fps)的同步多格式高清编码、解码与转码方面，实现了超过 3 GHz 的 DSP 处理能力。DM6467 处理器适用于媒体网关、多点控制设备、数字媒体适配器、数字视频服务器和监控领域的 IP 机顶盒等。

TMS320DM6467-594 处理器的硬件性能如表 1.4 所示。

表 1.4 TMS320DM6467-594 处理器硬件性能

	TMS320DM6467-594
CPU	1 C64X+；1 ARM9；Davinci High Definition Vido
Peak MMACS	4752
RISC Frequency/MHz	297
Frequency/MHz	594
On-Chip L1/SRAM/KB	64(DSP)，56(ARM)
On-Chip L2/SRAM/KB	128(DSP)
ROM/KB	8(ARM)
EMIF	1 16/8 bit EMIF，1 32/16 bit DDR2(297MHz)
External Memory Type Supported	Async SRAM，DDR2 SDRAM，NAND Flash，SmartMedia/SSFDC/xD
DMA/Ch	64 EDMA
Video Port(Configurable)	VPIF， 1 for Dual SD or Single HD or Single Raw Capture， 1 for Dual SD or Single HD Display
Transport Stream Interface	2 TSIF for MPEG Transport Stream Input and Output
Hardware Coprocessor	2 HDVICPs
ATA/CF	ATA
EMAC	10/100/1000
PCI	1 32 bit[33 MHz]
HPI	1 32/16 bit
VDCE	1
CRGEN	2
McASP	2
I2C	1
SPI	1
UART(SCI)	3
VLYNQ	1
USB	1
PWM/Ch	2
Timers	2 64 bit GP，1 64 bit WD
Hardware Accelerators	VDCE，Chroma Conversion，Edge Padding，Anti-alias Filtering
Core Supply/V	1.2，1.05(SmartReflex)
IO Supply/V	1.8，3.3
Operating Temperature Range/℃	−40～105，0～85

2. OMAP3530 处理器

OMAP3530 是 TI 公司专为智能手机、GPS 系统和笔记本电脑等低功耗便携式应用而设计的应用处理器。在单个芯片上集成了 ARM Cortex-A8 内核、TMS320C64X + DSP 内核、图形引擎、视频加速器以及丰富的多媒体外设，其中的 Cortex-A8 内核拥有超过当今 300 MHz ARM9 器件 4 倍的处理性能。OMAP3530 处理器可广泛用于流媒体、2D/3D 游戏、视频会议、高分辨率静态图像、3G 多媒体手机、高性能 PDA 等方面，它包含高性能移动产品所需的高效电源管理技术。

OMAP3530 处理器的主要硬件特性如下：
(1) CPU 单元。
 (a) OMAP 应用处理器，核心频率为 600 MHz。
 (b) 720 MHz ARM Cortex-A8 Core。
 (c) 520 MHz TMS320C64X + DSP Core。
 (d) 16、32 位的 SDRAM 控制器地址空间总共为 1 GB。
 (e) 支持 1 GB 以上的 SDRAM、NAND Flash。
(2) 通信接口。
 (a) 提供 2 路 SPI：SPI1、SPI2。
 (b) 提供 GPMC 总线。
 (c) 提供音频输入/输出接口。
 (d) 支持 2 路 MMC/SD。
 (e) 提供 24 位 DSS 接口。
(3) 电器参数。
 (a) 工作温度：0～70℃。
 (b) 环境湿度：20%～90%，非冷凝。

3. TMS320DM365 处理器

TMS320DM365 处理器中，ARM926EJ-S 内核在实现高达 300 MHz 速率的同时，还可将视频编码/解码的任务交由集成高清视频加速器来执行，显著优化了系统的性能。DM365 集成了众多组件，其中包括 H.264、MPEG-4、MPEG-2、MJPEG 与 VC1 等编/解码器，可实现高度的视频灵活性，并确保与传统的视频编/解码器的高度互操作性，同时还可以在同一平台上扩展出一个产品系列，使开发人员将系统成本降低 25%。

TMS320DM365 拥有丰富的外设资源，包括 EMAC、USB 2.0、DDR2/NAND、5 SPIs、2 UARTs、2 MMC/SD/SDIO 等。此外，拥有一个视频处理子系统和两个可以配置的视频/图像外设，即视频处理前端(VPFE)和视频处理后端(VPBE)。其中 VPFE 提供与 CCD/CMOS 图像模块和视频解码器的接口；VPBE 提供对屏幕显示的硬件支持以及复合 NTSC/PAL 和数字 LCD 输出。

1.2.2 达芬奇的软件介绍

与以往的数字视频处理器系统相比，达芬奇的特别之处还在于其强大的软件系统支持基础。达芬奇系统在底层以通用嵌入式实时操作系统为基础，通过构建达芬奇框架结构——DAVINCI Framework 来协调各部分工作，并对数字视频(Video)、影像(Image)、语音(Speech)和音频(Audio)类的软件提供相应的应用程序接口，即简称为 VISA API，另外也对简单外设软件接口提供应用程序接口，即 EPSI API。

达芬奇软件系统结构体系如图 1.2 所示。

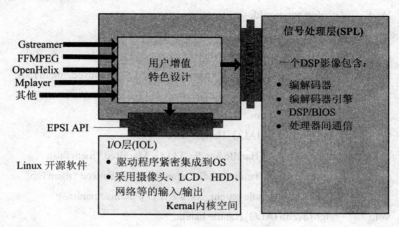

图 1.2 达芬奇软件系统结构

在该体系中，VISA 包含在 SPL 层中，实现基本的编/解码器功能；EPSI 则包含在 IOL 层中，实现基本的输入/输出功能。还有一个 APL 层，用以支持高级应用的开发。

为了使 DSP 算法规范化，TI 公司曾经大力推广 eXpressDSP 的开发理念并获得成功，目前全球上千种由 TI 公司或第三方提供的算法均具有 eXpressDSP 的兼容性，这个 DSP 的算法标准称为 xDAIS。xDAIS 可以提供为所有兼容性算法与一致化的 API 管理存储器资源的能力。而在达芬奇的软件中所使用的是一个针对数字媒体的算法标准，称为 xDM。xDAIS-DM 可视为是扩展的 xDAIS。

1. xDAIS 和 xDM

xDAIS 和 xDM[1]继承了 TI DSP 在单个处理器上执行各种媒体功能的能力，开发人员通过执行 xDAIS 和 xDM 标准来和 eXpressDSP 保持一致。xDAIS 和 xDM 提供了一组编程的规定和应用程序编程的接口(API)，使不同来源的算法能够尽快地集成。xDAIS 可以抑制算法之间共享系统资源所引发的问题；xDM 则是规定一个标准的 API，用于应用程序调用特定种类的算法，使系统的集成者可以迅速地将算法转移到另外的资源。xDM 标准里定义的 API 也称为 VISA(视频、图像、语音和音频)。

xDAIS 作为一个 DSP 的开发框架，定义了以下一些接口：
- IALG：为算法实例对象的创建定义了独立于框架的算法接口。
- IDMA2[2]：为 C64X 和 C5000 使用统一的 DMA 资源处理方式定义的算法接口。
- IDMA3：为 C64+和 C5000 使用统一的 DMA 资源处理方式定义的算法接口。

IALG 接口最主要的工作是定义算法中需要使用的内存，提高片上系统内存的使用效率，所有算法都必须实现 IALG 接口。

xDAIS 的 API 是基于 C 的，我们知道，C 是面向过程的，因此不存在面向对象里拥有的封装、继承、重构等特性，那么，我们的应用程序是如何实现接口的呢？对于这点，xDAIS

又设计了一个名为 IALG_Fxns 的结构体,如表 1.5 所示。

表 1.5　IALG_Fxns 结构体

```
typedef struct IALG_Fxns
{
        Void    *implementationId;
        Void    (*algActivate)(IALG_Handle handle);
        Int     (*algAlloc)(const IALG_Params *params,
                struct IALG_Fxns **parentFxns, IALG_MemRec *memTab);
        Int     (*algControl)(IALG_Handle handle, IALG_Cmd cmd,
                IALG_Status *status);
        Void    (*algDeactivate)(IALG_Handle handle);
        Int     (*algFree)(IALG_Handle handle, IALG_MemRec *memTab);
        Int     (*algInit)(IALG_Handle handle, const IALG_MemRec *memTab,
                IALG_Handle parent, const IALG_Params *params);
        Void    (*algMoved)(IALG_Handle handle,
                const IALG_MemRec *memTab,
                IALG_Handle parent, const IALG_Params *params);
        Int     (*algNumAlloc)(Void);
} IALG_Fxns;
```

我们注意到,IALG_Fxns[3]结构体的第一个字段是 void*指针类型的,这个字段必须在初始化时赋予一个实际的值,也就是模块的地址,用它来标明具体模块的实例,这一值会在同一模块的所有接口中使用,接口函数中的 algAlloc()、algInit()、algFree()允许算法与用户之间进行内存请求通信。algActivate()、algDeactive()方法提供了算法对片上内存使用的调度。algControl()方法提供了一个标准的途径去实时地控制一个算法实例并可以通过它来获取算法的状态信息。algMoved()方法可以移除内存中的算法实例。它们之间的调用关系[4]如图 1.3 所示。

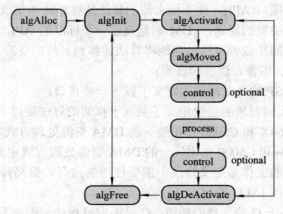

图 1.3　xDM 接口函数调用流程

开发人员只要遵循其中定义的格式,即可实现自己的函数。

xDAIS 几乎涵盖了 DSP 开发的整个生命周期,是一个非常庞大的算法标准。如果里面的接口、准则、规定要开发人员一一实现的话,工作量就非常大。因此,TI 公司在 xDAIS 上又扩展了一个 xDM 标准,用来为数字信号处理提供一个轻量级的框架,总体上说,就是在 xDAIS 的基础上扩展了一个名为 Digital Media 的接口(xDM),然后根据数字图像处理的要求,提供了一个名为 VISA 的 API 集合,其底层仍旧使用 xDAIS 结构。xDM 接口实际上扩展了 IALG 接口,在其上增加了 process 和 control 方法。

TI 公司根据数字图像处理的分类,封装了一套名为 VISA(VISA,即 Video、Image、Speech 和 Audio 的简称)的 API 集合,基本覆盖了数字信号处理的所有需求,具体如表 1.6 所示。

表 1.6　VISA API

IVIDENCx ：	Generic interface for video encoders
IVIDDECx ：	Generic interface for video decoders
IAUDENCx ：	Generic interface for audio encoders
IAUDDECx ：	Generic interface for audio decoders
ISPHENCx ：	Generic interface for speech encoders
ISPHDECx ：	Generic interface for speech decoders
IIMGENCx ：	Generic interface for image encoders
IIMGENCx ：	Generic interface for image decoder

在 Codec Engine 的 Algorithm Create 过程中,开发一个算法程序往往是从实现这些接口开始的,例如,我们要做一个 H.264 的编码算法,则需要从实现 IVIDENCx 开始。

2. DSP/BIOS LINK

DSP/BIOS LINK 是服务于 GPP-DSP 之间通信的基础软件,提供通用的 API 来抽象地描述 GPP 和 DSP 之间的物理连接,可以跨平台使用,既可以用于具有 GPP 和 DSP 的 SoC,也可以用于单独的 GPP 和 DSP。

DSP/BIOS 可以运行在 DSP 上,但是没有专门的操作系统可以使其运行在 GPP 上。DSP/BIOS LINK 的如下特点使得对多核系统的开发更加方便和容易。

● 向应用端提供了一个通用的 API 接口。
● 隐藏了平台、硬件和 GPP 操作系统的具体细节信息。
● 针对某一平台写在 DSP LINK 上的应用,如果要移植到其他的平台上,应用端的代码不需要修改或是只要很少的修改即可。
● 应用灵活,可以选择和使用最合适的协议。

DSP/BIOS LINK 的关键组件有 PROC、进程间通信协议和进程间通信构建模块,具体如下:

(1) PROC。PROC 表示应用空间的 DSP 处理器,该组件提供以下服务:
● 建立 DSP LINK 的驱动,初始化 DSP,使 GPP 能访问 DSP 的资源。
● GPP 装载可执行的 DSP 程序到 DSP 处理器,运行 DSP 程序。
● GPP 启动 DSP,读/写 DSP 端的地址空间。
● GPP 停止 DSP 端程序的执行。
● 从 DSP 中分离 GPP 并结束 DSP LINK 的驱动。

(2) 进程间通信协议。
- 为处理器之间不同类型的数据传输提供完整的协议；
- 满足不同类型数据传输的协议有 MSGQ、CHNL、RingIO。
- MSGQ，基于 message 的队列，用于 GPP 和 DSP 端可变长度的短消息交互；一个消息队列只可以有一个接受者，但可以有多个发送者，一个任务可以读写多个消息队列。
- CHNL，基于 issue-reclaim 模型的串行输入，表述应用空间的一个逻辑数据传输通道，实现跨 GPP 和 DSP 的数据传输。
- RingIO，基于数据流的循环缓冲区，可由不同的处理器读/写，允许在共享存储空间创建循环缓冲区。

(3) 进程间通信构建模块。
- 由协议使用的低级构建模块。
- 每一个构建模块向 framework 提供 API，用来定义其特定应用的协议。
- POOL，此模块用于内存管理，提供了 API 用于配置共享内存区域，同时还提供两个 CPU 间的缓存数据同步的 API 接口。
- NOTIFY，此组件允许应用程序为发生在远程处理器上的事件通知注册，并发送事件通知给远程的处理器；同时为事件通知定义了优先级，优先级通过事件的编号实现，低编号的事件享有更高的优先级。
- MPCS，实现 GPP 和 DSP 互斥访问共享的数据结构。
- MPLIST，该组件提供 GPP 和 DSP 之间传输机制的双向循环链接的列表。
- PROC_read/PROC_write，从 DSP 内存中读或写。

3. Linux

Linux 系统是真正的多用户、多任务、多平台操作系统，提供具有内置安全措施的分层文件系统，支持多达 32 种文件系统，同时还提供 Shell 命令解释程序、强大的管理功能、图形图像接口、内核的编程接口、面向屏幕的编辑软件，以及大量有用的实用程序和通信、联网工具。

MontaVista Linux 是基于 Linux 内核开发的嵌入式操作系统，提供的所有开发工具和附加应用包都是开放源码的；MontaVista Linux 基于 Linux 内核，能够支持广泛的 CPU 芯片系列，支持多种目标板结构，并提供强大的网络协议支持，拥有丰富的驱动程序和 API。

MontaVista Linux 可以为开发者提供嵌入式设计的开放源码方案包，支持从通信基础设备(如交换机和路由器)到瘦客户机以及消费电子领域的各种应用。为了满足某些领域客户的特殊需要，MontaVista 还提供了一些技术附加产品，包括高可用性技术、Java 开发环境、功能强大的图形开发包等。其中的高可用性技术是使 MontaVista Linux 获得众多关键业务系统青睐的关键，尤其是 MontaVista 开发的支持错误恢复、Compact PCI 热交换重新配置和系统跟踪错误的关键软件，可以使 Compact PCI 系统的可靠性达到 99.999%。

1.2.3 达芬奇的开发工具

1. DAVINCI 的 CCS 开发环境

Code Composer Studio 包含一整套用于开发和调试嵌入式应用的工具。它包含适用于每个 TI 公司器件系列的编译器、源码编辑器、项目构建环境、调试器、描述器、仿真器以及多种其他功能。CCS IDE 提供了单个用户界面,可以完成应用开发流程的每个步骤。借助于精密的高效工具,用户能够利用熟悉的工具和界面快速上手并将功能添加至他们的应用。

版本 4 之前的 CCS 均基于 Eclipse 开放源码软件框架。之所以选择让 CCS 基于 Eclipse,是因为 Eclipse 为构建软件开发环境提供了出色的软件框架,并且正成为众多嵌入式软件供应商采用的标准框架。CCS 将 Eclipse 软件框架的优点和德州仪器(TI)公司先进的嵌入式调试功能相结合,为嵌入式开发人员提供了一个引人注目、功能丰富的开发环境。

2. XDC(eXpress DSP Components)

XDC(eXpress DSP Components)[5]是 TI 公司提供的一个命令行工具,可以生成并使用实时软件组建包。这种称为"包"的软件成分,经过优化后可用于实时的嵌入式系统。

XDC 包括开发 API 的工具和标准、静态配置以及封装。XDC 组件具有独立于硬件的标准接口,离线配置,可以优化性能和存储器的使用,并支持定制的开发环境里的自动操作。XDC 的最大好处就是使目标程序的提交标准化,并使目标程序更容易地融入应用程序。

XDC 的使用者分为"用户"和"生产者"。用户将目标程序包——DSP 算法、器件驱动器、TCP/IP 栈、实时操作系统等,集成到自己的应用程序里;生产者则创建用户所使用的包,一个 XDC 的"包"是一些文件的集合,这些文件组成一个由生产者提供给用户的,关于版本更新和交付的单元,如图 1.4 所示。

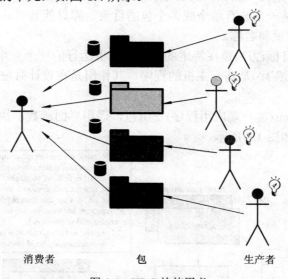

图 1.4 XDC 的使用者

一个 XDC 的"库"就是容纳这些包的目录。一个包、界面或模块名里的点"."表示其在该库里的位置,如表 1.7 所示。

表 1.7 一个 XDC "库"

package ti.sdo.ce.examples.codecs

这个包位于 ti/sdo/ce/examples/codecs,它也就是这个包的路径。

XDC 主要的术语有:

● Packages(包)是对包含模块、界面以及其他软件的通用称呼。所有的包都要经过建立、测试、发布以及配置为一个单元。如图1.5所示。

● Modules(模块)是一组相关的类型和函数,既有外部的规格,又有具体的内部实现。一个模块管理一个实际的类型,类似于一个C++类。

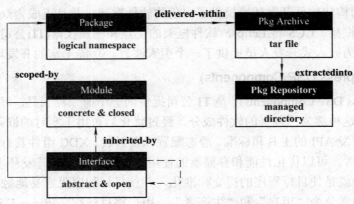

图1.5 XDC术语间的联系

● Interfaces(界面)是一种抽象的模块,具有规格,但没有实现。其他的模块和界面可以继承其规格。一个界面定义一组相关的类型、常数、变量以及函数。

● Repository(库)是一个装有单个或多个包的目录。库只能装有一个包的一个版本。用户可以完全控制库的数量和名称。

● Target Content(目标程序)是在特定的硬件平台上运行的一个应用程序软件。

● Meta Content(元程序)是基于主机的程序,其作用是在设计时进行配置,以及在运行时分析目标程序。

● Client Applications(客户端应用程序)使用包,调用界面函数,执行应用程序的功能。

XDC的工作流程如图1.6所示。

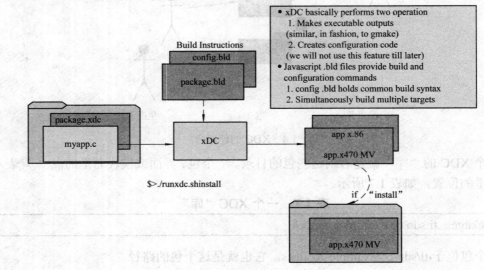

图1.6 XDC的工作流程

可以看出，XDC 所需要的文件有 config.bld、package.bld、package.xdc。这些在后续章节中会有详细的讲解。

使用 XDC 的基本步骤如下：
- 配置一个应用程序；
- 编写一个 C 代码；
- 对目标和平台进行选择处理；
- 编译和链接应用程序。

XDC 是一种编译和打包的工具，它既能够创建实时软件组件 RTSC 包，又可以根据源文件和库文件生成可执行的文件，还可以自动进行性能优化和版本控制。

1.3 达芬奇技术的优点

DAVINCI 技术提供了一个简单易用的集成数字视频平台，这个平台实际上支持开发所有数字视频应用。DAVINCI 技术显著地缩短了设计周期，降低了开发成本和生产创新的数字视频终端设备所需的定制量。标准化编解码器和 API 能更轻松地开发，可用于其他基于达芬奇应用的可互操作代码，从而简化将来的开发工作。达芬奇技术还包括专用开发工具，如开发平台和参考设计，以缩短产品上市时间。集成达芬奇处理器还可显著降低终端产品的成本。

DAVINCI 技术的灵活性可使消费者在多方面受益，包括增强设备的互操作性并延长其使用寿命、提供易于升级、电池寿命更长的产品。

除了目前包含在我们能想象到的许多消费产品中，在不久的将来，达芬奇技术还将对消费者的生活方式产生巨大影响。现在，通过在机器视觉等应用中使用达芬奇技术，消费者能将产品看得更真，这有助于生产诸如高级安防系统、新型汽车控件和更加精密的医疗诊断工具等产品。

1.4 Codec Engine 简介

Codec Engine 是一个 Codec 执行框架，自动地请求和实现符合 eXpress DSP 的 Codec 算法。Codec Engine 可以在只有 ARM、ARM-DSP 或者只有 DSP 的环境下运行，支持多个通道和 Codec 的并发执行。它不提供 A/V 同步或管理应用程序的 I/O，但可以接受和提交基本的音频和视频流。

开发者可以使用数据可视化工具来观察系统资源的使用情况。Codec Engine 提供标准化的配置工具，用来建立专门的应用所需要的 Codec 组合。

从应用程序开发者的观点来看，Codec Engine 是一组用来配置和运行 xDAIS 算法的 API，它还提供了一个 VISA 接口，与符合 xDM 的 xDAIS 算法互动。Codec Engine 的用户在使用时，一般会做以下三种操作：算法的创立(Codec)、服务的集成(Server)和 Engine 的集成和应用(App)。三者之间的关系如图 1.7 所示。

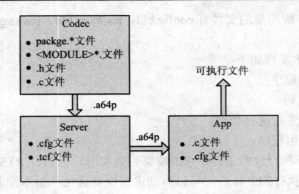

图 1.7 三个模块间的关系

1.4.1 Codec 概述

Codec(算法的创立)创建一个 xDAIS 的算法，同时提供这个算法所必需的 package。

创建一个符合 xDM 的算法，一般就需要提供 package。这个 package 中需要两个 .xs 文件，两个 .xdc 文件。这些 .xs 和 .xdc 文件提供这个 package 需要的元数据。此外，还有一个编译过的库文件和三个源文件，如图 1.8 所示。

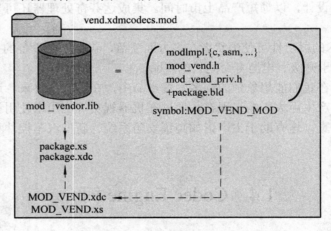

图 1.8 Codec 包的内容

在创建和编写算法的过程中，有许多的规则和指南[6]需要注意。

规则有：所有算法运行时必须满足 TI 公司所有关于 C 语言编程实现的规定；所有的 Module 必须提供初始化和终止化的方法；所有抽象算法的接口必须来源于 IALG 接口；所有的算法必须描述它们在最坏的情况下堆和栈的内存需求等。

指南有：算法应该保持栈需求的最小值；中断延迟不应该超过 10 μs；算法应该避免使用 float 型变量等。

1.4.2 Server 概述

为了支持远程编解码的 Engine，必须创建一个 Server。Server 为 Codec 集成所有必需的组件(例如 BIOS、Framework Component、DSP Link、Codec 等)，并且生成可执行文件。

在服务集成时，需要的配置有两个：一个是配置 BIOS(传统的 tcf 脚本)，另一个就是配置其余的 Framework Component、DSP Link、Codec 等。

Server 输出的一个是 package，另一个是 DSP 端的可执行文件。

1.4.3 App 概述

App——实现 Engine 的集成和应用，它是将不同的算法 Engine 进行集成(不管应用的算法是本地的还是远端的)。App 的集成需要在 Server 处生成 DSP 端的可执行文件。集成所需要的配置和算法的名称等信息全部在 XDC 的配置文件中(.cfg 文件)。

App 通过核心 Engine 的 API 创建算法的实例，最后生成一个 ARM 端的可执行文件。

1.5 小　　结

本章主要对达芬奇技术的概念、达芬奇技术的组成部分(包括其硬件处理器、软件和开发工具)、达芬奇技术的优点等方面给予了简单的描述。达芬奇技术的应用领域十分广泛，适用于数码摄像机、视频安全设备、高级医疗成像设备、便携式视频播放器、IP 机顶盒、网络多媒体、机器人等。对于不熟悉达芬奇技术的读者，能从本章中得到一个大概的了解。后续章节将主要介绍达芬奇技术中的 Codec、Server、App 三部分的知识，以及具体算法移植的演示示例。演示示例中包括开发平台的搭建、具体的移植步骤等详细内容。

第 2 章 达芬奇软件开发中的自动化工具

软件开发过程中软件管理方式和开发工具的选取，对项目的开发过程有很大的影响。本章对常用的软件版本控制系统 CVS 和 Subversion 进行了简要介绍，并对软件开发过程中自动化编译工具 Automake 和自动代码生成工具 Autogen 的使用给予了详细的阐述。

2.1 软件管理方式 SVN

2.1.1 CVS 版本管理系统

CVS(Concurrent Versions System)版本控制系统是一种 GNU 软件包，主要用于多人开发环境下的源码维护。CVS 可以维护任意文档的开发，例如共享文件的编辑修改，而不仅仅局限于程序设计。CVS 维护的文件类型可以是文本类型，也可以是二进制类型。CVS 用 Copy-Modify-Merge(拷贝、修改、合并)变化表支持对文件的同时访问和修改。它明确地将源文件的存储和用户工作空间独立开来，并使其并行操作。CVS 基于客户端/服务器的行为使其可容纳多个用户，构成网络也非常方便。这一特性使得 CVS 成为位于不同地点的人同时处理数据文件(特别是程序的源代码)时的首选。

CVS 的基本工作思路是：在一台服务器上建立一个源代码库，库里可以存放许多不同项目的源程序或文档。源代码库管理员统一管理这些源程序和文档。每个用户在使用源代码库之前，首先要把源代码库里的项目文件下载到本地，然后用户可以在本地进行任意修改，最后用 CVS 命令提交，由 CVS 源代码库统一管理修改。这样，就好像只有一个人在修改文件一样，既避免了冲突，又可以跟踪文件的变化。

2.1.2 Subversion 版本管理系统

Subversion 是一个开源的版本控制系统。在 Subversion 管理下，文件和目录可以超越时空。Subversion 将文件存放在中心版本库里。该版本库很像一个普通的文件服务器，然而不同的是，它可以记录每一次文件和目录的修改情况。这样就可以籍此将数据恢复到以前的版本，并可以查看数据的更改细节。

不同于 CVS，Subversion 版本管理系统采用的是分支管理方式。互联网上免费的版本控制服务多基于 Subversion。

同 CVS 相比较，Subversion 的优点在于：

- 统一的版本号。CVS 对每个文件顺序编排版本号，在某一时间各文件的版本号各不相同。而 Subversion 中，任何一次提交都会把所有文件更新到同一个新版本号，即使是未被修改的文件。所以，各文件在某任意时间的版本号是相同的。版本号相同的文件构成了软件的一个版本。

- 原子递交。一次提交不管是单个还是多个文件，都是作为一个整体提交的。在这当中发生的意外(例如传输中断)不会引起数据库的不完整和数据损坏。
- 重命名、复制、删除文件等动作都保存在版本历史记录当中。
- 对于二进制文件，使用了节省空间的保存方法(简单的理解，就是只保存和上一版本的不同之处)。
- 目录也有版本历史。整个目录树可以被移动或者复制，操作简单，而且能够保留全部版本记录。
- 分支开销非常小。
- 采用优化过的数据库访问方法。

2.2 编译管理

2.2.1 工具依赖

为了使用 Autogen 管理整个软件开发过程中的项目工程源码，需要依赖的开发工具包[7]包括：GNU Automake、GNU Autoconf、GNU m4、Perl 和 GNU Libtool(如果需要产生 shared library)。

上述各个开发工具的功能如下：

(1) GNU Automake 是一个通过 Makefile.am 文件生成 Makefile.in 文件的工具，每个 Makefile.am 文件基本上是一系列 make 的宏定义(make 规则也会偶尔出现)。生成的 Makefile.in 文件服从 GNU Makefile 标准，该 Makefile.in 文件经过 configure 脚本处理后生成最终的 Makefile 文件。

(2) GNU Autoconf 是用于生成多种 UNIX 系统 shell 脚本的工具。由 Autoconf 生成的配置脚本在运行时与 Autoconf 无关，在运行该配置脚本时并不依赖于 Autoconf。

(3) GNU m4 宏处理器是最高级的文本宏处理系统之一。m4 是一个宏处理器，将输入拷贝到输出，同时将宏展开。宏可以是内嵌的，也可以是用户自定义的。此外，m4 还有一些内建的函数，用来引用文件、执行 UNIX 命令、整数运算、文本操作等。m4 既可以作为编译器的前端，也可以单独作为一个宏处理器。

(4) Perl 是一种功能强大的脚本语言，它借取了 C、sed、awk、shell scripting 以及很多其他程序语言的特性。其中，最重要的特性是内部集成了正则表达式，以及巨大的第三方代码库 CPAN。简而言之，Perl 像 C 一样强大，像 awk、sed 等脚本描述语言一样方便。Automake 在处理文件的过程中会使用这个脚本。

(5) GNU Libtool 是一个库支持脚本本。

2.2.2 创建一个简单的 Automake 工程

一般的开源源码都使用 Automake 进行管理，这样不但会使开发维护变得容易，而且也方便了对源码的编译修改。下面以创建一个 hello 工程为例，描述如何使用 Automake 进行工程的自动管理，其操作过程具体如下：

(1) 创建名为 hello 的目录，在目录下编写一个简单的 hello.c 源码文件，实现一个简单的打印输出操作，源码如表 2.1 所示。

表 2.1 hello.c 源码

```
#include    <stdio.h>
int main(){
    printf("hello world.\r\n");
    return 0;
}
```

(2) 执行 Autoscan 命令生成 configure.ac 文件的模板，其方法是在对应的目录下执行 Autoscan 命令，该命令会生成一个名为 configure.scan 的文件，可以用它作为 configure.ac 文件的模板，相关命令及生成的文件如表 2.2 所示。

表 2.2 生成 configure.scan 文件

```
#autoscan
#ls
#hello.c    autoscan.log    configure.scan
```

(3) 将 configure.scan 文件重命名为 configure.ac，并对文件进行修改，如表 2.3 所示。

表 2.3 修改后的 configure.ac 文件

```
# 利用 autoconf 工具来处理这个文件，生成一个 configure 脚本
AC_PREREQ(2.61)
AC_INIT(FULL-PACKAGE-NAME, VERSION, BUG-REPORT-ADDRESS)
AM_INIT_AUTOMAKE(hello,1.0)
# 检查代码程序
AC_PROG_CC
# 检查库文件
# 检查头文件
# 检查 typedef、结构体的定义，以及编译器的特点
# 检查库函数
AC_CONFIG_FILES([Makefile])
AC_OUTPUT
```

(4) 执行 Aclocal 和 Autoconf，分别产生 alcocal.m4[8]和 configure 文件，使用的命令及生成的文件如表 2.4 所示。

表 2.4 生成 configure 文件的命令

```
#aclocal
#autoconf
#ls
#aclocal.m4    autom4te.cache    autoscan.log    configure    configure.ac    hello.c
```

(5) 编写 Makefile.am 文件，其内容如表 2.5 所示。

表 2.5 Makefile.am 文件

```
bin_PROGRAMS = hello
hello_SOURCES = hello.c
```

(6) 执行 automake -add-missing 命令，Automake 会根据 Makefile.am 文件的内容生成对应的中间文件和最终文件，其中最重要的文件是 Makefile.in，执行的命令以及打印输出如表 2.6 所示。

表 2.6 根据 Makefile.am 生成的文件

```
#automake -add-missing
Makefile.am: required file `./NEWS' not found
Makefile.am: required file `./README' not found
Makefile.am: required file `./AUTHORS' not found
Makefile.am: required file `./ChangeLog' not found
```

在执行此命令过程中，会报告缺少一些文件，这些文件只是普通的文本文件，所以可以通过执行 touch 命令分别创建，然后再重新执行 automake -add-missing 命令即可。

(7) 执行 ./configure 脚本进行配置，打印输出如表 2.7 所示。

表 2.7 执行 ./configure 的输出结果

```
checking for a BSD-compatible install... /usr/bin/install -c
checking whether build environment is sane... yes
checking for a thread-safe mkdir -p... /bin/mkdir -p
checking for gawk... no
checking for mawk... mawk
checking whether make sets $(MAKE)... yes
checking for gcc... gcc
checking for C compiler default output file name... a.out
checking whether the C compiler works... yes
checking whether we are cross compiling... no
checking for suffix of executables...
checking for suffix of object files... o
checking whether we are using the GNU C compiler... yes
checking whether gcc accepts -g... yes
checking for gcc option to accept ISO C89... none needed
checking for style of include used by make... GNU
checking dependency style of gcc... gcc3
configure: creating ./config.status
config.status: creating Makefile
config.status: executing depfiles commands
```

(8) 经过上述操作后，在当前目录下会生成 Makefile 文件，通过执行 make 命令即可完成对 hello.c 源码文件的编译，如表 2.8 所示。

表 2.8 对源码文件进行编译的打印输出

#make
gcc -DPACKAGE_NAME=\"FULL-PACKAGE-NAME\"
-DPACKAGE_TARNAME=\"full-package-name\"
-DPACKAGE_STRING=\"FULL-PACKAGE-NAME\VERSION\"
-DPACKAGE_BUGREPORT=\"BUG-REPORT-ADDRESS\"
-DPACKAGE=\"hello\" -DVERSION=\"1.0\" -I. -g -O2 -MT hello.o -MD -MP -MF .deps/hello.Tpo -c -o hello.o hello.c
mv -f .deps/hello.Tpo .deps/hello.Po
gcc -g -O2 -o hello hello.o
#./hello
hello world.

如果想要清除上次 make 时生成的目标文件，执行一条 make clean 命令即可，该命令会将上一次编译生成的中间文件和目标文件全部清除。若想要将所生成的目标文件安装到系统中，可执行 make install 命令，这时目标文件所安装的路径是系统的默认安装路径，一般为/usr/bin 或/usr/local/bin。如果在 configure 时设定了 prefix 变量，则在 make install 时就会将可执行文件安装到 prefix 所指定目录的 bin 子目录中。例如，在上面创建的工程中，执行 make install 命令后，将会把该工程的目标文件安装到/usr/local/bin 这个系统的默认安装目录下。

2.2.3 软件开发环境创建

在整个软件设计开发过程中，开发人员可以创建自己的工作目录。为方便后续章节的描述，本节中我们以一个名为 framework 的工作目录为例，进行创建过程的描述。该 framework 目录是工程文件的顶层目录，所有工程的源码都在这个目录下进行编译。

framework 中涉及的源码结构如图 2.1 所示。在 framework 目录下包含各种不同的子目录，这些子目录存放的内容描述如下(其中的各个目录及其内容可以根据开发人员的实际需要进行添加、删除、修改和重命名等)：

(1) include：包含整个工程各模块用到的所有头文件，在该目录中，还可以包含更深层次的子目录。在该例子当中的子目录为：alg 目录是算法相关的头文件；alsa 目录是音频 alsa 库的头文件；parameters 目录则是相关的参数文件。

(2) parameter：存放利用 Autogen 自动生成参数的模板代码。

(3) lib：整个工程各个模块用到的库文件源码，该目录在编译后会将源码生成指定的库文件，供其他模块调用。

(4) driver：存放各个驱动源码，其中每个驱动单独存放在一个子目录下，例如，dma 目录对应 dma 的驱动，gbshm 目录对应的是管理系统参数的共享内存驱动，memvm 对应采集模块和算法模块间传递数据的共享内存驱动，gpio 目录对应负责控制 gpio 设备，i2c_sensor 目录则对应为 sensor 摄像头的驱动等。

(5) flash：存放管理 gbshm 共享内存参数的模块，该进程模块负责在系统启动时将参数加载到内存，并在其他模块请求保存参数时，将内存参数保存到文件。

(6) client_comm：存放与 PC 端管理软件进行通信交互的客户端，该客户端接收并解析 PC 端管理软件发来的命令，根据命令来执行具体操作。

(7) src：存放主要进程模块的源代码。例如，可以分别建立子目录以存放采集显示进程模块的源码或存放算法模块的源码等。

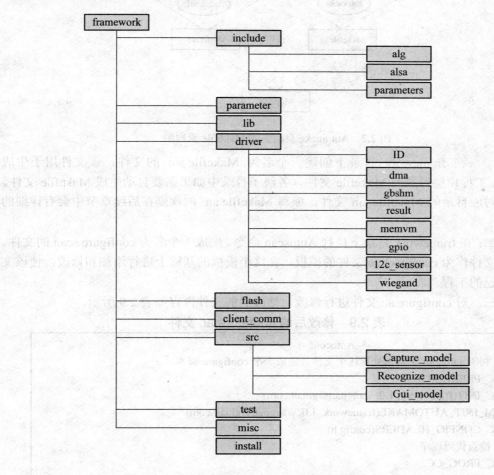

图 2.1 framework 的源码结构

(8) test：存放整个工程的测试源码，负责对各个模块进行测试。

(9) misc：存放一些需要安装到文件系统的文件，例如一些驱动模块、配置文件等。

2.2.4 Automake 管理 framework 工程

利用 Automake 工具可以实现工程的自动编译管理，即不需要手工书写复杂的 Makefile 文件，只需要编写 Makefile.am 配置文件，即可生成最终所需的 Makefile 文件。具体流程如图 2.2 所示。

在整个设计中，使用 Automake 对 framework 工程进行管理，按照如下步骤进行操作：

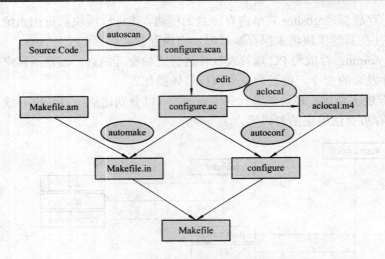

图 2.2 Automake 自动生成 Makefile 流程图

步骤一：在 framework 目录下创建一个名为 Makefile.am 的文件，该文件用于生成 framework 工程顶层目录的 Makefile 文件，各级子目录中如果需要自动生成 Makefile 文件，也是编写对应目录的 Makefile.am 文件。编写 Makefile.am 的规则在后续章节中会有详细的阐述。

步骤二：在 framework 目录下执行 Autoscan 命令，生成一个名为 configure.scan 的文件。一般将此文件作为 configure.ac 文件的模板，在这个模板的基础上进行添加和修改，使该文件适合自己的工程。

步骤三：对 configure.ac 文件进行修改，修改后的文件内容如表 2.9 所示。

表 2.9 修改后的 configure.ac 文件

```
#                 -*- Autoconf -*-
# 利用 autoconf 工具来处理这个文件，生成一个 configure 脚本
AC_PREREQ([2.1])
AC_INIT(framework, 1.0, wangjian@gmail.com)
AM_INIT_AUTOMAKE(framework, 1.0, wangjian@gmail.com)
AC_CONFIG_HEADERS(config.h)
# 检查代码程序
AC_PROG_CC
AC_PROG_CXX
# 检查库文件
AC_CHECK_LIB([pthread], [main])
AC_HEADER_STDBOOL
AC_C_INLINE
AC_TYPE_SIZE_T
# 检查头文件
AC_CHECK_HEADERS()
# 检查库函数
AC_CONFIG_FILES([Makefile])
AC_OUTPUT
```

其中各行语句的含义和功能如下：
● AC_PREREQ([2.1])：确保使用的是足够新的 Autoconf 版本。如果用于创建 configure 的 Autoconf 的版本比指定需要的 version 早，则会打印一条错误消息，同时并不创建 configure 文件。
● AC_INIT(framework, 1.0, xxxxxx@xxxxxx)：用来做初始化以及定义软件的基本信息。包括：包的全称、版本号以及报告 BUG 时需要用的邮箱地址等。其中 framework 是包的名字，1.0 为版本号，xxxxxx@xxxxxx 为出现 BUG 时需要报告的地址。
● AC_CONFIG_HEADER([config.h])：主要用于生成 config.h 文件，以便于 Autoheader 使用。
● AC_CONFIG_FILES([Makefile])：在这个宏内所写的 Makefile 是在执行 configure 后自动生成的。
● AC_OUTPUT：这个宏预示着 configure.ac 文件的结束。

步骤四：准备好上述 configure.ac 文件后，执行 Aclocal，它会根据 configure.ac 文件的内容生成一些额外的宏。在上述 configure.ac 文件中我们已经看到了很多的宏定义，这些宏定义在 Automake 执行时会被读取，进而生成 Makefile.in 文件。但是实际中，在使用 Automake 时，还需要一些其他的宏，这些额外的宏我们用 Aclocal 来帮助产生，Aclocal 将会根据 configure.ac 文件的内容自动生成 aclocal.m4 文件。

步骤五：执行 Autoconf 命令，Autoconf 会根据 configure.ac 文件和 aclocal.m4 文件生成 configure 配置脚本。

步骤六：在顶层目录 framework 中运行 Automake 程序，Automake 将会运行 Autoconf 来浏览 configure.ac 文件的内容，并在顶层目录下的各个子目录中寻找恰当的 Makefile.am 文件，生成对应的 Makefile.in 文件。

步骤七：执行 configure 配置脚本，它将会对系统进行一些测试，然后配置脚本会根据每个 Makefile.in 文件的内容生成对应的 Makefile 文件。

执行完上述七个步骤后会自动生成所需的 Makefile 文件，在需要编译、安装可执行文件时，只需执行 make、make install 命令即可。

2.2.5 Makefile.am 文件的编写规则

Autogen 功能的强大之处在于可以不用手动编写复杂的 Makefile，并且在清除上次编译的文件和重新编译时也只需几条命令就可以自动完成。一般在顶层目录下运行 make 命令，执行 Makefile 文件中的内容后，会递归执行顶层目录之下的所有子目录中的 Makefile 文件，这就使一个庞大工程的编译只要一条 make 命令就可以解决。具体在执行 make 时做哪些工作，以及如何做这些工作是由 Makefile.am 文件的内容指定的，Automake 会根据这个文件的内容生成最终需要的 Makefile 文件。

1. Makefile.am[9]文件编写中常用变量的说明

(1) INCLUDES 变量的使用。INCLUDES = -I$(top_srcdir)/include

上述语句中，INCLUDES 变量表示编译时，需要搜索的头文件路径，除了系统特定的头文件路径外，还包括 INCLUDES 指定的路径。top_srcdir 变量表示工程的顶层目录路径。

也就是说经过上述设置后,在搜索头文件时也会到工程的顶层目录下的 include 目录及其子目录中去寻找头文件。

(2) AM_LDFLAGS 变量的使用。AM_LDFLAGS = -L$(top_srcdir)/lib

上述语句中,AM_LDFLAGS[10]变量用于设置在编译生成 Makefile 文件时,所需库文件的搜索路径。

(3) SUBDIRS 变量的使用。有时需要在上层目录的 Makefile.am 文件中指定,在 automake 自动生成 Makefile 文件时,需要递归进入到哪些子目录中去生成 Makefile。

SUBDIRS 变量值为一个子目录的列表,Automake 会遍历这个列表中的每个子目录,然后根据每个子目录下的 Makefile.am 文件来生成对应的 Makefile 文件。例如,在 framework 顶层目录下,修改 Makefile.am 文件的内容如表 2.10 所示。

表 2.10　修改 Makefile.am 文件

```
SUBDIRS = parameter include lib driver client_comm flash test src
```

由表 2.10 中的语句可以看出,SUBDIRS 变量的值是一系列子目录,并且这个子目录是有顺序的,parameter 的构建顺序要优先于 include,include 的构建要优先于 lib。所以,在书写 Makefile.am 文件中的这种变量时,要根据实际情况来进行,在这个 framework 工程下,parameter 是参数文件,这个文件是不依赖下面的任何模块的,所以把这个模块放到第一位。建议把 include、lib、driver 这些目录也放到前面,让它们优先于后面的几个进程模块被构建。

2. 生成可执行文件的 Makefile.am 的编写规则

Makefile.am 文件的示例代码如表 2.11 所示。

表 2.11　生成可执行文件的 Makefile.am 文件

```
INCLUDES = -I$(top_srcdir)/include
AM_LDFLAGS = -L$(top_srcdir)/lib
bin_PROGRAMS = hello
hello_SOURCES = hello1.c hello2.c
hello_LDADD = -lhellolib1 –lhellolib2
```

在表 2.11 所示的 Makefile.am 文件的简单例子中,其中的代码会使生成的 Makefile.in 文件中包含有生成名为 hello 的目标程序的命令。

bin_PROGRAMS 后面加上所有要生成的可执行文件的名字,并用空格将它们分开,同时在执行 make install 命令之后会将可执行程序安装到 bin 目录下。这样,在这个 Makefile.in 文件最终生成的 Makefile 文件中,会包含生成所有指定的可执行文件的命令。

hello_SOURCES 变量被用来表明在编译指定的可执行文件时,哪些源文件被涉及。值得一提的是,这里的"hello_SOURCES"中的"hello"是在"bin_PROGRAMS"中定义的可执行文件的名称。表 2.11 中的 hello_SOURCES 的右侧为 hello1.c、hello2.c,因此表明编译 hello 可执行文件时,是将该目录下的 hello1.c 和 hello2.c 编译成 hello1.o 和 hello2.o,最后链接成名为 hello 的可执行文件。如果上述的 hello_SOURCES 变量没有被指定,那么在编译可执行文件时,自动搜寻 hello.c 这个默认的源代码。在书写 bin_PROGRAMS 后面的其他相关可执行文件的源码依赖时,只需要将_SOURCES 的前缀换掉即可。

表 2.11 中的 hello_LDADD 变量指出了编译 hello 这个可执行文件时，需要链接哪些库文件，这里的"hello"也是在"bin_PROGRAMS"中定义的可执行文件的名称。在这个例子中是要链接 libhellolib1.a 和 libhellolib2.a 这两个库文件，而要链接的库文件的搜索路径是由 AM_LDFLAGS 指定的。

3. 生成库文件的 Makefile.am 的编写规则

Makefile.am 示例代码如表 2.12 所示。

表 2.12　生成库文件的 Makefile.am 文件

```
INCLUDES = -I$(top_srcdir)/include
AM_LDFLAGS = -L$(top_srcdir)/lib
noinst_LIBRARIES = libhello.a
libhello_a_SOURCES = libhello.c
libhello_a_LIBADD = -ltest
```

如表 2.12 所示的 Makefile.am 代码，设定 noinst_LIBRARIES 变量列表，声明了需要生成哪些库文件，上面设定 libhello.a 即表示要生成一个名为 libhello.a 的静态库。其中的"noinst"表示这个库文件是不需要 install 的。

libhello_a_SOURCES 这个变量是用来指定生成 libhello.a 这个库文件时需要用到哪些源码文件，其中 libhello 是静态库的名字。

libhello_a_LIBADD 表示如果在编译 libhello.a 静态库时，需要链接其他的静态库文件，就可以通过该变量进行指定。表 2.12 中代码设定该变量为-ltest，表明在编译 libhello.a 这个库时要链接一个名为 libtest.a 的静态库文件。

2.3　自动脚本生成

2.3.1　Autogen 工具简介

Autogen[11]是一个开发工具，它被用来简化程序中大量重复代码的自动创建和维护工作，尤其是当这种代码需要在多个模块中进行同步使用时。它可以将很多重复繁琐的工作自动化，不但使得代码编写方便快捷，而且也使得代码更易于维护。Autogen 有以下的特点：

(1) 定义和模版是完全分开的。这种完全的隔离大大提高了模版实现的灵活性，同时，用户只需要指定描述应用程序模版的数据即可。

(2) 定义中的每一个基准都被单独命名。这样，所有的定义可以重新排列、扩充。当发生部分定义过时的情况时，不需要清除这些旧的定义文件，降低了不兼容性。

(3) 即使只有一个实体条目，每一个名称也都定义了一个数组的值。这个数组的值被用来控制对模版的部分内容进行复制操作。

(4) 拥有关于定义名称的集合，它们形成了一个嵌套的层次结构。这些集合收集和一组名称相关联的数据，可以对这些关联数据进行集体的替换。

(5) 模版有特殊的标志表明哪一部分需要进行替换，例如 shell 脚本中的"${VAR}"结构。这些标志不是固定的字符串，它们都是在每一个模版的开始指定的。模版的设计者比较清楚什么是适合自己的语法，同时可以避免标志的冲突。

（6）相同标志或封闭关键字的使用，可以方便地表明文本中哪一部分需要跳过，哪一部分需要重复。相对于 C 的预处理宏，这是一个很大的改进。由于 C 的预处理器是一个不变且机械的替换过程，因此无法选择文本的输出。

本节中利用 Autogen 的这种功能来实现系统参数的管理。在使用前首先需要定义头文件，这个头文件中主要定义枚举型和全局型的数组变量；其次需要书写 def 定义文件，文件中对每一个枚举变量和字符串组都有一个独一无二的定义；最后需要定义和输出相关的 tpl 模板文件，一般是一个或两个模版文件。通过完成这些文件，就可以轻松地对重复的代码块进行自动生成。

2.3.2　def 文件解析

为了实例化一个 tpl 模板文件，一般来说必须提供一个文件来包含一些值的定义，这个文件就是 def 文件。def 文件的定义很简单，它负责将一些值和名字对应起来，每一个值都可以看做是一个数组，即使这个值是一个单独的值。这些被定义的值可以是简单的字符串，也可以是若干个名字和值的组合对。

表 2.13 就是一个 def 定义文件的片段。

表 2.13　一个 def 定义文件片段

```
autogen definitions parameter.tpl;
category = { cat_name = system;
      cat_descript = "system parameter";
};
system = { para_name = gbshm_mutex;
      var_type = gbshm_mutex ;
      sendto_dest = "\"\"";
      sendto_block = "1";
      argument_count = 1;
      argument_class = class_name_none;
      defaultval = "{}";
      para_descript = "mutex for gbshm";
};
system = { para_name = gbshm1_mutex;
      var_type = gbshm1_mutex ;
      sendto_dest = "\"\"";
      sendto_block = "1";
      argument_count = 1;
      argument_class = class_name_none;
      defaultval = "{}";
      para_descript = "mutex1 for gbshm";
};
```

如表 2.13 所示，第一行的定义表明这个文件被标识作为一个 Autogen 文件，它包含两个关键字——autogen 和 definitions，后面为默认的模板文件名，最后以分号结尾。需要注意的一点是，模板文件名是大小写敏感的，而两个关键字是大小写不敏感的。在上述 def 片段中，system 和 category 都相当于复合变量，这些变量可以包含若干个子变量，例如表 2.13 中的 gbshm_mutex 和 gbshm1_mutex。system 中的第一个子变量的参数名称由第一项 para_name 指定；第二项指明了参数的类型，这个类型是在 .h 文件中定义的，.h 文件会在 2.3.4 节中提及；第三项、第四项等根据不同的应用需求自行设计；而 defaultval 参数对 gbshm_mutex 中的具体变量进行了初始化的赋值操作。

2.3.3 tpl 文件解析

Autogen 的 tpl 模板文件定义了输出文件的内容，它由两部分组成：

第一部分包含伪宏和注释。伪宏是特殊的宏，它表示这个文件是 Autogen 的模板文件、标识宏调用的开始和结束、指定由模板文件生成的文件后缀列表，并可以将 shell 处理命令嵌入到模板文件中。Autogen 在处理模板文件时，并不直接将伪宏的内容作为输出文件的内容。伪宏只是给 Autogen 提供如何处理模板文件的信息。注释部分在处理时会被忽略，只是提供模板文件代码的解释说明。

第二部分包含普通文本和模板文件的宏体。普通文本在 Autogen 处理模板文件时直接拷贝到输出文件。而针对宏体部分的内容，Autogen 会根据不同的宏命令进行不同的处理，最终结果是宏体部分根据宏的判定条件进行相应的扩展，可能会被忽略，也可能会被反复处理，最后将处理结果输出到生成文件中。

下面以一个 tpl 模板文件为例来进行说明，如表 2.14 所示。

表 2.14 tpl 模板文件代码片段

```
[+ AutoGen5 template h c +]
[+ CASE (suffix) +]
[+ ==   h   +]

typedef enum {
    [+FOR list "," +]
        IDX_[+ (string-upcase! (get "list_element")) +]
    [+ENDFOR list +] }    list_enum;
extern char const* az_name_list[ [+ (count "list") +] ];
[+ ==   c   +]
#include "list.h"
char const* az_name_list[] = {
    [+FOR list "," +]
        "[+list_info+]"
    [+ENDFOR list +] };
[+ESAC +]
```

如表 2.14 所示，在文件中出现的"[+"是宏开始标志，"+]"是宏结束标志，包含在宏的开始和结束标志之间的文本部分需要经过 Autogen 的处理。"[+ AutoGen5 template h c +]"语句表明这是一个版本为 5 的 Autogen 模板文件，并且这个模板文件会被处理两次，生成后缀为 h 和 c 的两个文件，这两个生成文件的名字与所处理的模板文件的名字相同。如果需要生成其他后缀名字的文件，则在上述语句的 AutoGen5 template 后面加上即可。

"[+ == h+]" 和 "[+ == c+] CASE" 语句用于选择不同的文本来执行两个不同的处理操作。最终将 "[+ == h+]" 后面的文本处理输出到后缀为 h 的生成文件中，将 "[+ == c+]" 后面的文本处理输出到后缀为 c 的生成文件中。

"[+FOR list "," +]" 和 "[+ ENDFOR list +]" 两行语句所包含的文本，对于 def 定义文件中每一个定义的 list 变量都重复执行一次。

剩余的宏是表达式，它们中的一部分包含特殊的依赖，另一部分是简单的表达式语句。它们的处理结果被插入到输出文本中。其他的表达式是 Autogen 中某些值的名字。这些值将要被插入到输出文本中。例如，"IDX_[+ (string-upcase! (get "list_element")) +]" 语句中，get "list_element" 将导致 list 这个变量中所定义的 list_element 变量的值被取出，然后根据 "string-upcase!" 这个宏的意思，将所取出的字符串值中的小写字母转换成大写字母，再将所转换的结果与 "IDX_" 字符串进行连接。

对于没有包含在宏开始和宏结束符中间的文本，Autogen 简单地将它们直接拷贝到输出文本中。

2.3.4 由 def 和 tpl 文件自动生成参数文件

为了使 Autogen 能根据自己定义的参数结构体来自动生成管理这些参数的函数和数据结构，需要编写 def 定义文件和 tpl 模板文件。

首先需要的是参数结构体的定义。每个结构体中存放一类参数。为了方便 tpl 模板文件的书写和处理，将每一个结构体定义放在一个单独的.h 头文件中。例如，系统参数中识别方式的参数结构体定义如表 2.15 所示。

表 2.15 parameter_identify_method.h 定义

```
#ifndef   __PARAMETER_IDENTIFY_METHOD_H__
#define   __PARAMETER_IDENTIFY_METHOD_H__
#ifdef    __cplusplus
extern    "C"{
#endif
enum {
    Identify_Face,
    Identify_Face_Card,
};
typedef   struct identify_method{
    int    method;
}identify_method;
#ifdef    __cplusplus
}
#endif
#endif
```

将每一个需要定义的参数结构体都放到一个单独的.h文件中，文件名加一个parameter_前缀来表明这是个参数头文件，采用这种命名方式只是命名习惯。具体包含什么文件是在tpl模板文件里书写的，所以对于参数文件没有强制性的命名规则。

如表2.15所示，"struct identify_method"中只有一个整型值，所以在def文件中可以定义一个变量，里面存放与这个结构体相关的信息。与这个结构体相对应的信息需要在def文件中定义，相应的变量如表2.16所示。

表 2.16　def 文件中 identify_method 变量信息

```
system = { para_name = identify_method;
    var_type = identify_method ;
    sendto_dest = "\"\"";
    sendto_block = "1";
    argument_count = 1;
    argument_class = class_name_none;
    defaultval = "{0 }";
    para_descript = "identify_method ";
};
```

如表2.16所示，para_name变量设置成对应结构体的名字，这里是"identify_method"，表示这个system变量定义的是identify_method结构体相关的信息，这个定义中主要的部分是defaultval，这个变量所设定的是识别方式的默认值，这里将它设置成0。此处defaultval变量的设置方式类似于C语言给结构体变量赋默认值的方式。

类似于表2.15中参数结构体identify_method定义的方式，这些结构体与def文件中所定义的system子变量有一定的对应关系。对于新增一类参数，只需将这类参数定义在一个结构体中，然后放到一个.h文件中，最后在def文件中新增一个system子变量，修改system子变量的对应信息即可。

参数结构体文件和def文件准备好之后，需要通过编写tpl模板文件来实现文本文件的自动生成。

系统参数管理中所需要的功能是加载文件中需要保存的参数到内存，将内存参数保存到文件，修改参数的功能直接可以通过修改内存变量来实现。为了实现上述功能，可以认为每个参数结构体按照在def文件中定义的顺序存放在内存中，只要获取每个结构体相对于第一个结构体的偏移量，就可以将参数的值根据偏移量加载到内存，或者通过偏移量将对应的参数结构体各成员的值获取出来。所以需要解决的最根本问题是如何根据def文件和所定义的参数文件内容来书写tpl模板文件，使得最终修改参数时不需要修改tpl文件，只需修改def文件和参数文件即可重新生成最新的管理参数。

需要编写的 tpl 模板文件如下：parameter_internal.tpl、parameter.tpl、parametertype.tpl和 parameter_offset.tpl。

下面按照逻辑关系，依次对各个模板文件的功能进行说明。由于def文件中所定义的system变量与所定义的参数结构体是一一对应的，因此，在tpl文件中会根据这个def文件中所声明的参数结构体的名字和默认值自动生成所需的处理代码。

下面针对每个 tpl 文件中的重点部分来进行详细说明：

（1）parameter_internal.tpl。这个 tpl 模板文件的作用是提取 def 文件中所定义的各个 system 变量中的内容，也就是将各个参数结构体的信息、默认值进行提取，将这些信息存放到输出文件中，供其他 tpl 模板文件来使用。这个 tpl 模板文件所做的处理相当于 C 语言中的预处理操作。

截取的关键代码片段如表 2.17 所示。

表 2.17　parameter_internal.tpl 代码片段

```
[+ AutoGen5 template tmp ddf +]
[+ CASE (suffix) +]
[+ ==   tmp +][+ (sprintf "%s%s AutoGen5 template %s%s" "[" "+" "+" "]") +]
[+ FOR category +]
    category = {
        cat_name = [+ cat_name +];
        [+ IF (exist?"cat_descript") +]
            cat_descript = "[+ (get "cat_descript") +]";
        [+ ENDIF +]
    };
[+ ENDFOR category +]
[+ FOR category +]
        [+ (sprintf "%s%s%s " "[" "+" " FOR ")   +][+ cat_name +][+ (sprintf " %s%s" "+" "]")   +]
    parameter = {
        cat_name = [+ cat_name +];
        para_name = [+ (sprintf "%s%s " "[" "+")   +](get "para_name")[+ (sprintf " %s%s" "+" "]") +];
        para_index = [+ (sprintf "%s%s " "[" "+")   +](sum (for-index "[+ cat_name +]") 1)[+ (sprintf " %s%s" "+" "]") +];
            [+ (sprintf "%s%s%s " "[" "+" " IF (exist?")   +]"defaultval"[+ (sprintf ") %s%s" "+" "]")   +]defaultval = '[+ (sprintf "%s%s " "[" "+")   +](get "defaultval")[+ (sprintf " %s%s" "+" "]") +]';[+ (sprintf "%s%s%s" "[" "+" " ENDIF")   +][+ (sprintf " %s%s" "+" "]")   +]
    }
        [+ (sprintf "%s%s%s " "[" "+" " ENDFOR")   +][+ cat_name +][+   (sprintf " %s%s" "+" "]")   +]
[+ ENDFOR category +]
[+ FOR category +]
[+ ENDFOR category +]
[+ == ddf +]autogen definitions parameter.tpl;
[+ INCLUDE "parameter_internal.tmp" +]
[+ ESAC +]
```

如表 2.17 代码片段所示,这个模板文件要生成两个文件,一个文件的后缀是 tmp,另一个文件的后缀是 ddf。

"[+ ==   tmp +]"标识表示要生成一个后缀为 tmp 的临时文件,这个临时文件相当于对 def 文件的第一次浏览,即对 def 文件内容中信息的第一次预处理。这部分代码中主要用到了 FOR、IF 两种 Autogen 宏,sprintf、get、sum 三个 Autogen 的函数。

FOR 宏的使用方法是:FOR <value-name> [<separator-string>] ENDFOR,包含在 FOR 和 ENDFOR 之间的文本块会针对每一个有效的 value-name 来执行一次相应的操作。

IF 宏的使用方法是 IF <full-expression>文本处理,表示如果 IF 表达式成立,则将 IF 后面的文本进行处理,否则跳过。

sprintf()函数与 C 语言中的 sprintf 字符串处理函数功能相同,用法如表 2.18 所示。

表 2.18 sprintf()函数使用方法

sprintf   format   [format-arg …]
功能:格式化一个字符串用参数列表中的参数
参数:format,即要打印的字符串的格式
format-arg:可选的字符串参数列表

get()函数用法如表 2.19 所示。

表 2.19 get()函数使用方法

get   ag-name [alt-val]
功能:获取与 ag-name 对应的第一个字符串值
参数:ag-name,即 AutoGen 值的名字
alt-val:可选的,如果 ag-name 的名字不存在

sum()函数用法如表 2.20 所示。

表 2.20 sum()函数使用方法

sum   list…
功能:计算表达式列表的和
参数:list,即值的列表,字符串被转换成数字

根据上面两个宏和三个函数的解释说明,下面针对 tpl 模板文件进行详细描述。例如,"para_name = [+ (sprintf "%s%s " "[" "+")   +](get "para_name")[+ (sprintf " %s%s" "+" "]") +];",这句代码是利用 sprintf()函数将字符串进行格式化输出。其中 get "para_name" 获取其中某个 system 变量中所定义的 para_name 项的字符串,不过针对此次生成的后缀为 tmp 的文件,这个语句只是作为简单的文本直接插入到 tmp 文件中。这个语句的执行结果为 "para_name = [+ (get "para_name") +]"。

"para_index = [+ (sprintf "%s%s " "[" "+")   +](sum (for-index "[+ cat_name +]") 1)[+ (sprintf " %s%s" "+" "]") +];",这句代码的解析与上面 para_name 类似,这句的执行结果为 "para_index = [+ (sum (for-index "system") 1) +]"。

结合上面的分析来理解 parameter_internal.tmp 的代码片段,如表 2.21 所示。

表 2.21　parameter_internal.tmp 代码片段

```
[+ AutoGen5 template +]
category =
{
    cat_name = system;
};
[+ FOR    system +]
parameter =
{
    cat_name = system;
    para_name = [+ (get "para_name") +];
    para_index = [+ (sum (for-index "system") 1) +];
};
[+ ENDFOR system +]
para_indexes =
{
    count = [+ (count    "system") +];
    cat_name = system;
};
```

如表 2.21 所示，从文本文件的内容可以看出，FOR、get、sum 这些 Autogen 的宏和函数并没有进行展开处理，所以这个 tmp 文件中的内容并不是最终的代码，还可以进行一次处理。第二次处理的生成文件就是在 parameter_internal.tpl 第一行中声明的要生成的 ddf 文件。生成这个 ddf 文件的方式很简单，如表 2.22 所示。

表 2.22　生成 ddf 文件

```
[+ == ddf +]autogen definitions parameter.tpl;
[+ INCLUDE "parameter_internal.tmp" +]
```

表 2.22 的两行代码表示 ddf 文件的生成是通过 INCLUDE 这个伪宏来进行处理的，INCLUDE 宏会将所包含进来的文件中的 Autogen 宏进行展开，最终生成所需的 ddf 文件。最终生成的 ddf 文件的内容就是将 def 文件中的每个参数的信息和默认值提取出来，并放到 tpl 文件所定义的 parameter 这个变量中。

(2) parameter.tpl 模板文件。这个模板文件主要用来自动生成一个枚举变量，为每一个 def 文件中声明的参数都定义一个枚举值，这样在其他 tpl 模板文件中，就可以直接利用枚举值来表示对应的参数。

(3) parametertype.tpl 模板文件。这个模板文件会根据 def 文件中所声明的参数，将所要管理的结构体所在的头文件包含进来，并为了方便每个参数结构体的使用，用"#define"这个宏对每个参数结构体进行重命名。

(4) parameter_offset.tpl 模板文件。这个模板参数文件的第一行代码为"[+ AutoGen5 template h default +]"，表示要生成哪些后缀的文件，这个模板文件最终要生成一个 .h 和一个 .default 文件。.h 文件的内容是根据所管理的参数，自动生成一些能获取这些参数信息的函数，主要的函数是获取每个结构体参数相对于第一个结构体参数的偏移量。.default 文件内容主要是根据 tpl 模板文件中的函数模板生成设置默认参数值的函数，这个函数的声明如表 2.23 所示。

表 2.23 生成默认参数值的函数

static inline void do_flashpara_default(void *ptr_gbshm_handle)

在使用中会将管理参数的共享内存地址通过参数传递进去，然后函数内部会将参数的默认值放到参数所指向的内存地址中，并且每个参数在内存中的存放地址是根据每个参数结构体相对于第一个参数的结构体的偏移量来得到的，并且这个偏移量可以通过前面自动生成的获取偏移量函数来获取。这样这个函数内部的所有操作都是通过模板文件的内容自动生成的。

从对上述各个模板文件的功能描述中可以看到，如果不利用 Autogen 来自动生成这些源代码，而是通过自己编写代码来维护这些功能，那么系统参数的反复修改将导致所编写的代码也要进行反复修改，使得代码的维护变得困难，并且易于出错。

为了根据 def 定义文件和 tpl 模板文件的内容生成所需文件，需要 Autogen 命令来对 def 和 tpl 文件进行处理。此处，以 parameter_internal.tpl 文件生成 parameter_internal.tmp 文件为例，Autogen 命令的执行如表 2.24 所示。

表 2.24 Autogen 命令生成 parameter_internal.tmp 文件

autogen -T parameter_internal.tpl -b parameter_internal -o tmp parameter.def

其中，-T 指定模板文件，-b 指定生成文件的名字，-o 指定生成文件的后缀，此处要注意的是这个后缀必须是 tpl 模板文件的第一行信息中所声明的后缀。以 parameter_internal.tpl 为例，如果 -o 所指定的 tmp 后缀没有在 tpl 模板文件中声明，那么 Autogen 就会找不到 tpl 模板文件中"[+ == tmp]"这行语句，导致根本没有文本文件需要 Autogen 来处理，最终导致生成一个空的文件。

2.4 CMake 工具的使用

2.4.1 CMake 工具简介

CMake[12]是一个跨平台的自动化构建系统，它的构建过程(build process)和 UNIX 中的 Make 很相似，只是 CMake 的配置文件名为 CmakeLists.txt。Cmake 并不直接构建出最终的程序，而是产生标准的构建文档(如 UNIX 的 Makefile 或 Windows Visual C++的 projects/workspaces)，然后再按照一般的构建方式进行最终程序的构建。CMake 可以编译源代码、制作库，还可以用来构建可执行文件。CMake 支持 in-place 构建(可执行文件和源代码在同一目录中)和 out-of-place 构建(可执行文件和源代码在不同目录中)，因此可以很容易从同一个源代码目录中构建出多个可执行文件。CMake 也支援静态库与动态库的构建。

"CMake"这个名字是"cross platform make"的缩写。虽然名字中含有"make"，但是 CMake 和 UNIX 上常见的"make"系统是分开的。

CMake 的主要特点有：

(1) 开放源代码，使用类 BSD 许可发布。
(2) 跨平台，并可生成 native 编译配置文件。
(3) 能够管理大型项目，KDE4 就是最好的证明。
(4) 简化编译构建过程和编译过程。CMake 的工具链非常简单：CMake + make。
(5) 高效率。按照 KDE 官方说法，CMake 构建 KDE4 的 kdelibs 要比使用 autotools 来构建 KDE3.5.6 的 kdelibs 快 40%。
(6) 可扩展。可以为 CMake 编写特定功能的模块，以扩充 CMake 功能。

2.4.2 CMake 工具的简单例子

下面以一个 hello world 的实例来说明 CMake 的完整构建过程。

本节中使用的 CMake 工具是 CMake-2.8.4 版本，下载软件组件 CMake-2.8.4tar.gz，解压缩，进入解压缩后的目录，依次执行如表 2.25 中的命令来进行 CMake 的安装。

表 2.25 CMake 的安装

```
# ./bootstrap
# make
# make install
```

(1) 文件准备和构建。在 /home/CMake 目录下，创建目录 t1，同时建立 main.c 文件和 CMakeLists.txt 文件，创建文件时，需要注意文件名的大小写。

其中，main.c 文件的内容如表 2.26 所示。

表 2.26 main.c 文件的内容

```
//main.c 文件的内容
#include <stdio.h>
int main()
{
    printf("hello world from t1 Main! \r\n");
    return 0;
}
```

CMakeLists.txt 文件的内容如表 2.27 所示。

表 2.27 CMakeLists.txt 文件的内容

```
PROJECT (HELLO)
SET(SRC_LIST main.c)
MESSAGE(STATUS "This is BINARY dir " ${HELLO_BINARY_DIR})
MESSAGE(STATUS "This is SOURCE dir " ${HELLO_SOURCE_DIR})
ADD_EXECUTABLE(hello ${SRC_LIST})
```

所有的文件准备完毕后，t1 目录中存在 main.c 文件和 CMakeLists.txt 文件，接着即可构建这个工程，执行如表 2.28 中的命令。

表 2.28 执行 CMake 命令

#cmake .

需要注意的是，命令后的"."表示本目录，输出如表 2.29 所示。

表 2.29 执行 CMake 后的正确输出

cmake .
-- The C compiler identification is GNU
-- The CXX compiler identification is GNU
-- Check for working C compiler: /usr/bin/gcc
-- Check for working C compiler: /usr/bin/gcc -- works
-- Detecting C compiler ABI info
-- Detecting C compiler ABI info - done
-- Check for working CXX compiler: /usr/bin/c++
-- Check for working CXX compiler: /usr/bin/c++ -- works
-- Detecting CXX compiler ABI info
-- Detecting CXX compiler ABI info - done
-- This is BINARY dir /home/cmake/t1
-- This is SOURCE dir /home/cmake/t1
-- Configuring done
-- Generating done
-- Build files have been written to: /home/cmake/t1

正确执行完毕后，在 t1 的目录下会生成如表 2.30 所示的所有文件。由表 2.30 可以看出，执行 CMake 后自动生成了一个 Makefile 文件，这样就可以进行工程的实际构建。

表 2.30 执行 CMake 后生成的文件

#pwd			
/home/cmake/t1			
#ls			
CMakeCache.txt	CMakeFiles	cmake_install.cmake	CMakeLists.txt
main.c	Makefile		

在这个目录下直接输入 make 命令，得到的输出如表 2.31 所示。如果想看详细的 make 构建的过程，可以通过执行命令"make VERBOSE=1"来构建工程，这样可以显示详细的构建过程。

表 2.31 执行 make 后的输出信息

#make
Scanning dependencies of target hello
[100%] Building C object CMakeFiles/hello.dir/main.c.o
Linking C executable hello
[100%] Built target hello

执行完 make 命令后可以在当前目录下得到可执行文件"hello",直接运行这个可执行文件即可有相应的"hello world from t1 Main!"输出。

(2) CMakeLists.txt 文件详解。CMakeLists.txt 文件是 CMake 的构建定义文件,文件名是大小写相关的。如果工程存在多个目录,需要确保每个要管理的目录都存在一个 CMakeLists.txt。

针对表 2.27 中的内容,下面对 CMakeLists.txt 文件进行详细的介绍。

① PROJECT 指令,其语法是 PROJECT (projectname [CXX] [C] [Java])。

一般通过这个指令定义工程名称,并可以指定工程支持的语言。支持的语言列表是可以忽略的,默认情况表示支持所有语言。这个指令隐式地定义了两个 CMake 变量——<projectname_BINARY_DIR> 和 <projectname_SOURCE_DIR>,在这个例子中就是"HELLO_BINARY_DIR"和"HELLO_SOURCE_DIR"(所以在 CMakeLists.txt 文件中的两个 MESSAGE 指令就直接使用了这两个变量),因为采用的是内部编译,所以两个变量的值都是工程所在的路径/home/CMake/t1。

同时,CMake 系统也帮助我们预定义了"PROJECT_BINARY_DIR"和"PROJECT_SOURCE_DIR"变量,它们的值分别跟"HELLO_BINARY_DIR"和"HELLO_SOURCE_DIR"一致。为了统一和使用方便,建议在工程中直接使用"PROJECT_BINARY_DIR"和"PROJECT_ SOURCE_DIR",这样,即使修改了工程名称,也不会影响到这两个变量。

② SET 指令,其语法是 SET(VAR [VALUE] [CACHE TYPE DOCSTRING [FORCE]])。

这里的 SET 指令可以用来显式地定义变量,如果有多个源文件,可以定义为 SET(SRC_LIST main.c t1.c t2.c)。

③ MESSAGE 指令,其语法是 MESSAGE([SEND_ERROR | STATUS | FATAL_ERROR] "message to display" …)。

这个指令常用于向终端输出用户定义的信息,包含三种类型:
- SEND_ERROR:产生错误,生成过程被跳过;
- STATUS:输出前缀为"--"的信息;
- FATAL_ERROR:立即终止 CMake 的过程。

在本例中使用的是 STATUS 信息的输出,演示了由 PROJECT 指令定义的两个隐式变量"HELLO_BINARY_DIR"和"HELLO_SOURCE_DIR"。

④ ADD_EXECUTABLE 指令。它定义了这个工程会生成一个文件名为"hello"的可执行文件,相关的源文件是 SRC_LIST 中定义的源文件列表,可以使用"${}"来引用变量,这是 CMake 的变量引用方式。在本例中也可以直接写成"ADD_EXECUTABLE(hello main.c)"。

在上述指令中,值得一提的是指令是大小写无关的,而参数和变量是大小写相关的,推荐全部使用大写的指令。

进行清理时,执行"make clean"指令即可对构建的结果进行清理。但需要注意的是,CMake 中并不支持"make distclean"指令。

(3) 内部构建和外部构建。上述工程的构建过程是直接在 /home/CMake/t1 目录下进行的,它属于"内部构建",可以看出这种构建方法生成的临时文件比代码文件还要多,这时就可以采用外部构建编译的方法。主要的外部编译过程如下:

① 清除 t1 目录中除 main.c 和 CMakeLists.txt 文件外的其他所有中间文件。

② 在 t1 目录中建立 build 目录，当然也可以在其他任何地方建立 build 目录，不一定必须在工程目录中。

③ 进入 build 目录，运行 "CMake .." 命令(注意：命令中的 ".." 表示父目录，因为在 build 的父目录中存在需要的 CMakeLists.txt 文件，如果是在其他地方建立了 build 目录，需要运行的命令为 "CMake <工程的绝对路径>")，查看 build 目录，在运行完命令后会生成编译需要的 Makefile 文件以及其他的中间文件。

④ 运行 make 构建工程，就会在当前目录，即 build 目录下生成目标文件 hello。

上述的过程就是外部编译(out-of-source)，其最大的好处就是，对于原有的工程没有任何的影响，所有动作全部发生在编译的目录中。但需要特别注意的是，通过外部编译进行工程构建时，"HELLO_SOURCE_DIR" 仍然表示工程路径，即 /home/CMake/t1，但是 "HELLO_BINARY_DIR" 则是编译路径，就是 /home/CMake/t1/build。

2.4.3 简单示例工程化

从本节开始，后面的工程构建都会采用外部构建，而构建目录即是工程目录下的 build 目录。

本小节主要任务是使前面提及的 hello world 更像一个工程，需要做的是：
- 为工程添加一个子目录 src，用来放置工程源代码。
- 添加一个子目录 doc，用来放置这个工程的文档 hello.txt。
- 在工程目录下添加文本文件 COPYRIGHT 和 README。
- 在工程目录下添加一个 runhello.sh 脚本，用来调用 hello 可执行文件。
- 将构建后的目标文件放入构建目录的 bin 子目录。
- 最终安装这些文件：将 hello 二进制与 runhello.sh 安装至 /usr/bin，将 doc 目录的内容以及 COPYRIGHT/README 安装到 /usr/share/doc/CMake/t2。

其中，在进行安装时需要引入一个新的 CMake 指令 INSTALL 和一个非常有用的变量 CMAKE_INSTALL_PREFIX。这个 CMAKE_INSTALL_PREFIX 变量类似于 configure 脚本中的 prefix，常见的使用方法是：

CMake –DCMAKE_INSTALL_PREFIX=/usr .("." 表示当前目录)

INSTALL 指令用于定义安装规则，安装的内容可以包括目标二进制、动态库、静态库以及文件、目录和脚本等。

(1) src 目录的添加。在 /home/CMake 目录下建立 t2 目录，将 t1 工程中的 main.c 和 CMakeLists.txt 文件都拷贝到 t2 目录中，同时在 t2 目录下添加子目录 src，将 main.c 文件放入 src 子目录中。

在 CMake 中，需要为任何子目录都建立一个 CMakeLists.txt 文件，因此，进入 src 子目录，编写的 CMakeLists.txt 文件如表 2.32 所示。

表 2.32　src 子目录下的 CMakeLists.txt 文件

ADD_EXECUTABLE(hello main.c)

同时，对 t2 工程下的 CMakeLists.txt 文件做出修改，如表 2.33 所示。

表 2.33　t2 工程下的 CMakeLists.txt 文件

```
PROJECT (HELLO)
ADD_SUBDIRECTORY(src bin)
```

其中提及的 ADD_SUBDIRECTORY 指令用于向当前工程添加存放源文件的子目录，并可以指定中间文件和目标二进制存放的位置。在 t2 工程目录下，同样建立一个 build 子目录，在此子目录下直接执行"CMake .."和"make"命令，构建完成后，会发现目标文件在 build/bin 目录中。

(2) 目标二进制的保存。一般通过 SET 指令重新定义 EXCUTABLE_OUTPUT_PATH 和 LIBRARY_OUTPUT_DIR 变量，以指定最终的目标二进制的位置(指最终生成的 hello 可执行文件或是最终的共享库，不包含编译生成的中间文件)。

在 src 目录下的 CMakeLists.txt 文件中添加代码，如表 2.34 所示，分别表示可执行二进制文件的输出路径为 build/bin 和库文件的输出路径为 build/lib。

表 2.34　目标二进制文件保存路径的更换

```
SET(EXECUTABLE_OUTPUT_PATH ${PROJECT_BINARY_DIR}/bin)
SET(LIBRARY_OUTPUT_PATH ${PROJECT_BINARY_DIR}/lib)
```

(3) 其他文件的添加。在 /home/CMake/t2 目录下建立 doc 子目录，添加任意脚本说明文件；在工程目录下添加 runhello.sh 脚本，内容为"hello"；在工程目录中添加 COPYRIGHT 和 README 文件。

文件添加完毕后，就需要对各文件进行安装，需要修改工程文件下的 CMakeLists.txt 文件，具体如表 2.35 所示。

表 2.35　安装文件所需的 CMakeLists.txt 文件

```
INSTALL(FILES COPYRIGHT README DESTINATION share/doc/cmake/t2)
INSTALL(PROGRAMS runhello.sh DESTINATION bin)
INSTALL(DIRECTORY doc/ DESTINATION share/doc/cmake/t2)
```

表 2.35 中第一行代码是安装 COPYRIGHT 和 README 文件；第二行代码是安装 runhello.sh 文件；第三行代码是添加 doc 目录中的文件。

完成添加修改后，进入 build 子目录进行外部编译，使用的命令和输出如表 2.36 所示。

表 2.36　使用 CMAKE_INSTALL_PREFIX 的 CMake 命令

```
# cmake -DCMAKE_INSTALL_PREFIX=/tmp/t2/usr ..
CMake Warning (dev) in CMakeLists.txt:
   No cmake_minimum_required command is present.  A line of code such as
     cmake_minimum_required(VERSION 2.8)
   should be added at the top of the file.  The version specified may be lower
   if you wish to support older CMake versions for this project.  For more
   information run "cmake --help-policy CMP0000".
This warning is for project developers.  Use -Wno-dev to suppress it.
-- Configuring done
-- Generating done
-- Build files have been written to: /home/cmake/t2/build
```

然后即可执行 make 和 make install 命令，输出如表 2.37 所示，最后可以在/tmp/t2 目录下查看安装的结果。

表 2.37　make 和 make install 命令的输出

```
# make
[100%] Built target hello
# make install
[100%] Built target hello
Install the project...
-- Install configuration: ""
-- Installing: /tmp/t2/usr/share/doc/cmake/t2/COPYRIGHT
-- Installing: /tmp/t2/usr/share/doc/cmake/t2/README
-- Installing: /tmp/t2/usr/bin/runhello.sh
-- Installing: /tmp/t2/usr/share/doc/cmake/t2
-- Installing: /tmp/t2/usr/share/doc/cmake/t2/hello.txt
```

2.4.4　静态库和动态库的构建

库有三种使用形式：静态库、共享库和动态库。静态库的代码在编译时就已链接到开发人员开发的应用程序中，而共享库只在程序开始运行时才载入，在编译时，只是简单地指定需要使用哪些库函数。动态库则是共享库的另一种变化形式。动态库也在程序运行时载入，但与共享库不同的是，使用的库函数不是在程序运行开始时，而是在程序中需要使用该函数时才载入。动态库可以在程序运行期间释放动态库所占用的内存，腾出空间供其他程序使用。由于共享库和动态库并没有在程序中包括库函数的内容，只是包含了对库函数的引用，因此代码的规模比较小。

1. 动态库的构建

在/home/CMake 目录下建立 t3 目录，在 t3 目录下建立 lib 子目录，在 t3 目录下的 CMakeLists.txt 文件中添加如表 2.38 所示的代码。

表 2.38　t3 目录下的 CMakeLists.txt 文件

```
PROJECT (HELLOLIB)
ADD_SUBDIRECTORY(lib)
```

在 lib 子目录下建立两个源文件 hello.c 和 hello.h 文件，文件内容分别如表 2.39 和表 2.40 所示。此外，lib 子目录下的 CMakeLists.txt 文件如表 2.41 所示。

表 2.39　hello.c 文件

```
#include "hello.h"
void HelloFunc()
{
    printf("Hello World\n");
}
```

表 2.40 hello.h 文件

```
#ifndef HELLO_H
#define HELLO_H
#include <stdio.h>
void HelloFunc();
#endif
```

表 2.41 lib 子目录下的 CMakeLists.txt 文件

```
SET(LIBHELLO_SRC hello.c)
ADD_LIBRARY(hello SHARED ${LIBHELLO_SRC})
```

完成修改后,即可进入 build 目录执行"CMake .."和"make"命令,即可在 build 目录下的 lib 目录中得到名为 libhello.so 的共享库。

2. 静态库的构建

在表 2.41 的 ADD_LIBRARY 指令中指明的库类型是 SHARED,表示动态库。如果想生成静态库,可以使用 STATIC 关键字,但是仅使用命令"ADD_LIBRARY(hello STATIC ${LIBHELLO_SRC})",在进行外部编译时,会发现静态库根本就没有被构建,仍然只是生成一个动态库,这是因为 hello 作为一个 target 是不能被重名的,所以静态库构建指令无效。一旦将其中的"hello"改为"hello_static"即可生成静态库名为 libhello_static.a,动态库名为 libhello.so。但是我们往往需要名字相同的静态库和动态库,因此可以使用另外的一个指令 SET_TARGET_PROPERTIES。在 lib 子目录下的 CMakeLists.txt 文件中添加如表 2.42 所示的代码,即可同时生成 libhello.so 和 libhello.a 两个库。

表 2.42 生成静态库的指令

```
SET_TARGET_PROPERTIES(hello PROPERTIES CLEAN_DIRECT_OUTPUT 1)
SET_TARGET_PROPERTIES(hello_static PROPERTIES CLEAN_DIRECT_OUTPUT 1)
```

2.4.5 外部共享库的使用

在/home/CMake 目录下建立目录 t4,重复前几节的操作。此外,在 src 子目录下的源文件 main.c 中加入如表 2.43 所示的代码;修改工程目录下的 CMakeLists.txt 文件,如表 2.44 所示;src 子目录中的 CMakeLists.txt 文件修改如表 2.45 所示。

表 2.43 main.c 文件

```
#include <hello.h>
int main()
{
    HelloFunc();
    return 0;
}
```

表 2.44 工程目录下的 CMakeLists.txt 文件

```
PROJECT (NEWHELLO)
ADD_SUBDIRECTORY(src)
```

表 2.45　src 目录下的 CMakeLists.txt 文件

```
ADD_EXECUTABLE(main main.c)
#添加关于头文件的搜索路径
INCLUDE_DIRECTORIES(/home/cmake/t3/lib)
#用于为自己编写的共享库添加共享库链接
TARGET_LINK_LIBRARIES(main libhello.so)
```

2.5　小　　结

本章通过对比两种软件管理方式 CVS 和 Subversion 的优缺点，帮助用户从中选取一个适合自己的版本管理软件来进行项目开发。此外，通过描述 Automake 工具管理一个简单工程的方法，可以学会使用 Automake 进行基本的自动化编译管理。本章对自动生成工具 Autogen 的使用方法、def 文件和 tpl 文件的编写方法的详细说明，可以对工具的使用有个初步认识。最后，对 CMake 工具的使用举例进行了详细的说明。通过本章中所提到工具的掌握和使用，可以使项目开发者大大缩减软件开发周期，降低开发过程中繁琐的维护工作。

第 3 章 算法创立者 Codec

本章主要对 Codec Engine 中的算法——Codec 进行详细的描述。Codec 主要用于生成算法并将其打包，其中必不可少的是算法的定义、具体的调用以及相应的服务配置等。本章中对于这些问题会一一进行详细的描述。此外，对于生成一个 Codec Package 的两种方法，包括基于 examples 的已有算法生成 Codec 和基于 RTSC 生成 Codec，都有详细的讲解。

3.1 Codec 里的源码结构

每一个 Codec 都必须包括以下源文件[13]：package.bld 文件、package.xdc 文件、package.xs 文件、<MODULE>.xdc 文件、<MODULE>.xs 文件以及相应算法的.h 文件和.c 文件等。本节会对这些必备文件进行详细的讲解。

3.1.1 package.bld

package.bld 文件主要定义和 package 编译相关的属性，即一个包应该如何被编译。文件内容用 Javascript 描述。Package.bld 文件中包含目标平台集的定义[MVArm9，Linux86]、编译版本的定义[release]、确定源文件集和生成的可执行文件信息，等等。

在 Linux 中，我们使用 make 命令，根据 Makefile 文件来生成可执行文件，XDC 也可类似地生成脚本文件(我们统称为 XDC 文件)。package.bld 就是一个 XDC 文件。

1. package.bld 文件的功能

package.bld 文件的功能类似于 Linux 中的 Makefile 文件，它会告诉 XDC 怎样建立(build)一个 DSP Server 的源文件，即定义需要 build 的可执行文件和库文件。这个目标平台的配置来自 config.bld 文件，config.bld 文件位于/opt/dvsdk_1_40_02_33/codec_engine_2_10_02/examples 下，可以通过修改达到定制，这里默认的是读取 xdcpath.mak 文件中的配置。

2. 文件内容详解

在 package.bld 文件中，首先定义了一些需要使用的模块及其属性，如表 3.1 所示。

表 3.1 package.bld 中的模块

```
var Build = xdc.useModule('xdc.bld.BuildEnvironment');
var Pkg = xdc.useModule('xdc.bld.PackageContents');

/* 一旦这个版本构造完成，就会将所有信息发布 */
Pkg.attrs.exportAll = true;
```

表 3.1 的代码中：

- Build 是这个全局对象('xdc.bld.BuildEnvironment')的别名，用于建立全局的环境。

- Pkg 是一个'PackageContents'对象的别名，这个对象用于表示包的内容；attrs 是一个结构体，这个结构体提供 package 的默认属性，这些属性包括控制代码的生成工具、配置工具和公布选项等。其中的 Pkg.attrs.exportAll 值为 true，表示一旦发布这个 package，其中所有生成文件都会公布显示出来(其中所有的模块以及它们的具体结构可以查看以下这个目录中的文件：/opt/dvsdk_1_40_02_33/xdc_3_00_06/packages/xdc/bld)。

此外，有一个数组变量需要注意，如表 3.2 所示。

表 3.2　SRCS 数组

```
var SRCS = ["videnc_copy"];
```

这个 SRCS 数组中包括了 package 中的所有 C 文件。表 3.2 中，只有一个 videnc_copy.c 文件，即数组中只有一项——videnc_copy。如果还有其他的 C 文件，应该依次把 C 文件的名字加到数组中。

表 3.3 就是添加具体的库文件和 SRCS 中的所有包括的文件的实例。

表 3.3　其他文件的添加

```
for (var i = 0; i < Build.targets.length; i++) {
    var targ = Build.targets[i];
    print("building for target " + targ.name + " ...");
    /*
     * 添加一个库文件到这个 package 中
     * 同时将 SRCS 数组中包括的文件添加到这个库中
     */
    if (targ.name == "C64P" || targ.name == "C674") {
        /*
         * 64P 的目标程序通过使用 DMA 可以得到一个优化后的实现
         * 所以，我们建立两个库，一种是传统的方法
         * 另一种通过使用 DMA 进行优化
         */
        Pkg.addLibrary("lib/videnc_copy_dma", targ, {
            copts: "-DUSE_ACPY3 ",
        }).addObjects(SRCS);
    }
    Pkg.addLibrary("lib/videnc_copy", targ).addObjects(SRCS);
}
```

3.1.2　package.xdc

package.xdc 文件是包定义文件，同时也是一个 XDC 文件。它定义了包的名称及其依赖。文件中主要包含与 package 有关的静态特性信息，如依赖信息、模块信息、版本信息等，如图 3.1 所示。package.xdc 中声明了 DSP Server 的名字、路径及 Server 的依赖文件和各文件之间的关系。

Parts of package.xdc:
- Package name
- Version Info
- Dependencies
- Moduels

图 3.1　package.xdc 中的内容

1. pakcage.xdc 文件的功能

package.xdc 完成的工作很简单，就是定义 Servers 包名，即 Servers 目录下文件夹的名

称，这里用的是 videnc_copy。如果需要改成 h264_dec，只要相应地在这个文件中做修改即可。但是这个包名更改后，*.bld 文件下所有关于 serverName 的值及*.tcf 文件名都要做相应修改，否则会找不到编译对象。同时，ceapp.cfg 文件中的 myEngine.server 的值也应修改成./h264_dec.x64P。

2. 文件内容详解

在这个文件中，主要注意的就是表 3.4 所示的代码。

表 3.4　算法包的定义

```
package ti.sdo.ce.examples.codecs.videnc_copy [1, 0, 0] {
    module VIDENC_COPY; }
```

表 3.4 中的语句说明这个算法包所在的路径是："ti.sdo.ce.examples.codecs.videnc_copy"，该路径反映了目录结构，同时表明算法包中包含唯一的一个模块"VIDENC_COPY"，这个语句相当于告诉了 XDC 包含模块的*.xdc 和*.xs 文件有哪些，本例中主要指的就是 VIDENC_COPY.xdc 和 VIDENC_COPY.xs 这两个配置文件。其中的[1, 0, 0]是指版本。

3.1.3　package.xs

package.xs 是一个动态属性配置文件。

1. package.xs 文件的功能

package.xs 文件指出了由于平台和配置的不同而不同的包属性。XDC 根据这个文件链接和配置相匹配的包库。

2. 文件内容详解

在这个文件中，有一个重要的函数 getLibs()，如表 3.5 所示。

表 3.5　getLibs()函数

```
function getLibs(prog)
{
    var name = "";
    var suffix = prog.build.target.findSuffix(this);
    if (suffix == null) {
        return ("");
    }

    /*
     * 需要注意的是我们一般通过使用 close()来进行检查
     * 当我们使用的库支持 DMA 时(例如 C64P)
     * 通过调用 close()确保.useDMA 已经被设置
     */
    if (this.VIDENC_COPY.useDMA) {
        name = "lib/videnc_copy_dma.a" + suffix;
    } else {
        name = "lib/videnc_copy.a" + suffix;
    }
    /* 返回库名称：name.a<arch> */
    print("    will link with " + this.$name + ":" + name);
    return (name);
}
```

getlibs()函数的返回值是 package 所导出的库名称，也就是说，通过调用这个函数实现 XDC 对包库的链接。

此外，package.xs 文件中还定义了 close()函数，如表 3.6 所示。

表 3.6 close()函数

```
function close()
{
    var prog = Program;
    /*
     * 如果我们没有使用 64 库，但是.useDMA 又被设置了
     * 此时，我们就需要将.useDMA 重置为 false
     * 同时，打印出一个合适的警告信息
     */
    if ((prog.build.target.suffix.match("64|674") == null) &&
        (this.VIDENC_COPY.useDMA)) {
        print("Warning.   The " + this.$name + " package doesn't have a " +
            "library which supports DMA for the " + prog.build.target.name +
            " target.   Setting .useDMA to \"false\".");
        this.VIDENC_COPY.useDMA = false;
    }

    /* 如果.useDMA 已经被设置成 false，就需要清除 idma3Fxns 的配置参数*/
    if (!this.VIDENC_COPY.useDMA) {
        /* 首先会清除只读的配置参数，使用$unseal 时应格外小心*/
        this.VIDENC_COPY.$unseal("idma3Fxns");
        this.VIDENC_COPY.idma3Fxns = null;
        this.VIDENC_COPY.$seal("idma3Fxns");
    }
}
```

3.1.4 package.mak

package.mak 文件是根据 XDC 文件生成的文件(类似于 Makefile)，并最终通过运行它生成包括可执行文件的 package。我们可以查看 package.mak 文件，但不能修改。因为重新运行 XDC 之后会生成新的 package.mak 文件。

3.1.5 <MODULE>.xdc

1. <MODULE>.xdc 文件的功能

<MODULE>.xdc 文件是具体算法的静态配置文件，包括具体模块的定义和声明。文件中具体指明了该 Codec 的名称、类型以及用户希望说明的附加特性等。

2. <MODULE>.xdc 文件的内容详解

该文件名称必须匹配 package.xdc 中模块的名称。<MODULE>.xdc 文件中包括算法的接口类型和实现等，如表 3.7 所示。

表 3.7 <MODULE>.xdc 文件中算法 Module 的定义

```
metaonly module VIDENC_COPY inherits ti.sdo.ce.video.IVIDENC
{
    override readonly config String ialgFxns = "VIDENCCOPY_TI_VIDENCCOPY";
    override readonly config String idma3Fxns = "VIDENCCOPPY_TI_IDMA3";
    config Bool useDMA = false;
}
```

表 3.8 是 package.xdc 文件中关于算法模块的定义。由表 3.7 和表 3.8 可以看出在这两个文件中关于算法模块的名称是相匹配的。

表 3.8 package.xdc 文件中算法 Module 的定义

```
package ti.sdo.ce.examples.codecs.videnc_copy [1, 0, 0] {
    module VIDENC_COPY;
}
```

<MODULE>.xdc 中的 inherits ti.sdo.ce.video.VIDENC 表明这个算法是一个 VSIA 的视频编码算法。

3.1.6 <MODULE>.xs

1. <MODULE>.xs 文件的功能

<MODULE>.xs 文件定义了算法的一些动态属性,包括*.xdc 文件中的接口方法的实现以及模块的实现等。

2. 文件内容详解

<MODULE>.xs 文件的名称也要和 package.bld 文件中的模块名称相匹配。此外,<MODULE>.xs 文件和<MODULE>.xdc 文件的关系如同*.c 文件和*.h 文件的关系。<MODULE>.xs 文件对用户提供的参数进行了配置,例如堆栈的大小等,如表 3.9 所示。

表 3.9 获得堆栈大小——getStackSize

```
function getStackSize(prog)
{
    if (verbose) {
        print("getting stack size for " + this.$name
            + " built for the target " + pprog.build.target.$name
            + ", running on platform " + prog.platformName);
    }
    return (1024);
}
```

3.1.7 源代码文件

1. *.h 文件

一个算法中一般都有两个头文件,分别为<MODULE>_ti.h 和<MODULE>_ti_priv.h,它们分别是公共头文件和私有头文件,其名称会随着 Codec 算法的不同而变化。

其中，在<MODULE>_ti.h 文件中，有如表 3.10 和表 3.11 所示的代码。

表 3.10　IVIDENC 接口的声明

```
/*
 *  ======== VIDENCCOPY_TI_VIDENCCOPY ========
 *  关于 IVIDENC 接口的实现
 */
extern IVIDENC_Fxns VIDENCCOPY_TI_VIDENCCOPY;
```

表 3.11　<MODULE>.xdc 中算法接口定义

```
/*
 *  ======== ialgFxns ========
 *  这是 xDAIS 算法的函数表的名称
 */
override readonly config String ialgFxns = "VIDENCCOPY_TI_VIDENCCOPY";
```

通过比较表 3.10 和表 3.11 我们可以看出，此处的 IVIDENC 接口的实现函数为 IVIDENC_Fxns 就是已经在<MODULE>.xdc 文件中定义的名称。

在<MODULE>_ti_priv.h 中，包含了所有关于算法接口的声明，如表 3.12 所示。

表 3.12　算法接口声明

```
extern Void VIDENCCOPY_TI_activate(IALG_Handle handle);
extern Int VIDENCCOPY_TI_alloc(const IALG_Params *algParams,
    IALG_Fxns **pf, IALG_MemRec memTab[]);
extern Void VIDENCCOPY_TI_deactivate(IALG_Handle handle);
extern Int VIDENCCOPY_TI_free(IALG_Handle handle,
    IALG_MemRec memTab[]);
extern Int VIDENCCOPY_TI_initObj(IALG_Handle handle,
    const IALG_MemRec memTab[], IALG_Handle parent,
    const IALG_Params *algParams);
extern XDAS_Int32 VIDENCCOPY_TI_process(IVIDENC_Handle h,
    XDM_BufDesc *inBufs, XDM_BufDesc *outBufs,
    IVIDENC_InArgs *inargs, IVIDENC_OutArgs *outargs);
extern XDAS_Int32 VIDENCCOPY_TI_control(IVIDENC_Handle handle,
    IVIDENC_Cmd id, IVIDENC_DynamicParams *params,
    IVIDENC_Status *status);
```

其中：

● VIDENCCOPY_TI_activate 函数在算法处理之前，实现部分初始化。它的参数为算法实例的句柄，该句柄识别出算法需要的不同类型的缓冲，并完成初始化，而这个 VIDENCCOPY_TI_activate 函数必须在 init 成功之后再调用。

● VIDENCCOPY_TI_deactivate 函数用于保存所有的持久数据到非临时的存储器上，通知当前的算法实例即将被关闭，在这个函数 VIDENCCOPY_TI_deactivate 之后，只能调用

activate 和 free 函数。
● VIDENCCOPY_TI_free 用于在删除一个算法实例之前，查询算法的内存并释放，算法实例的内存必须是非空的。这个函数的第一个参数为算法实例的句柄，第二个参数为该算法实例的内存。
● VIDENCCOPY_TI_alloc 用于查询算法的内存需求。这个函数的第一个参数表示创建算法对象的相关参数，通常设置为 NULL，这也是默认设置；第二参数是返回给父 IALG 函数的输出参数；第三个参数是算法实例的内存需求，一般表示为存储器记录中的表格项；返回值即存储器记录的表格项数。
● VIDENCCOPY_TI_initObj 用于初始化算法实例，只有该函数成功返回后，算法实例对象才开始进行其他的相关处理。其中的第一个参数指向初始化后的 IALG_Obj 结构体；第二个参数是有效的内存记录项目数；第三个参数通常设置为 NULL，表示没有父对象的存在；最后一个参数是算法的特定参数，可以设置为 NULL。
● VIDENCCOPY_TI_process 是具体进行数据处理的函数，所有实际的相关的算法调用都在这个函数中。其中的第一个参数是算法实例的句柄；第二个参数是输入 Buffer 的信息；第三个参数是输出 Buffer 的信息；第四个参数是算法处理输入的相关参数；第五个参数是算法处理输出的相关参数。例如，针对视频处理而言，算法处理的输入参数包括图像的高和宽、帧率、码率等信息；而算法处理的输出参数包括输出的每一帧是 I 帧还是 P 帧等信息。
● VIDENCCOPY_TI_control 用于对算法进行相关的控制以及状态信息的获取，包括对参数的设置、获取 Buffer 信息等操作。其中的第一个参数是算法实例的句柄；第二个参数是执行的具体命令，即对算法具体的操作；第三个参数是与算法相关的动态参数，在传递参数时，可以不设置；第四个参数是算法处理的状态信息，包括一次算法处理产生的比特数等信息，在传递参数时也可以不设置。

2. *.c 文件

这个文件是对<MODULE>_ti_priv.h 中涉及的所有算法接口的具体实现。需要注意，这个文件的编写需要满足 xDAIS-DM 标准，如表 3.13 所示。

表 3.13 算法 module 的接口

```
/*
 * ======== VIDENCCOPY_TI_IVIDENC ========
 * 这个结构体是 TI 公司针对 VIDENCCOPY_TI 这个 module
 * 定义的关于 IVIDENC 接口的实现
 */
IVIDENC_Fxns VIDENCCOPY_TI_VIDENCCOPY = {
    /* module_vendor_interface */
    {IALGFXNS},
    VIDENCCOPY_TI_process,
    VIDENCCOPY_TI_control,
};
```

第 3 章 算法创立者 Codec

在所有的函数定义中，需要特别关注的是 VIDENCCOPY_TI_process 和 VIDENC_TI_control 这两个函数，它们与算法移植息息相关。

(1) VIDENCCOPY_TI_process 函数，如表 3.14 所示，确保它的 5 个参数正确。第一个参数是一个已经打开的算法的句柄；第二个参数和第三个参数是算法处理过程中输入和输出 Buffer 的参数信息，可以指明 Buffer 的大小和个数等；第四个参数和第五个参数是算法相关的输入和输出参数，例如针对视频数据的处理，输入参数可以是帧率和码率等，输出参数可以表明该帧是 I 帧还是 P 帧等。

表 3.14　VIDENCCOPY_TI_process 函数

XDAS_Int32 VIDENCCOPY_TI_process(IVIDENC_Handle h, 　　XDM_BufDesc *inBufs,　XDM_BufDesc *outBufs, 　　IVIDENC_InArgs *inArgs, IVIDENC_OutArgs *outArgs)

该函数的具体参数类型可以查看相应的文件。

函数开始是参数的设置和判断，从 for 循环开始进入算法的具体实现，如表 3.15 所示。

表 3.15　c 文件中的 for 循环

for (curBuf = 0; (curBuf < inBufs->numBufs) && (curBuf < outBufs->numBufs); curBuf++)

在 TMS320DM6467 中，examples 中的 videnc_copy 实现简单的拷贝操作，如表 3.16 所示。

表 3.16　examples 中的 memcpy 操作实现

```
#ifdef USE_ACPY3
    ……..
{
    ……..
    /* 配置逻辑 DMA 通道 */
    ACPY3_configure(videncObj->dmaHandle1D1D8B, &params, 0);
    /* 使用 DMA 拷贝数据 */
    ACPY3_start(videncObj->dmaHandle1D1D8B);
    /* 等待直到传输结束 */
    ACPY3_wait(videncObj->dmaHandle1D1D8B);
}
    GT_1trace(curTrace, GT_2CLASS, "VIDENCCOPY_TI_process> "
                "ACPY3 Processed %d bytes.\n", minSamples);
#else
    GT_3trace(curTrace, GT_2CLASS, "VIDENCCOPY_TI_process> "
                "memcpy (0x%x, 0x%x, %d)\n",
                outBufs->bufs[curBuf], inBufs->bufs[curBuf], minSamples);
    /* 处理数据：读取输入的数据，产生输出的数据 */
    memcpy(outBufs->bufs[curBuf], inBufs->bufs[curBuf], minSamples);
#endif
```

值得一提的是，这里的拷贝操作分为两种方法。如果定义了 USE_ACPY3，即要使用 DMA 进行操作，否则使用函数 memcpy 进行拷贝。

最后定义输出参数中的其他属性，具体如表 3.17 所示。这些属性参数也可以直接在应用端中使用前定义。

表 3.17 输出参数的设置

```
/* 对 outArgs 结构体的其他变量进行赋值 */
outArgs->extendedError = 0;
outArgs->encodedFrameType = 0;
outArgs->inputFrameSkip = IVIDEO_FRAME_ENCODED;
outArgs->reconBufs.numBufs = 0;    /* 很重要：表明不需要重建 buffer，重建帧 */
```

其中，extendedError 是一个表明错误信息的参数，当发生一个内部错误时，算法会返回这个错误信息的值。因此，这个错误是以枚举型进行定义的，枚举型如表 3.18 所示。这个枚举型 XDM_ErrorBit 是在 xdm.h 文件中定义的，这个文件在/opt/dvsdk_1_40_02_33/xdais_6_10_01/packages/ti/xdais/dm 目录下。

表 3.18 XDM_ErrorBit 枚举型

```
typedef enum {
        XDM_PARAMSCHANGE = 8,
        XDM_APPLIEDCONCEALMENT = 9,
        XDM_INSUFFICIENTDATA = 10,
        XDM_CORRUPTEDDATA = 11,
        XDM_CORRUPTEDHEADER = 12,
        XDM_UNSUPPORTEDINPUT = 13,
        XDM_UNSUPPORTEDPARAM = 14,
        XDM_FATALERROR = 15
} XDM_ErrorBit;
```

在表 3.18 中，XDM_PARAMSCHANGE 表示序列参数的变化；当输入序列中的一些关键参数发生变化时，会设置这个变量；设置这个错误域之后，会更正输入序列参数，同时更新 OutArgs。XDM_APPLIEDCONCEALMENT 表明此时应用被隐蔽；当解码器不能够解码比特流时，设置该位；同时解码器会隐藏比特流的错误，并且产生被隐藏的输出。XDM_INSUFFICIENTDATA 表明输入数据量不够；一般都是发生在解码时，当提供的输入数据在处理后不足以成为一帧时；或者发生在编码时，当输入帧的有效采样数量不足以当作一帧来进行处理时，设置该位。XDM_CORRUPTEDDATA 表明发生数据错误；一般发生在解码时，当比特流发生错误或者比特流不符合标准语法时，设置该位。XDM_CORRUPTEDHEADER 表明头信息发生错误；一般发生在解码时，当比特流中的头信息发生错误时，设置该位。XDM_UNSUPPORTEDINPUT 表明不支持的输入格式或者参数；当算法无法处理输入数据或比特流的格式时，设置该位。XDM_UNSUPPORTEDPARAM 表明不支持的输入参数或配置；当算法不支持当前的配置参数时，例如，如果解码不支持设置显示时的宽度，当通过 Control 函数来设置这个参数时，就会返回这个错误。XDM_FATALERROR 会直接终止 Codec(如果发生了错误但这位没有被设置，这个错误是可以恢复的，一旦设置该位，会直接终止 Codec)；一般当算法无法从当前状态恢复时，设置该位，它将通知系统不要再尝试处理下一帧，同时可能删除算法实例。

encodedFrameType 属性表明输出的每一帧的帧类型是 I 帧还是 P 帧。inputFrameSkip 表明每一帧是否被丢弃，这个变量也是以枚举型定义的，这个枚举型 IVIDEO_SkipMode 是在 ivideo.h 文件中被定义的，如表 3.19 所示，这个文件位于目录/opt/dvsdk_1_40_02_33/xdais_6_10_01/packages/ti/xdais/dm 中。

表 3.19 IVIDEO_SkipMode 枚举型

```
typedef enum {
    IVIDEO_FRAME_ENCODED = 0,
    IVIDEO_FRAME_SKIPPED = 1,
    IVIDEO_SKIPMODE_DEFAULT = IVIDEO_FRAME_ENCODED
} IVIDEO_SkipMode;
```

在表 3.19 中，IVIDEO_FRAME_ENCODED 表明每一个输入视频帧都被成功地处理；IVIDEO_FRAME_SKIPPED 表明输入视频帧被丢弃，没有被编码的比特流对应输入帧；默认的模式是 IVIDEO_FRAME_ENCODED。

(2) 在 VIDENC_TI_control 这个函数中，每一个 case 语句对应不同的操作，包括设置参数、获取 Buffer 信息等。需要注意和修改的是 switch 语句中的内容，如表 3.20 所示。

表 3.20 VIDENC_TI_control 中不同命令选择

```
switch (id) {
    case XDM_GETSTATUS:
    case XDM_GETBUFINFO:
        status->extendedError = 0;
        status->bufInfo.minNumInBufs = MININBUFS;
        status->bufInfo.minNumOutBufs = MINOUTBUFS;
        status->bufInfo.minInBufSize[0] = MININBUFSIZE;
        status->bufInfo.minOutBufSize[0] = MINOUTBUFSIZE;
        retVal = IVIDENC_EOK;
        break;
    case XDM_SETPARAMS:
    case XDM_SETDEFAULT:
    case XDM_RESET:
    case XDM_FLUSH:
        /* TODO - for now just return success. */
        retVal = IVIDENC_EOK;
        break;
    default:
        /* unsupported cmd */
        retVal = IVIDENC_EFAIL;
        break;
}
```

由表 3.20 可以看出，这个命令 id 是枚举型，枚举型 XDM_CmdId 是在/opt/dvsdk_1_40_02_33/xdais_6_10_01/packages/ti/xdais/dm 目录下的 xdm.h 文件中定义的，具体如表 3.21 所示。

表 3.21　XDM_CmdId 枚举型

```
typedef enum {
    XDM_GETSTATUS = 0,
    XDM_SETPARAMS = 1,
    XDM_RESET = 2,
    XDM_SETDEFAULT = 3,
    XDM_FLUSH = 4,
    XDM_GETBUFINFO = 5,
    XDM_GETVERSION = 6
} XDM_CmdId;
```

在表 3.21 中，XDM_GETSTATUS 用于获取算法相关的状态信息，同时填充相关的结构体。XDM_SETPARAMS 用于设置算法运行时的动态参数。XDM_RESET 用于重置算法，内部所有的数据结构都被重置并且所有的内部 Buffer 都被清空。XDM_SETDEFAULT 用于恢复算法的内部状态到原始状态，恢复成默认值，在调用 control 函数进行 XDM_SETDEFAULT 之前，只需要对 dynamicParams.size 和 status.size 进行设置。XDM_FLUSH 命令会强制使算法在输出数据时不添加额外的输入。XDM_GETBUFINFO 获取算法实例的输入和输出 Buffer 信息，在调用 control 函数进行 XDM_GETBUFINFO 之前，只需要对 dynamicParams.size 和 status.size 进行设置。XDM_GETVERSION 用于获取算法的版本。

这个 switch 语句中的每一个选项都会对应到 App 中调用 control 函数时所做的具体操作。例如，当 id = XDM_GETBUFINFO 时，会获得 Buffer 的信息，包括有输入输出 Buffe 的个数和大小等信息。其他的操作也是同理。如果有需要，可以自行添加相应的操作到具体的 id 中，同时添加相应的枚举型到 xdm.h 文件中。

3.1.8　lib 和 package 文件夹

1. lib 文件夹

lib 文件夹中是编译之后生成的库文件，名称一般都为<MODULE>.a##。只有先生成 Codec 端的这些库文件，才可以在 Server 端生成可执行文件*.x64P。

2. package 文件夹

package 文件夹中的文件是提供给 XDC 在配置组件时使用的。这些文件在 build 的过程中生成，也是不可以直接进行修改的。

3.2　Codec 的生成方法

这里讲到 Codec 生成方法时具体以 TMS320DM6467 为例，主要以移植人脸跟踪算法为例进行具体的讲解。

3.2.1 人脸跟踪算法简介

本节以基于 Camshift 的人脸跟踪算法为例来进行讲述，并将人脸跟踪算法移植到 DM6467 上。

算法主要的流程如图 3.2 所示。

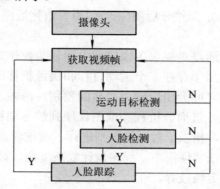

图 3.2　算法详细流程图

1. 运动目标检测

运动目标检测是指在序列图像中检测出变化区域并将运动目标从背景图像中提取出来。通常情况下，目标分类、跟踪和行为理解等处理过程仅仅考虑图像中对应运动目标的像素区域，因此运动目标的正确检测与分割对于后期处理非常重要。然而由于场景的动态变化，如天气、光照、阴影以及杂乱背景等的影响，使得运动目标的检测与分割变得相当困难。根据摄像头是否保持静止，运动检测分为静态背景和运动背景两类。大多数视频监控系统是摄像头固定的，因此静态背景下的运动目标检测算法受到广泛的关注，常用的方法有帧间差法、光流法和背景减除法等。

本节示例中使用的就是帧间差法。帧间差法是最为常用的运动目标检测和分割方法之一，基本原理是在图像序列相邻两帧或三帧间采用基于像素的差分，通过二值化提取图像中的运动区域。首先，将相邻图像对应像素值相减得到差分图像，然后对差分图像进行二值化。在环境亮度变化不大的情况下，如果对应像素值变化小于事先确定的阈值，可以认为此处为背景像素；如果图像区域的像素值变化很大，可以认为这是由于图像中运动物体引起的，将这些区域标记为前景像素，利用标记的像素区域可以确定运动目标在图像中的位置。由于相邻两帧间的时间间隔非常短，因此用前一帧图像作为当前帧的背景模型具有较好的实时性，其背景不积累，且更新速度快、算法简单、计算量小。

图 3.3 就是帧间差法的一般流程。

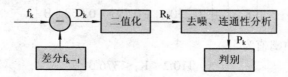

图 3.3　帧间差法流程图

$$D_k(x,y) = |f_k(x,y) - f_{k-1}(x,y)| \qquad (3\text{-}1)$$

$$R_k(x,y) = \begin{cases} 255 & 目标 \quad \text{if} \quad D_k(x,y) > T \\ 0 & 背景 \quad \text{if} \quad D_k(x,y) \leqslant T \end{cases} \qquad (3\text{-}2)$$

在式(3-1)和式(3-2)中：D_k 为差分后图像，R_k 为二值化后图像，f_k 为当前帧图像，f_{k-1} 为上一帧图像，T 为阈值。

可见，帧间差法是一种通过对视频图像序列中相邻两帧作差分运算来获得运动目标轮廓的方法，它可以很好地适用于存在多个运动目标和摄像机移动的情况。当监控场景中出现异常物体运动时，帧与帧之间会出现较为明显的差别，两帧相减得到两帧图像差的绝对值，判断该值是否大于阈值，进而分析视频或图像序列的运动特性，确定图像中有无物体运动。图像序列逐帧的差分，相当于对图像序列进行了时域的高通滤波。

帧间差分法的优点是算法实现简单，程序设计复杂度低，对光线等场景变化不太敏感，能够适应各种动态环境，稳定性较好。

2. 人脸检测

人脸检测的研究具有重要的学术价值。人脸是一类具有相当复杂的细节变化的自然结构目标，对此类目标的挑战性在于：人脸由于外貌、表情、肤色等不同，具有模式的可变性；一般意义下的人脸上，可能存在眼镜、胡须等附属物；作为三维物体的人脸影像不可避免地受由光照产生的阴影的影响。

人脸检测是指采用一定的方法对给定的图片或视频进行搜索，判断其中是否存在人脸，如果存在则定位出每个人脸的位置以及大小。人脸检测的目的是要在一幅图像上快速准确地将人脸区域分割定位出来。人脸检测的基本思想是用分析或统计的方法对人脸进行建模，比较所有可能的待检测区域和人脸模型的匹配度，得到可能存在的人脸。在人脸检测算法中，依照时间顺序的发展有模板匹配模型、肤色模型、ANN 模型、SVM 模型、Adaboost 模型等。

在本例中，使用的是 KL 肤色区域分割。

KL 肤色区域分割是指选取 KL 肤色坐标系建立肤色模型。它的特点是采用降维的特征脸空间描述人脸，使得每个人脸都是特征脸的线性组合，因而能用一组系数简单而完备地表示。这样，可以将人脸识别和特征检测过程转换到代数空间进行，这种变换对于肤色有更好的聚类特性。通过 KL 变换，得到其变换矩阵为

$$\begin{bmatrix} K_1 \\ K_2 \\ K_3 \end{bmatrix} = \begin{bmatrix} 0.666 & 0.547 & 0.507 \\ -0.709 & 0.255 & 0.657 \\ 0.230 & -0.797 & 0.558 \end{bmatrix} \begin{bmatrix} R \\ G \\ B \end{bmatrix} \qquad (3\text{-}3)$$

KL 肤色过滤器的阈值为

$$\begin{aligned} 110.2 &< K_1 < 376.3 \\ -61.3 &< K_2 < 32.9 \\ -18.8 &< K_3 < 19.5 \end{aligned} \qquad (3\text{-}4)$$

由于本实验所用照片分辨率为 720×480,经过大量实验,最终将 KL 肤色过滤器的阈值改为

$$150<K_1<300$$
$$-31<K_2<25 \qquad (3\text{-}5)$$
$$-15<K_3<18$$

3. 人脸跟踪

在这个例子中,使用的是 Camshift 算法。

Camshift 算法利用目标的颜色直方图模型将图像转换为颜色概率分布图,初始化一个搜索窗的大小和位置,并根据上一帧得到的结果自适应地调整搜索窗口的位置和大小,从而定位出当前图像中目标的中心位置。Camshift 算法是利用 HSV 颜色空间中的 Hue 分量进行跟踪。

图 3.4 是 Camshift 算法的主要流程。

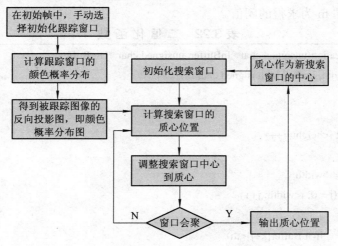

图 3.4 Camshift 算法流程

该算法实现了连续自适应地调整跟踪窗口的大小和位置,并将其应用在连续彩色图像序列的运动目标的快速跟踪。Camshift 算法根据跟踪目标的颜色概率模型,将视频图像转化为概率分布图像(PDI),并初始化一个矩形搜索窗口,对每一帧 PDI 图像搜索目标匹配的最优区域,并根据搜索区域的不变矩估算跟踪目标的中心和大小,保存和输出当前帧的搜索结果,并且用当前帧的搜索结果作为下一帧图像的初始化搜索窗口。如此循环,即可实现对目标的连续跟踪。

此外,在这个人脸跟踪算法的实例中,还包括二值化、灰度化、YUV 和 RGB 的相互转换,以及腐蚀膨胀等算法。

3.2.2 基于 examples 自带的算法生成 Codec

该方法根据开发套件中的已有算法,进行相应的修改,加入开发者需要实现的具体算法,直接生成库文件。而这里需要修改的文件就是 3.1 节中提及的文件。主要有两种方法,一种是直接在 examples 中利用已有的算法,例如 videnc_copy 目录下进行修改,生成 Codec 的 package,该方法最主要的就是修改 C 文件中的 VIDENCCOPY_TI_process 函数。另一种方

法是复制已有算法来进行修改以生成自己需要的新的 Codec，例如复制 videnc_copy 目录为 face_tracing 目录；这种方法可以使开发人员根据开发需要，修改算法目录的名称，生成指定名称的 Codec 库文件；但是需要注意的是这种方法不止要修改 C 文件，其他相关文件，包括 package.bld 文件等都要做出相应的修改。

1. 已有目录下的直接修改

在添加算法时，可以使用多个 C 文件，但是需要注意的是，这些 C 文件需要加入到 package.bld 文件中的 SRCS 数组。此处为了添加的简单，我们直接把需要的算法加入到已有的 videnc_copy.c 文件中，对于 package.bld 文件不需要作出任何的修改。

根据之前章节的讲述，我们将需要的算法加入到 C 文件中。从 3.2.1 中提及的人脸跟踪算法的流程可知，我们实现这个算法需要有 YUV 和 RGB 的相互转化、二值化、帧间差、KL 人脸区域分割和 Camshift 跟踪算法等具体的操作。例如，对于二值化函数的实现如表 3.22 所示，其中的 th 为求得的阈值。

表 3.22 二值化函数

```
void Binarization(unsigned char *InBuffer, unsigned char *OutBuffer,
       int width, int height, unsigned char th)
{
    int i, j, k;
    for(i = 0; i<height; i++)
    {
        k = i*width;
        for(j = 0; j<width; j++)
        {
            if(InBuffer[k+j]<th)
                OutBuffer[k+j] = 0;
            else
                OutBuffer[k+j] = 255;
        }
    }
}
```

将诸如此类的其他算法定义加入到 videnc_copy.c 文件中。在移植中需要注意的是，C 语言中像数组这类的变量建议转换并使用 Buffer。

将算法的定义全部添加完毕后，就要在 VIDENCCOPY_TI_process 函数中调用这些函数进行数据处理。对于默认的 videnc_copy.c 文件，只是在 process 中进行了文件的拷贝操作，如表 3.23 所示，就是一个单独的 memcpy。

表 3.23 默认的 memcpy 操作

```
/* 处理数据：读取数据，产生输出 */
memcpy(outBufs->bufs[curBuf], inBufs->bufs[curBuf], minSamples);
```

开发人员将函数的具体调用放于 VIDENCCOPY_TI_process 函数中,替换原有默认的拷贝文件操作,同时根据开发人员的需要,添加需要的临时变量,如表 3.24 所示。应该注意的是,在添加相应函数调用时,对于函数 VIDENCCOPY_TI_process 中参数 inBufs 和 outBufs 的使用。由于内存的限制,如果需要反复使用这两个 Buffer,应仔细区别输入和输出 Buffer 分别是哪一个。

表 3.24 自定义的变量

```
Int32 width = 640;
Int32 height = 480;
int size = width*height;
XDAS_Int8 *temp2Buf;
temp2Buf = malloc(size*3);
```

表 3.24 中有自定义的 tempBuf 变量,使用 malloc 申请空间,在算法调用结束后,需要对这块申请的空间进行释放,如表 3.25 所示。

表 3.25 申请 Buffer 的释放

```
free(temp2Buf);
```

在 VIDENCCOPY_TI_process 函数中,按照算法执行的顺序依次调用定义的函数,如表 3.26 所示。

表 3.26 实现人脸跟踪算法

```
YUV2RGB(inBufs->bufs[curBuf], (COLOR *)temp2Buf, width, height);
memcpy(temp, temp2Buf, size*3);
FrameDeffer(frameNum, YArray, width, height);
KL_Change((COLOR *)temp2Buf, width, height);
if(facedetect == 1)
{
        DoErosion(width, height);
        Camshift(temp, (COLOR *)temp2Buf, width, height);
}
else
{
        Camshift1(temp, (COLOR *)temp2Buf, width, height);
}
RGB2YUV((COLOR *)temp, width, height);
Result(outBufs->bufs[curBuf]);
frameNum++;
```

其中对于 RGB 和 YUV 之间的相互转换是必要的。因为 DM6467 在采集数据后，存储时就是采用 YUV422 的格式，并且是 Y 分量单独存储、UV 分量交叉存储。

此外，如果需要其他自定义的外部变量，可以在当前目录下的 videnc_copy_ti_priv.h 文件中加入这些变量的定义，如表 3.27 所示。

表 3.27 自定义的结构体变量

```
typedef struct _COLOR {
    unsigned char r;
    unsigned char g;
    unsigned char b;
}COLOR;
typedef struct _REGION {
    unsigned int left;
    unsigned int right;
    unsigned int top;
    unsigned int bottom;
}REGION;
```

修改并添加完毕后，就可以执行 make 命令，make 之后，会在当前目录下的 lib 文件夹里生成 Server 端可以使用的库文件——videnc_copy.a64P 等，如表 3.28 所示。

表 3.28 Codec 端的生成文件

```
[root@localhost lib]# pwd
/opt/dvsdk_1_40_02_33/codec_engine_2_10_02/examples/ti/sdo/ce/examples/codecs/videnc_copy/lib
[root@localhost lib]# ls
videnc_copy.a470MV          videnc_copy.a470uC          videnc_copy.a64P.mak
videnc_copy.a470MV.mak      videnc_copy.a64P            videnc_copy.a86U
videnc_copy_dma.a64P        videnc_copy_dma.a64P.mak
```

2. 拷贝已有算法重新生成新的算法目录

以 videnc_copy 算法为例进行讲解，主要步骤如下：

(1) 更换文件名称。复制 videnc_copy 目录为 face_tracing 目录，可以直接删除这个目录下的 package.mak 文件、lib 文件夹和 package 文件夹，将 videnc_copy.c、videnc_copy_ti.h、videnc_copy_ti_priv.h、VIDENC_COPY.xdc 和 VIDENC_COPY.xs 文件的名称分别更换为 face_tracing.c、face_tracing_ti.h、face_tracing_ti_priv.h、FACE_TRACING.xdc 和 FACE_TRACING.xs。

(2) 修改 package 文件。对于 package.bld 文件，首先需要修改的就是 SRCS 数组中 C 文件的名称，将原有的 videnc_copy 替换为"face_tracing"；其次，添加库文件时需要将相应的"videnc_copy"更换为"face_tracing"，如表 3.29 所示。

表 3.29 修改后的 package.bld 文件

```
var SRCS = ["face_tracing"];
for (var i = 0; i < Build.targets.length; i++) {
    ……
    if (targ.name == "C64P") {
        Pkg.addLibrary("lib/face_tracing_dma", targ, {
            copts:"-DIDMA3_USEFULLPACKAGEPATH " +
                  "-DACPY3_USEFULLPACKAGEPATH " +
                  "-DUSE_ACPY3 ",
        }).addObjects(SRCS);
    }
    Pkg.addLibrary("lib/face_tracing", targ, {
            copts: mycots
    }).addObjects(SRCS);
}
```

对于 package.xdc 文件，修改包的定义语句，如表 3.30 所示。

表 3.30 修改后的 package.bld 文件

```
package ti.sdo.ce.examples.codecs.face_tracing{
    module FACE_TRACING;
}
```

对于 package.xs 文件，修改 getLibs()函数和 close()函数，分别如表 3.31 和表 3.32 所示。

表 3.31 修改后的 getLibs()函数

```
function getLibs(prog)   {
    var name = "";
    if (this.FACE_TRACING.useDMA) {
        name = "lib/face_tracing_dma.a" + prog.build.target.suffix;
    } else {
        name = "lib/ face_tracing.a" + prog.build.target.suffix;
    }
    print("    will link with " + this.$name + ":" + name);
    return (name);
}
```

表 3.32 修改后的 close()函数

```
function close()   {
    ……
    if ((prog.build.target.suffix.match("64") == null) &&
        (this.FACE_TRACING.useDMA)) {
        print("Warning.   The " + this.$name + " package doesn't have a " +
              "library which supports DMA for the " + prog.build.target.name +
              " target.   Setting .useDMA to \"false\".");
        this. FACE_TRACING.useDMA = false;
    }
    if (!this. FACE_TRACING.useDMA) {
        this. FACE_TRACING.$unseal("idma3Fxns");
        this. FACE_TRACING.idma3Fxns = null;
        this. FACE_TRACING.$seal("idma3Fxns");
    }
}
```

(3) 修改算法相关配置文件。对于 FACE_TRACING.xdc 文件，修改后如表 3.33 所示。

表 3.33　修改后的 FACE_TRACING.xdc 文件

```
metaonly module FACE_TRACING inherits ti.sdo.ce.video.IVIDENC
{
    override readonly config String ialgFxns = " FACETRACING _TI_ FACETRACING";
    override readonly config String idma3Fxns = " FACETRACING _TI_IDMA3";
    config Bool useDMA = false;
}
```

对于 FACE_TRACING.xs 文件，暂时没有相关的修改。

(4) 修改源代码文件。对于 face_tracing.c 文件，首先需要修改的就是头文件名称，将原有文件改为 face_tracing_ti.h 和 face_tracing_ti_priv.h。其次，就是函数名，主要如表 3.34 所示。

表 3.34　修改 C 文件中的函数名

```
extern IALG_Fxns FACETRACING _TI_IALG;
#define IALGFXNS    \
        & FACETRACING _TI_IALG,         /* module ID */             \
        FACETRACING _TI_activate,       /* activate */              \
        FACETRACING _TI_alloc,          /* alloc */                 \
        NULL,                           /* control (NULL => no control ops) */  \
        FACETRACING _TI_deactivate,     /* deactivate */            \
        FACETRACING _TI_free,           /* free */                  \
        FACETRACING _TI_initObj,        /* init */                  \
        NULL,                           /* moved */                 \
        NULL                            /* numAlloc (NULL => IALG_MAXMEMRECS) */

IVIDENC_Fxns FACETRACING _TI_ FACETRACING = {
    {IALGFXNS},
    FACETRACING _TI_process,
    FACETRACING _TI_control,
};

IDMA3_Fxns FACETRACING _TI_IDMA3 = {        /* module_vendor_interface */
    & FACETRACING _TI_IALG,                 /* IALG functions */
    FACETRACING _TI_dmaChangeChannels,      /* ChangeChannels */
    FACETRACING _TI_dmaGetChannelCnt,       /* GetChannelCnt */
    FACETRACING _TI_dmaGetChannels,         /* GetChannels */
    FACETRACING _TI_dmaInit                 /* initialize logical channels */
};
```

修改完函数名后，相应的对于函数定义时的函数名称也要进行修改。算法的添加和上述在已有目录下直接修改是一样的，添加需要的函数定义，同时直接在修改后的 FACETRACING _TI_process 函数中添加算法调用即可。

最后执行 make 命令。执行 make 命令时，首先出现如表 3.35 所示的两行输出。其余 make 命令的输出详见附录 A。

表 3.35　Codec 端 make 命令输出_1

/opt/dvsdk_1_40_02_33/xdc_3_00_06/xdc XDCPATH="/opt/dvsdk_1_40_02_33/codec_engine_ 2_10_02/examples/ti/sdo/ce/examples/codecs/face_tracing/../../../../../.;/opt/dvsdk_1_40_02_33/ dm6467_dvsdk_combos_1_17/packages;/opt/dvsdk_1_40_02_33/codec_ engine_2_10_02/ examples;/opt/dvsdk_1_40_02_33/codec_engine_2_10_02/packages;/opt/dvsdk_1_40_02_ 33/xdais_6_10_01/packages;/opt/dvsdk_1_40_02_33/dsplink-davinci-v1.50-prebuilt/packages; /opt/dvsdk_1_40_02_33/cmem_2_10/packages;/opt/dvsdk_1_40_02_33/ framework_ components_2_10_02/packages;/opt/dvsdk_1_40_02_33/biosutils_1_01_00/packages; /opt/dvsdk_1_40_02_33/bios_5_32_01/packages" \ XDCOPTIONS=v all -PD .

其中第一行的输出指明了 XDCPATH 的路径，该路径是在/opt/dvsdk_1_40_02_33/codec_engine_2_10_02/examples 目录下的 xdcpath.mak 文件中定义的路径；第二行是 "XDCOPTIONS=v all -PD"，"v" 表明进行编译时，显示全部的编译细节信息，"-PD" 指出在当前目录下进行编译。

附录 A 中的 4～15 行输出是对于接口相关文件的创立。首先是利用 tconf 对 DSP/BIOS 进行配置，同时根据 package.bld 和 package.xdc 文件生成 package.mak 文件；其次是对平台相关组件进行创建编译，这些和平台相关的编译都是根据目录/opt/dvsdk_1_40_02_33/codec_engine_2_10_02/examples 下的 user.bld 文件中对 DSP 和 ARM 平台的配置来进行，尤其是第 9 行和第 10 行中的 "C64P" 和 "MVArm9" 都和 user.bld 文件中关于 DSP 和 ARM 的设置相匹配。

从第 16 行到第 57 行都是对 Codec 下的库文件进行编译，其中包括有后缀为 a64P 和 a470MV 文件的生成。从输出中可以看出任意一个库文件的生成都通过 face_tracing.c 文件和 package.bld 文件。

执行完毕后，在 lib 文件夹下会生成相应的更换名称后的库文件，如表 3.36 所示。

表 3.36　lib 文件夹下的库文件

[root@localhost lib]# ls		
face_tracing.a470MV	face_tracing.a64P	face_tracing_dma.a64P
face_tracing.a470MV.mak	face_tracing.a64P.mak	face_tracing _dma.a64P.mak

3.2.3　基于 RTSC 生成 Codec

大部分使用者都通过复制粘贴已有的 XDC 文件来生成 package，但是在这种情况下，因为各种原因容易出现各种错误，此时就可以使用 RTSC 生成 Codec。

RTSC[14]，Real Time Software Component，实时软件组件。它为使用 C 语言、基于组件的所有嵌入式系统开发而提供基本的工具和较低层次的运行文件。

通过使用 RTSC Codec Package Wizard，可以生成一个 Codec 的 RTSC package 必需的 XDC 文件，包括有 5 个文件：package.bld、package.xdc、package.xs、<MODUEL>.xdc 和 link.xdt，并且生成 Codec Engine 中指定内容。这样就避免了因为复制粘贴而带来的错误。

在进行操作的过程中，使用者需要提供基本的信息以便于生成 package。该信息包括有：包名称、Codec 的类型和指令集体系结构(ISA)等，另外，至少需要一个库文件作为输入。具体的操作步骤如下：

(1) 修改 XDCPATH。

修改 XDCPATH 是指添加需要的 package 路径到 XDCPATH。因为在运行 RTSC Codec Package Wizard 时，需要链接 ti.sdo.codecutils.genpackage，即需要把相关的路径加入到 XDCPATH 中。具体的操作指令如表 3.37 所示，其中最后一个路径 "/opt/dvsdk_1_40_02_33/ceutils_1_04/packages" 就是使用 RTSC 生成 package 时需要链接的 ti.sdo.codecutils.genpackage 的路径。

表 3.37 修改 XDCPATH 来添加 package 路径

export XDCPATH= »/opt/dvsdk_1_40_02_33/codec_engine_2_10_02/examples/ti/sdo/ce/examples/codecs/videnc_copy/../../../../../.. ;/opt/dvsdk_1_40_02_33/dm6467_dvsdk_combos_1_17/packages ;/opt/dvsdk_1_40_02_33/codec_engine_2_10_02/examples ;/opt/dvsdk_1_40_02_33/codec_engine_2_10_02/packages ;/opt/dvsdk_1_40_02_33/xdais_6_10_01/packages ; /opt/dvsdk_1_40_02_33/dsplink-davinci-v1.50-prebuilt/packages ;/opt/dvsdk_1_40_02_33/cmem_2_10/packages ; /opt/dvsdk_1_40_02_33/framework_ components_2_10_02/packages ; /opt/dvsdk_1_40_02_33/biosutils_1_01_00/packages ; /opt/dvsdk_1_40_02_33/bios_5_32_01/ packages ; /opt/dvsdk_1_40_02_33/ceutils_1_04/packages »

(2) 执行命令，运行 RTSC Codec Package Wizard。

运行 RTSC Codec Package Wizard 有以下两种情况：

① 利用 make 命令。在/opt/dvsdk_1_40_02_33/xdc_3_00_06 的目录下，有 Makefile 文件，在此文件中有如表 3.38 所示的代码。

表 3.38 Makefile 中的 genpackage

genpackage: $(XDC_INSTALL_DIR)/xs ti.sdo.codecutils.genpackage

这样，在 XDC_INSTALL_DIR 的目录下直接执行命令即可，如表 3.39 所示。

表 3.39 执行 make 命令

make genpackage

② 执行 xs 命令。如果没有 Makefile 文件，由于在/opt/dvsdk_1_40_02_33/xdc_3_00_06 的目录下有可执行文件 xs，因此可以直接利用此文件实现，执行命令如表 3.40 所示。

第3章 算法创立者 Codec

表 3.40 执行 xs 命令

./xs ti.sdo.codecutils.genpackage

(3) 按步骤生成 Codec 的 RTSC package。

按照上述命令执行后，即出现对话框，根据需要进行选择，生成 Codec。在需要选择的 6 个步骤中，值得注意的有：

① Step 1 Basic Codec Information。其中 Package Name 对应生成的 Codec 名称；Codec Class 根据使用者的需要进行选择，例如 ti.sdo.ce.video.IVIDENC 等；对于 ISA 的选择，针对 DM6467，建议选择 64P。如果是 OMAP3530，可以选择 v5T；针对 Create ce content，如果方框选中表示会生成一个名为 ce 的文件夹，Wizard 会在其中生成 Codec Engine 的指定内容，包括 4 个文件：package.bld、package.xdc、<MODUEL>.xdc 和<MODUEL>.xs；最后的 Set output repository 表明生成的 Codec 的存储路径。具体的设置如图 3.5 所示。

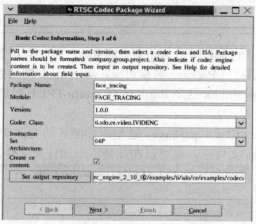

图 3.5 Step 1 Basic Codec Information

② Step 2 Library Information。其中添加一个 Boolean，默认是 watermark，可以自行修改，其中需要添加一个库文件，同时选中是否 Return 这个 Boolean，如图 3.6 所示。这样在生成的 package.xs 文件中有函数 getLibs，该函数中就有如表 3.41 所示的代码。

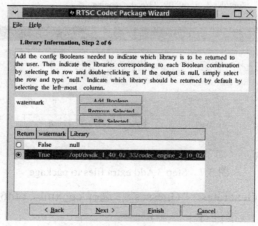

图 3.6 Step 2 Library Information

表 3.41　package.xs 文件中生成 getLibs 函数

```
function getLibs(prog){
    var lib = null;
    if (prog.build.target.isa == "64P") {
        if ( this.VIDEO_COPY.watermark == true ) {
            lib = "lib/videnc_copy.a64P";
        }else {
            lib = null;
        }
    }
    print("     will link with " + this.$name + ":" + lib);
    return (lib);
}
```

其中第一个 if 条件中的 64P 即是 Step 1 中的 ISA；第二个 if 条件中，VIDEO_COPY 即是 Step 1 中的 Module 名称(与 Package 名称对应)；watermark 即是 Step 2 中的 Boolean 名称；videnc_copy.a64P 即是 watermark 这个 Boolean 在 return TRUE 时链接的库文件，这些与 Step 2 的设置相匹配。

③ Step 3　Add extra files to package。这里添加额外的文件或文件夹，其中可以包含有头文件、源文件或者 docs 文件夹，也可以在此处不添加任何文件。如图 3.7 所示。

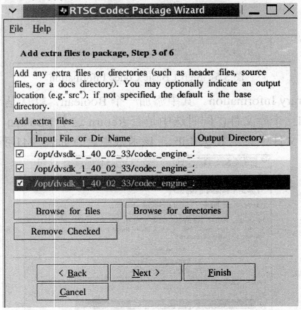

图 3.7　Step 3 Add extra files to package

④ Step 4　Wizard Generates "Guesses"。选择 cg_xml、ofd6x 和 nm6x 的路径，如图 3.8 所示(也可以不选择，直接进行下一步)。

第 3 章 算法创立者 Codec

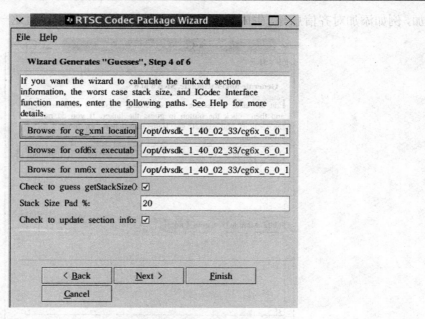

图 3.8 Step 4 Wizard Generates "Guesses"

⑤ Step 5 ICodec Configs and Return Values。如果 Step 4 对 nm6x 进行了路径的选择，则如图 3.9 所示。此处 ialgFxns 会自动出现配置的名称，例如为 VIDEOCOPY_TI_IALG。此外在 Set return values inICodec 中有一项为 getStackSize，此处的值会反应到生成的 <MODULE>.xs 文件中，此文件中有函数 getStackSize，函数的返回值就是此处出现的值。

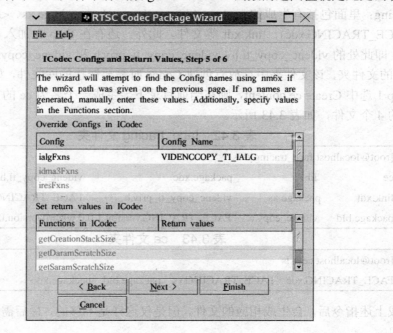

图 3.9 Step 5 ICodec Configs and Return Values

⑥ Step 6 Generate linker template。这一步如图 3.10 所示，可以根据需要进行编辑添

加,例如添加对齐信息等,生成的结果是 link.xdt 文件。也可以跳过这一步骤,直接按 finish。

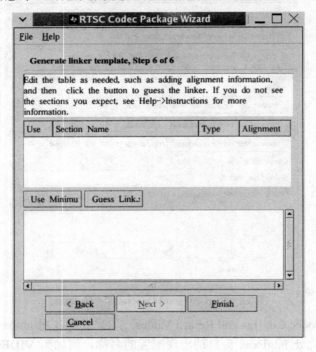

图 3.10 Step 6 Generate linker template

完成上述步骤后,就会在规定路径下生成一个名为 Package Name 的文件夹,即 face_tracing;里面包括有生成的 package.bld、package.xdc、package.xs、<MODUEL>.xdc(此处为 FACE_TRACING.xdc)、link.xdt 等文件。此外,还有在 Step 3 加入其中的额外文件或文件夹,即此处的 videnc_copy_ti.h、videnc_copy_ti_priv.h 和 videnc_copy.c 文件,以及一个名为 lib 的文件夹,该文件夹中存放有创建 Codec 时需要链接的库文件,如表 3.42 所示。如果在 Step 1 选中 Create ce content,则在当前目录下会生成一个名为 ce 的文件夹,包含有上面提及的 4 个文件,如表 3.43 所示。

表 3.42 face_tracing 文件夹

[root@localhost face_tracing]# ls			
ce	lib	package.xdc	videnc_copy_ti.h
link.xdt	package.xs	videnc_copy_ti_priv.h	FACE_TRACING.xdc
package.bld	videnc_copy.c	FACE_TRACING.version.1.0.0.wizardversion.0.5.2	

表 3.43 ce 文件夹

[root@localhost ce]# ls
FACE_TRACING.xdc FACE_TRACING.xs package.bld package.xdc

完成上述指令后,会生成相应的文件,但是仅这样是不够的,最后需要对生成的 Codec 进行打包。

首先是在 face_tracing 的目录下添加 config.bld 文件(这个文件主要是定义平台相关属性

信息),该文件的内容详见附录 B。在 config.bld 文件中需要根据开发人员的需要进行平台的相关选择,本节中的例子使用的是 TMS320DM6467 平台,因此相关的设置均为 DM6467 平台。

其次执行命令进行打包。这里用到的是 XDCBUILDCFG 环境变量,这个变量主要用于搜索 config.bld 文件的所在路径。使用的命令如表 3.44 所示。这个命令可以在 face_tracing 目录下直接执行。

表 3.44　执行 xdc 进行 Codec 的打包

XDCBUILDCFG=/opt/dvsdk_1_40_02_33/codec_engine_2_10_02/ examples/ti/sdo/ce/ examples/codecs/face_tracing/config.bld /opt/dvsdk_1_40_02_33/xdc_3_00_06/ xdc release –PR .

在表 3.44 中:

● "/opt/dvsdk_1_40_02_33/codec_engine_2_10_02/examples/ti/sdo/ce/examples/codecs/face_tracing/config.bld" 指明了 config.bld 文件的路径,本例中的 config.bld 文件位于 codec 工程目录下,也可以放置到其他任意目录下,只要使用 XDCBUILDCFG 环境变量进行设置即可。

● "/opt/dvsdk_1_40_02_33/xdc_3_00_06/xdc" 表示 XDC 工具所在的目录。

● "-PR" 表示递归地进行打包,包括 ce 文件夹也会被打包。如果使用 "-PD",则只是在指明的目录下进行打包。

● 最后有一个 ".",表示当前路径下。

在打包完成后会生成 package 文件夹以及 face_tracing.tar 压缩文件等,如表 3.45 所示。

表 3.45　打包完成后生成的文件

[root@localhost face_tracing]# ls ce　　　　　　　　　link.xdt　　　　package.mak　　videnc_copy.c　　　　config.bld FACE_TRACING.xdc　　package　　　　package.xdc　　videnc_copy_ti.h　　　lib face_tracing.tar　　　　package.bld　　　package.xs　　　videnc_copy_ti_priv.h FACE_TRACING.version.1.0.0.wizardversion.0.5.2

(4) 库文件的生成。

打包完成后,就需要生成 Codec 端的 a64P 文件。

首先是添加自己的源文件,其中包括一个 C 文件和两个 H 文件,分别为 face_tracing.c 文件、face_tracing_ti.h 文件和 face_tracing_ti_priv.h 文件。需要注意这三个文件的书写格式要按照 xDAIS 标准,可以参考其他 Codec 算法目录下的文件,例如此处添加进 Codec 包的 videnc_copy.c 文件、videnc_copy_ti.h 和 videnc_copy_ti_priv.h 文件。添加和修改方法与上节中基于 examples 中自带的算法生成 Codec 是一致的。

其次,因为生成的 package.bld 文件只有一句代码:"Pkg.attrs.exportAll = true;",因此我们需要自行对 pakcage.bld 文件做出修改,尤其是其中的 SRCS 数组,修改后的 package.bld 文件如附录 C 所示。

此外,因为生成的 Codec 中是没有 Makefile 文件的,因此这个文件需要自行添加,可以自己编写,也可以从其他算法目录中拷贝一个 Makefile 文件,具体内容如附录 D 所示。

最后,执行 make 操作后,在 lib 目录下,除了生成包时链接的文件外,还会生成相应名称的库文件——face_tracing.a64P 等，具体如表 3.46 所示。

表 3.46 使用 RTSC 方法在 lib 目录下生成库文件

```
[root@localhost lib]# ls
face_tracing.a470MV   face_tracing.a64P   face_tracing_dma.a64P   videnc_copy.a64P
face_tracing.a470MV.mak   face_tracing.a64P.mak   face_tracing_dma.a64P.mak
```

3.3 小　　结

　　本章主要对 Codec 的各方面知识进行了描述，其中包括 Codec 的结构以及生成一个 Codec 包的方法。需要注意的是，封装的是一个 xDAIS-DM 兼容的 Codec。这个包中含有已经编译的库文件、源文件、两个.xs 文件和两个.xdc 文件。其中的 .xs 和 .xdc 文件提供了与包相关的元数据。生成这个 Codec 包的方法主要有两种，一种是根据已有的 Codec 包进行部分的修改，加入自己需要的算法接口，直接使用这个包。这种方法又细分为两种情况，一种是直接在已有文件上修改 C 文件，添加算法；另一种是拷贝已有文件做出修改，这里的修改包括算法的文件名称，以及生成的库文件的名称。这种对已有 Codec 包进行修改的方法可能会带来一些问题，但是不可否认的是，这种方法是最简单，也是最直接的方法。另一种方法就是使用 RTSC 开发工具，自行配置包名、链接库文件、C 文件等内容，生成一个新的 Codec 包。虽然此种方法较为复杂，但是可以根据需要在包生成的过程中，直接对与包相关的内容进行配置修改，从而生成一个符合需求的 Codec Package。

第 4 章 服务集成者 Server

服务器集成者 Server[15]生成一个 Codec 服务器，其中集成了容纳编码器、解码器所需的各种成分(例如 DSP/BIOS、框架成分、连接驱动器和编码/解码器等)，并产生一个 DSP 端的可执行程序。本章对 Server 的配置文件：*.cfg 文件和*.tcf 文件进行详细描述，同时以 OMAP3530 和 DM6467 为例对 Server 的生成方法进行区分和讲解。

4.1 Server 里的 cfg 文件

cfg 是一个 XDC 的配置文件，它和当前目录下的 package.bld 文件以及 package.xdc 文件在执行 make 命令后会生成当前目录下的 package.mak 文件。在 cfg 配置文件中需要设置 OSAL 及通信环境 DSPLINK 变量，并声明所使用到的各种编解码器。

4.1.1 配置需要的 Module

在 DM6467 中，主要配置的 Module[16]有 Global、LogServer 和 Ipc 三种。

1. Global

osalGlobal 是对全局操作系统抽象层的配置，主要的配置如表 4.1 所示。

表 4.1 Global Module 的配置

```
/*
 * 配置 CE 的 OSAL
 * 这个 codec 的 server 只是针对不同系统的 BIOS 进行创建
 * 因此使用 "DSPLINK_BIOS" 配置
 */
var osalGlobal = xdc.useModule('ti.sdo.ce.osal.Global');
osalGlobal.runtimeEnv = osalGlobal.DSPLINK_BIOS;
/* 配置 BIOS 默认的内存段 ID 为 "DDR2" */
osalGlobal.defaultMemSegId = "DDR2";
```

其中关于 osalGlobal 的具体结构和属性参数等可以查看目录/opt/dvsdk_1_40_02_33/codec_engine_2_10_02/packages/ti/sdo/ce/osal 下的 Global.xdc 文件。这里的 RuntimeEnv 变量表明了运行环境，这个枚举型变量如表 4.2 所示。

表 4.2　枚举型变量 RuntimeEnv

```
enum RuntimeEnv {
    NONE             = 0,    /*! no OS; threads are not truly supported */
    DSPBIOS          = 1,    /*! DSP/BIOS   */
    LINUX            = 2,    /*! Linux */
    DSPLINK_BIOS     = 3,    /*! DSPLINK + BIOS (DSP) */
    DSPLINK_LINUX    = 4,    /*! DSPLINK + Linux (Arm) */
    WINCE            = 5,    /*! Windows CE */
    DSPLINK_WINCE    = 6     /*! DSPLINK + Windows CE (Arm) */
};
```

DM6467 中设置该变量为 DSPLINK_BIOS。只有当这个 RuntimeEnv 是 DSPBIOS 或 DSPLINK_BIOS 时，才需要进行后面对于内存段的配置。

一般通过 Program.build.cfgArgs 将参数传递给配置文件。根据平台类型是否相匹配，对内存段进行设置。"defaultMemSegId" 参数默认为 "NULL"，如果不做修改，系统会寻找一段 BIOS 段作为 "DDR" 或是 "DDR2"，但是这个自动寻找的内存段有可能被移除，因此，开发者最好直接对此属性进行设置，此处设置的为 DDR2。

此外，在这个配置文件中，表 4.3 所示是对调试追踪 Buffer 的设置。

表 4.3　调试追踪 Buffer 大小的设置

```
osalGlobal.traceBufferSize = 0x40000;
```

这里是对服务器调试追踪所用的 Buffer 进行大小设置。所有的调试追踪数据都存储在这个 Buffer 中，即我们常用的 GT_trace 中的参数数据。只有当 RuntimeEnv 是 DSPBIOS 或是 DSPLINK_BIOS 时，才需要对这个参数进行配置。开发人员根据需要，可以进行注释或者修改 Buffer 的大小。

2. LogServer

LogServer 是激活 BIOS 端的日志模块，如图 4.1 所示。

图 4.1　BIOS 的 LOG

如果在 ARM 端设置 TraceUtil 使用 BIOS 日志，那么在 DSP 端的配置文件中也要加入相应的设置来表明使用此模块，如表 4.4 所示。

表 4.4　LogServer Module 的定义

```
/* 激活 BIOS 的日志模块 */
var LogServer = xdc.useModule('ti.sdo.ce.bioslog.LogServer');
```

LogServer 中只有一个属性参数 stacksize，表示服务端日志线程的栈大小。在 /opt/dvsdk_1_40_02_33/codec_engine_2_10_02/packages/ti/sdo/ce/bioslog 目录下的 LogServer.xdc 文件中，已经将此参数初始化值为 2048。

4.1.2 Codec 的 Module

在 cfg 文件中，包括所有可能需要用到的算法 Module，如表 4.5 所示。

表 4.5 算法 Module 的定义

```
/*
 *  使用各种各样的算法 module，即各种 codec 的实现
 *  我们在下面的 Server.algs 数组中加入需要的 codec
 *  通过使用"xdc.useModule" 命令向每一个 codec 提供一个 handle
 */
var VIDDEC_COPY  =
    xdc.useModule('ti.sdo.ce.examples.codecs.viddec_copy.VIDDEC_COPY');
var VIDENC_COPY  =
    xdc.useModule('ti.sdo.ce.examples.codecs.videnc_copy.VIDENC_COPY');
var SPHENC_COPY  =
    xdc.useModule('ti.sdo.ce.examples.codecs.sphenc_copy.SPHENC_COPY');
var SPHDEC_COPY  =
    xdc.useModule('ti.sdo.ce.examples.codecs.sphdec_copy.SPHDEC_COPY');
var IMGDEC_COPY  =
    xdc.useModule('ti.sdo.ce.examples.codecs.imgdec_copy.IMGDEC_COPY');
var IMGENC_COPY  =
    xdc.useModule('ti.sdo.ce.examples.codecs.imgenc_copy.IMGENC_COPY');
var AUDDEC_COPY  =
    xdc.useModule('ti.sdo.ce.examples.codecs.auddec_copy.AUDDEC_COPY');
var AUDENC_COPY  =
    xdc.useModule('ti.sdo.ce.examples.codecs.audenc_copy.AUDENC_COPY');
var VIDDEC2_COPY  =
    xdc.useModule('ti.sdo.ce.examples.codecs.viddec2_copy.VIDDEC2_COPY');
var VIDENC1_COPY  =
    xdc.useModule('ti.sdo.ce.examples.codecs.videnc1_copy.VIDENC1_COPY');
var IMGDEC1_COPY  =
    xdc.useModule('ti.sdo.ce.examples.codecs.imgdec1_copy.IMGDEC1_COPY');
var IMGENC1_COPY  =
    xdc.useModule('ti.sdo.ce.examples.codecs.imgenc1_copy.IMGENC1_COPY');
var SPHENC1_COPY  =
    xdc.useModule('ti.sdo.ce.examples.codecs.sphenc1_copy.SPHENC1_COPY');
var SPHDEC1_COPY
    xdc.useModule('ti.sdo.ce.examples.codecs.sphdec1_copy.SPHDEC1_COPY');
var AUDDEC1_COPY  =
    xdc.useModule('ti.sdo.ce.examples.codecs.auddec1_copy.AUDDEC1_COPY');
var AUDENC1_COPY  =
    xdc.useModule('ti.sdo.ce.examples.codecs.auddec1_copy.AUDDEC1_COPY');
```

续表

```
var G711ENC           =
    xdc.useModule('ti.sdo.ce.examples.codecs.g711.G711ENC');
var VIDDEC1_COPY      =
    xdc.useModule('ti.sdo.ce.examples.codecs.viddec1_copy.VIDDEC1_COPY');
```

其中，通过 xdc.useModule 可以指定在配置中所使用的全部 Module，如表 4.5 中提到的 VIDDEC1_COPY、SPHDEC_COPY、G711ENC 等。这个函数的返回值是 Module 对象，当找不到这个指定的 Module 时，会抛出一个异常 xdc.services.global.XDCException。这个异常有以下两种：

- xdc.PACKAGE_NOT_FOUND：表明找不到指定的 package；
- xdc.MODULE_NOT_FOUND：表明在指定的 package 中找不到指定的 Module。

在这个例子中，明确指出了 package 的路径名称。如果要避免这样的情况，在当前 package 的目录下，可以使用 xdc.om.$curpkg 来建立当前包的对象，如表 4.6 所示。

表 4.6 避免明确指出包路径的定义

```
var MyMod = xdc.useModule(xdc.om.$curpkg.$name +".MyMod");
```

4.1.3 配置 Server

主要对 DSP 端 Server 的接口进行配置，包括优先级和栈大小等，如表 4.7 所示。

表 4.7 Server 的配置

```
var Server = xdc.useModule('ti.sdo.ce.Server');
/* server 的堆栈大小 stachSize，设置的值大于我们所需要的，但是这样比较安全 */
Server.threadAttrs.stackSize = 4096;
/* server 执行的优先级 */
Server.threadAttrs.priority = Server.MINPRI;
/*
* 将可选的堆栈添加到非配置的堆栈中
* 这将远远超出大多数编解码器的需求
* 这就是遵循"开始时大且安全，然后当开始工作时进行优化"的方法
*/
Server.stackSizePad = 9000;
```

对于 Server 的栈大小以及执行的优先级，可以通过线程的属性进行设置。线程的属性主要包括栈大小、内存段的 ID 以及优先级等，如表 4.8 所示。

表 4.8 线程属性结构体

```
/*!
 *  ========ThreadAddrs==========
 *  线程的属性信息
 *  当 RMS 线程创建任意一个线程时，这个结构体定义线程属性
 *  具体可以查看 Server.threadAttrs
 */
strurct ThreadAttrs {
    Int stackSize;         /*! 这个线程所需要的最小堆栈大小 */
    Int stackMemId;        /*! 这个线程堆栈的内存段 ID */
    Int priority;          /*! 这个线程的优先级 */
};
```

对优先级而言，最低优先级为 1，最高优先级为 15，如表 4.9 所示。

表 4.9 优先级定义

```
readonly config Int MINPRI = 1;
readonly config Int MAXPRI = 15;
```

在表 4.7 的示例中，线程的优先级为最低优先级 1。

在对 Server 的配置中，最重要的是对服务端支持的所有算法属性配置，如表 4.10 所示。

表 4.10 算法的属性配置

```
Server.algs = [
    {name: "viddec_copy", mod: VIDDEC_COPY, threadAttrs: {
        stackMemId: 0, priority: Server.MINPRI + 2}, groupId : 0,
    },
    {name: "videnc_copy", mod: VIDENC_COPY, threadAttrs: {
        stackMemId: 0, priority: Server.MINPRI + 2}, groupId : 0,
    },
    {name: "imgdec_copy", mod: IMGDEC_COPY, threadAttrs: {
        stackMemId: 0, priority: Server.MINPRI + 3}
    },
    {name: "imgenc_copy", mod: IMGENC_COPY, threadAttrs: {
        stackMemId: 0, priority: Server.MINPRI + 3}
    },
    {name: "auddec_copy", mod: AUDDEC_COPY, threadAttrs: {
        stackMemId: 0, priority: Server.MINPRI + 3}
    },
    {name: "audenc_copy", mod: AUDENC_COPY, threadAttrs: {
        stackMemId: 0, priority: Server.MINPRI + 3}
    },
    {name: "sphenc_copy", mod: SPHENC_COPY, threadAttrs: {
        stackMemId: 0, priority: Server.MINPRI + 3}
    },
```

```
        {name: "sphdec_copy", mod: SPHDEC_COPY, threadAttrs: {
            stackMemId: 0, priority: Server.MINPRI + 3}
        },
        {name: "scale", mod: SCALE, threadAttrs: {
            stackMemId: 0, priority: Server.MINPRI + 1}
        },
        {name: "viddec2_copy", mod: VIDDEC2_COPY, threadAttrs: {
            stackMemId: 0, priority: Server.MINPRI + 2}, groupId : 0,
        },
        {name: "videnc1_copy", mod: VIDENC1_COPY, threadAttrs: {
            stackMemId: 0, priority: Server.MINPRI + 2}, groupId : 0,
        },
        {name: "imgdec1_copy", mod: IMGDEC1_COPY, threadAttrs: {
            stackMemId: 0, priority: Server.MINPRI + 1}
        },
        {name: "imgenc1_copy", mod: IMGENC1_COPY, threadAttrs: {
            stackMemId: 0, priority: Server.MINPRI + 1}
        },
        {name: "sphdec1_copy", mod: SPHDEC1_COPY, threadAttrs: {
            stackMemId: 0, priority: Server.MINPRI + 3}
        },
        {name: "sphenc1_copy", mod: SPHENC1_COPY, threadAttrs: {
            stackMemId: 0, priority: Server.MINPRI + 3}
        },
        {name: "auddec1_copy", mod: AUDDEC1_COPY, threadAttrs: {
            stackMemId: 0, priority: Server.MINPRI + 3}
        },
        {name: "audenc1_copy", mod: AUDENC1_COPY, threadAttrs: {
            stackMemId: 0, priority: Server.MINPRI + 3}
        },
        {name: "g711enc", mod: G711ENC, threadAttrs: {
            stackMemId: 0, priority: Server.MINPRI + 3}
        },
        {name: "g711dec", mod: G711DEC, threadAttrs: {
            stackMemId: 0, priority: Server.MINPRI + 3}
        },
        {name: "viddec1_copy", mod: VIDDEC1_COPY, threadAttrs: {
            stackMemId: 0, priority: Server.MINPRI + 2}, groupId : 0,
        }
];
```

这个数组中配置的所有算法和上述添加的 Codec Module 是相匹配的。其中 algs 的结构主要如表 4.11 所示。

表 4.11 描述算法实例的结构体

```
struct AlgDesc {
    String          name;           /*! alg nick-name */
    ICodec.Module   mod;            /*! alg that implements skeletons */
    ThreadAttrs     threadAttrs;    /*! Thread properties for each alg instance */
    Int             groupId;        /*! group id of the algorithm */
};
/*!
 * ====== algs ===========
 * 这个 DSP 的 server 支持的所有算法组成的表
 */
config AlgDesc algs[];
```

第一项 name 是 Server 生成的实例名称；第二项 mod 指明算法实例中具体实现的 Module；第三项 threadAttrs 指出了线程在处理实例请求时的一些具体属性；最后一项 groupId 指明这个 Codec 应该放进哪一个资源共享组，但并不是所有的系统都支持资源共享。对于不支持的系统，这个参数可以忽略不管。

4.1.4 配置 DSKT2

DSKT2[17]负责管理系统中所有 xDAIS 算法的 memory 需求，DSKT2 和应用层的接口是非常简单地 Create、Execute 和 Delete。系统集成工程师需用 memory 初始化 DSKT2 模块。DSKT2 模块包括两种类型的 memory[18]——永久性的 memory(只要这个算法存在，它就会被占用的 memory)和 scratch memory(算法之间可以共享的 memory)。只有当一个算法被创建时，永久性 memory 才会被 DSKT2 分配给这个算法，在算法被删除的时候，这段 memory 返回到 heap。当一个算法申请 scratch memory 时，会被分配一个 memory pool，这个 pool 被拥有同一个 scratch pool ID 的其他算法共享。也就是说，共享 scratch memory 的算法属于同一个优先级，不能中断对方。

对 DSKT2 的配置，参看表 4.12 的例子。

表 4.12 DSKT2 关于 memory 的配置

```
var DSKT2 = xdc.useModule('ti.sdo.fc.dskt2.DSKT2');
DSKT2.DARAM0         = "L1DHEAP";
DSKT2.DARAM1         = "L1DHEAP";
DSKT2.DARAM2         = "L1DHEAP";
DSKT2.SARAM0         = "L1DHEAP";
DSKT2.SARAM1         = "L1DHEAP";
DSKT2.SARAM2         = "L1DHEAP";
DSKT2.ESDATA         = "DDRALGHEAP";
DSKT2.IPROG          = "L1DHEAP";
DSKT2.EPROG          = "DDRALGHEAP";
DSKT2.DSKT2_HEAP     = "DDR2";
DSKT2.ALLOW_EXTERNAL_SCRATCH = false;
DSKT2.SARAM_SCRATCH_SIZES[0] = 32*1024;
```

需要注意的是，这里的每一个 scratch memory pool 的大小需要通过数组的形式定义，数组的第一个元素对应 scratch pool ID0，第二个元素对应 scratch pool ID1，依次类推。

其中，heap 名为"L1DHEAP"，这表明：如果算法对于 DARAM0 的需求为 5K，则 DSKT2 就要从 L1DHEAP 中分配 5K 的内存。如果可行，就完成算法分配，如果 L1DHEAP 中没有 5K 的大小，则算法创建失败。这里的 heap 名要和*.tcf 文件中的 heap 名一致，*.tcf 文件会在 4.2 中已讲解。

此外，如果允许 DSKT2 使用外部临时内存 scratch memory，则添加如表 4.13 所示的声明。

表 4.13 DSKT2 关于外部内存的配置

DSKT2.ALLOW_EXTERNAL_SCRATCH = true;

设置 ALLOW_EXTERNAL_SCRATCH 属性为"true"，意味着如果一个临时内存请求在内存中不能获得，并且连续固有的内存无法为这个请求分配内存时，DSKT2 将使用外部内存。如果在上述的例子中，这个属性设置成"false"，这就表示在没有足够的临时内存或足够的固有内存满足这个请求时，DSKT2_createAlg 将失败。

在上述例子中，分别提及了 DARAM、SARAM、ESDATA、IPROG 和 EPROG 等，这些都映射到了 IALG 的内存空间——IALG_DARAM、IALG_SARAM、IALG_ESDATA、IALG_IRPOG 和 IALG_EPROG。其结构可以查看/opt/dvsdk_1_40_02_33/ xdais_6_10_01/packages/ti/xdais 目录下的 ialg.h 文件，其中的 IALG_MemSpace 如表 4.14 所示。

表 4.14 枚举型变量 IALG_MemSpace

```
/*
 *  ======== IALG_MemSpace ========
 */
typedef enum IALG_MemSpace {
    IALG_EPROG    = IALG_MPROG | IALG_MXTRN,  /**< 外部程序存储器 */
    IALG_IPROG    = IALG_MPROG,                /**< 内部程序存储器 */
    IALG_ESDATA   = IALG_MXTRN + 0,            /**< 片外数据存储器(访问频繁)*/
    IALG_EXTERNAL = IALG_MXTRN + 1,            /**<片外数据存储器(随机访问)*/
    IALG_DARAM0   = 0,                         /**< 片上数据存储器支持双路访问*/
    IALG_DARAM1   = 1,                         /**< Block 1,如果需要一个独立块*/
    IALG_SARAM    = 2,                         /**<片上数据存储器支持单路访问*/
    IALG_SARAM0   = 2,                         /**< Block 0,相当于 IALG_SARAM */
    IALG_SARAM1   = 3,                         /**< Block 1,如果需要第一个独立块*/
    IALG_DARAM2   = 4,                         /**< Block 2,如果需要第三个独立块*/
    ALG_SARAM2    = 5                          /**< Block 2,如果需要第三个独立块*/
} IALG_MemSpace;
```

其中的 SARAM(Single-Access RAM)与 DARAM(Dual-Access RAM)是按 CPU 每个机器周期对内存进行访问的次数来划分的两种内存。SARAM 在一个机器周期内只能被访问一次，而 DARAM 在一个机器周期内能被访问两次，如 TMS320C54 系列的 DSP 中就配置有这两种内存。其他的 ESDATA、IPROG 和 EPROG 分别表示片外数据存储器、内部程序存储器和外部程序存储器。

4.1.5 配置 DMAN3

DMAN3 主要管理 DMA。关于 DMAN3 的配置如果无效，表示因为没有足够的内存，算法创建失败。

表 4.15 是 DMAN3 的配置例子。

表 4.15　DMAN3 的配置

```
/*
 *  ======== DMAN3 (DMA manager) configuration ========
 */
var DMAN3                  = xdc.useModule('ti.sdo.fc.dman3.DMAN3');
DMAN3.heapInternal         = "L1DHEAP";         /* L1DHEAP is an internal segment */
DMAN3.heapExternal         = "DDRALGHEAP";
DMAN3.idma3Internal        = false;
DMAN3.scratchAllocFxn      = "DSKT2_allocScratch";
DMAN3.scratchFreeFxn       = "DSKT2_freeScratch";

DMAN3.paRamBaseIndex       = 80;                // 1st EDMA3 PaRAM set available for DMAN3
DMAN3.numQdmaChannels      = 8;                 // number of device's QDMA channels to use
DMAN3.qdmaChannels         = [0,1,2,3,4,5,6,7]; // choice of QDMA channels to use

DMAN3.numPaRamEntries      = 48;                // number of PaRAM sets exclusively used by DMAN
DMAN3.numPaRamGroup[0]     = 48;                // number of PaRAM sets for scratch group 0
DMAN3.numTccGroup[0]       = 32;                // number of TCCs assigned to scratch group 0
DMAN3.tccAllocationMaskL   = 0;                 // bit mask indicating which TCCs 0..31 to use
DMAN3.tccAllocationMaskH   = 0xffffffff;        // assign all TCCs 32..63 for DMAN
```

因为 DMA 需要 memory 存放 PARAM 和其他的通道配置，所以在 DMAN3 中分配有 heap(分为 internal heap 和 external heap)。其中：

- heapInternal 为 DMAN3 对象分配动态堆。
- heapExternal 为私有的 DMAN3 数据分配动态堆。
- idma3Internal 为 IDMA3 对象分配内存堆，如果值为 false，表示 IDMA3 对象将从 heapExternal 分配堆，否则从 heapInternal 分配。
- scratchAllocFxn 和 scratchFreeFxn 分别表示从 scratch memory 分配/释放 IDMA3 对象通道。
- paRamBaseIndex 是通过 base index 和需要的数量进行分配的，数目范围是 0～255。
- numQdmaChannels 和 qdmaChannels 的设置表明 DMAN3 有 8 个可用的物理 QDMA

通道。
- 从 numPaRamEntries 和 numPaRamGroup 的设置表明 DMAN3 分配有 48 个 PARAM。
- tcc 是通过 bit mask 来分配的。

4.1.6 配置 RMAN

RMAN[19]对基于 IRES 接口配置的逻辑资源进行管理(IRES 是向符合 xDAIS 标准的特殊类型资源的管理和使用提供接口)，其配置如表 4.16 所示。

表 4.16 RMAN 的配置

```
/*
*   ======== RMAN (IRES Resource manager) configuration ========
*/
var RMAN                = xdc.useModule('ti.sdo.fc.rman.RMAN');
RMAN.useDSKT2           = true;
RMAN.tableSize          = 10;
RMAN.semCreateFxn       = "Sem_create";
RMAN.semDeleteFxn       = "Sem_delete";
RMAN.semPendFxn         = "Sem_pend";
RMAN.semPostFxn         = "Sem_post";
```

其中 RMAN.useDSKT2 = true 表明需要使用 DSKT2 进行算法内存的分配；此外，semCreateFxn、semDeleteFxn、semPendFxn 和 semPostFxn 分别是对 RMAN 进行资源管理时使用到的信号量进行具体操作的函数指针。

4.2 Server 中的 tcf 文件

tcf 文件[20]主要用来配置 DSP/BIOS 应用。

4.2.1 environment 环境数组变量

Tconf 创建一个名为 environment 的数组变量，其中可以定义一些文件名称、文件路径和硬件平台等内容，如表 4.17 所示。

表 4.17 环境变量 environment 的设置

```
var platform = environment["config.platform"];
```

在表 4.17 的例子中定义了硬件平台，此外还可以定义以下变量：
- environment["config.importPath"]。定义 Tconf 查找文件的路径，其中包括平台文件。DSP/BIOS 应用的平台文件一般都是在/opt/dvsdk_1_40_02_33/bios_5_32_01/packages 目录下，由于这个文件在 Tconf 初始化时就加到了 config.importPath 中，因此大部分情况下，这个变量不需要设置。但是，如果开发者创建自己的平台文件或是 Tconf 文件包含在其他的 Tconf 文件中，并且这些文件位于其他目录下，这时需要设置 config.importPath 指向新文件的位置。

- environment["config.rootDir"]包含 Tconf 应用时可执行文件的路径，这个路径一般就是/opt/dvsdk_1_40_02_33/bios_5_32_01/xdctools。
- environment["config.scriptName"]包含通过命令行传递给 Tconf 的脚本名称。如果没有传递脚本，则将这个变量设为一个空串。
- 此外还有 environment["config.path"]、environment["config.compilerOpts"]等。

4.2.2 内存映射的 mem_ext 数组

在 DAVINCI 的开发版中，有 256 MB 的物理内存 DDR2[21]。这个内存是 ARM 和 DSP 可以共享的。ARM 通过 MMU(Memory Management Unit)看到的是内存的虚拟地址，而 DSP 直接使用物理地址。内存分配具体如图 4.2 所示。

由图 4.2 可以看出，256M 的 DDR2[22]分为 Linux、CMEM、DDRALGHEAP、DDR、DSPLINKMEM、RESET_VECTOR 和 UNUSED。

由于 Linux 和 CMEM 会单独限定其内存的大小，因此在 tcf 文件中主要是对除此之外的其他内存进行分配，如表 4.18 所示。

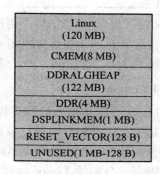

图 4.2 DDR2 的默认内存分配

表 4.18 对内存进行分配的 mem_ext 数组

```
var mem_ext = [
    {
    comment: "DDRALGHEAP: off-chip memory for dynamic algmem allocation",
    name:         "DDRALGHEAP",
    base:         0x88000000,    // 128 MB
    len:          0x07A00000,    // 122 MB
    space:        "code/data"
    },
    {
    comment:      "DDR2: off-chip memory for application code and data",
    name:         "DDR2",
    base:         0x8FA00000,    // 250 MB
    len:          0x00400000,    //   4 MB
    space:        "code/data"
    },
    {
    comment: "DSPLINK: off-chip memory reserved for DSPLINK code and data",
    name:         "DSPLINKMEM",
    base:         0x8FE00000,    // 254 MB
    len:          0x00100000,    //   1 MB
    space:        "code/data"
    },
```

续表

```
    {
      comment:    "RESET_VECTOR: off-chip memory for the reset vector table",
      name:       "RESET_VECTOR",
      base:       0x8FF00000,
      len:        0x00000080,
      space:      "code/data"
    },
];
```

除去 Linux 和 CMEM 占用的共 128 MB 的空间，DDRALGHEAP 的起始地址会从 128 MB 开始。这里的设置都是按照图 4.2 中的默认设置的。如果有需要可以自行修改，但要注意起始地址和大小，防止发生内存覆盖等其他问题。

1. Linux

Linux 使用虚拟地址向进程间提供内存保护，保证进程仅访问有权限的内存，否则会出现段错误，同时操作系统结束进程。

分配给 Linux 的内存供 ARM 使用，由 ARM Linux 管理使用，应用程序无法直接访问这些内存。分配的 Linux 内存划分按页存储，最小的分配单元为 4 KB，所以通过 malloc() 分配的内存空间是 4 KB 的倍数。开发者不但不能控制物理内存的分配，而且也不知道内存的物理地址是否连续。

此外，这部分内存还应用于各种各样的内部 I/O 缓存等，所以这个分区越大越好。

Linux 分区的大小一般在串口向开发板设置启动参数 bootargs 时指定，例如对于 TMS320DM6467，启动时有如表 4.19 所示的设置。

表 4.19 开发板启动参数

#setenv bootargs console=ttyS0,115200n8 noinitrd rw ip=dhcp root=/dev/nfs nfsroot= $(nfshost):$(rootpath),nolock mem=120M

其中，rw ip 后的 IP 为平台的 IP 地址，nfsroot 后的 IP 为 Linux 服务器的 IP 地址。

2. CMEM

DSP 端是没有 MMU 的，这就导致 DSP 无法像 ARM 那样利用虚拟地址，无法将物理上不连续的内存区域映射为虚拟内存的连续区域。ARM 分配的连续空间未必是物理上连续的，当将这个空间传递给 DSP 作为参数时就出现问题了，这也是 CMEM 存在的原因。

CMEM(Continuous Memory Allocator)是一个连续物理存储空间分配模块，使得 ARM 端 Linux 进程和 DSP 端算法之间能够共享缓冲区。当应用程序需要在共享缓存区动态申请一个连续的物理空间时，通过调用 CMEM 的 API 可以实现。申请得到的空间可以供 DSP 端访问，进行算法处理时数据的传递与处理。

CMEM 是一种基于缓冲池的配置，可以避免内存碎片，同时确保在系统运行了很长的一段时间之后仍然有大而连续的物理内存块。

在/opt/dvsdk_1_40_02_33/codec_engine_2_10_02/examples/apps/system_files/davinci/DM6467 目录下，文件 loadmodules.sh 使用 insmod 命令安装 cmemk.ko 驱动模块时，指定了

CMEM 起止物理地址，如表 4.20 所示。

表 4.20　装载 CMEM 模块

insmod cmemk.ko phys_start=0x87800000 pys_end=0x8ba00000 pools=1×4147200, 10×3458400, 10×1434240, 11×663552, 4×60000

上述例子表明在内存 0x87800000～0x8ba00000 上开辟内存池，分别是 1 个 4147200 字节的缓存、10 个 3458400 字节的缓存、10 个 1434240 字节的缓存、11 个 663552 字节的缓存和 4 个 60000 字节的缓存。

在 CMEM 模块安装路径下/opt/dvsdk_1_40_02_331/cmem_2_10，可进行如表 4.21 所示的操作来实现 cmemk.ko 的编译。

表 4.21　cmem.ko 的生成

#cd packages/ti/sdo/linuxutils/cmem #make all #make install

运行后，即对 cmem 模块进行编译，编译后的文件为在如下目录下生成的 cmem.ko 模块：
/opt/dvsdk_1_40_02_331/cmem_2_10./packages/ti/sdo/linuxutils/cmem/src/module

此外，Linux 的用户可以在启动板子并执行 loadmodules.sh 后，通过执行"cat /proc/cmem"来获得由 CMEM 管理的 Buffer 和 pool 的状态信息。图 4.3 所示内容是未执行 ARM 端的可执行文件前各 pool 的状态信息。

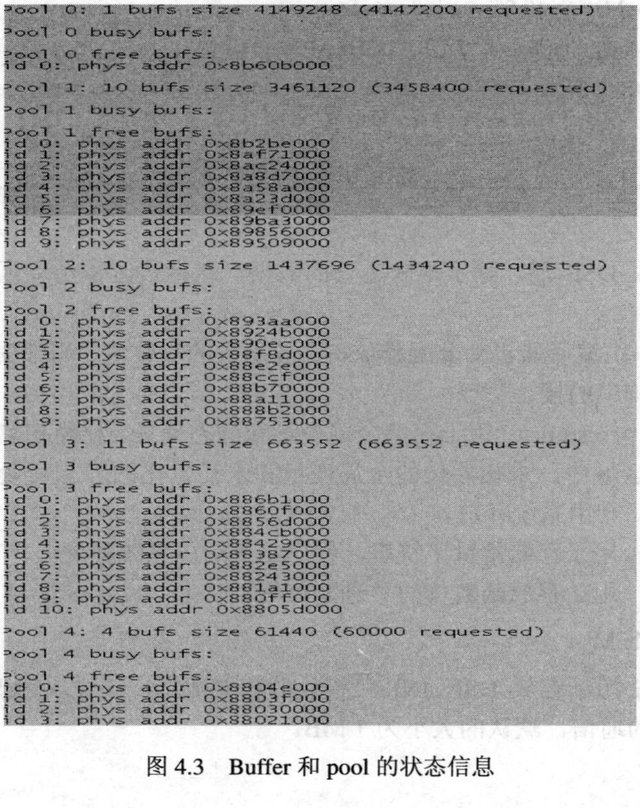

```
Pool 0: 1 bufs size 4149248 (4147200 requested)
Pool 0 busy bufs:
Pool 0 free bufs:
id 0: phys addr 0x8b60b000
Pool 1: 10 bufs size 3461120 (3458400 requested)
Pool 1 busy bufs:
Pool 1 free bufs:
id 0: phys addr 0x8b2be000
id 1: phys addr 0x8af71000
id 2: phys addr 0x8ac24000
id 3: phys addr 0x8a8d7000
id 4: phys addr 0x8a58a000
id 5: phys addr 0x8a23d000
id 6: phys addr 0x89ef0000
id 7: phys addr 0x89ba3000
id 8: phys addr 0x89856000
id 9: phys addr 0x89509000
Pool 2: 10 bufs size 1437696 (1434240 requested)
Pool 2 busy bufs:
Pool 2 free bufs:
id 0: phys addr 0x893aa000
id 1: phys addr 0x8924b000
id 2: phys addr 0x890ec000
id 3: phys addr 0x88f8d000
id 4: phys addr 0x88e2e000
id 5: phys addr 0x88ccf000
id 6: phys addr 0x88b70000
id 7: phys addr 0x88a11000
id 8: phys addr 0x888b2000
id 9: phys addr 0x88753000
Pool 3: 11 bufs size 663552 (663552 requested)
Pool 3 busy bufs:
Pool 3 free bufs:
id 0: phys addr 0x886b1000
id 1: phys addr 0x8860f000
id 2: phys addr 0x8856d000
id 3: phys addr 0x884cb000
id 4: phys addr 0x88429000
id 5: phys addr 0x88387000
id 6: phys addr 0x882e5000
id 7: phys addr 0x88243000
id 8: phys addr 0x881a1000
id 9: phys addr 0x880ff000
id 10: phys addr 0x8805d000
Pool 4: 4 bufs size 61440 (60000 requested)
Pool 4 busy bufs:
Pool 4 free bufs:
id 0: phys addr 0x8804e000
id 1: phys addr 0x8803f000
id 2: phys addr 0x88030000
id 3: phys addr 0x88021000
```

图 4.3　Buffer 和 pool 的状态信息

3. DDRALGHEAP

DDRALGHEAP 包含了 DSP 端运行的算法(当前 active 的 Codec 实例)所使用的堆区。堆区(heap)一般由程序员分配并且释放，若程序员不释放，程序结束时可以由 OS 回收。但要注意堆区与数据结构中的堆是两回事，堆区分配方式有点类似于链表。一般开发人员使用的 malloc 等动态分配的区域都在堆区。DDRALGHEAP 的大小必须大于在同一时刻，当所有的算法实例都处于 active 状态时所需要的外部缓存的总和。因此可以通过计算算法实例所需缓存的大小得到 DDRALGHEAP 的大小。

在早期的版本(如 CE 1.10)中，有个名为 Enigne_getUsedMem()的 API 可以计算 Server 端的总内存使用情况，但这个总量中包括了 DDR。可以分别在 Engine_open()之后，任何一个算法实例创建之前和创建一个算法实例之后均调用这个 Enigne_getUsedMem()函数(没有任何算法实例时，DDRALGHEAP 的使用大小为 0)，这样就可以做差，得到 DDRALGHEAP 的大小。

在 CE 1.20 之后的版本，经过改进，可以精确地得到所需段的大小。通过表 4.22 所示代码便可实现，并得到当前状态下的 DDRALGHEAP 的大小。

表 4.22 获得 DDRALGHEAP 的大小

```
hServer = Engine_getServer(hEngine);
Server_getNumMemSegs(hServer, &numSegs);

for(i = 0; i < numSegs; i++ ) {
    Server_getMemStat(hServer, i, &memStat);
    If(strcmp(memStat.name, "DDRALGHEAP") == 0) {
        printf("DDRALGHEAP usage is %d available.\r\n", memStat.used, memStat.size);
    }
}
```

4. DDR

DDR 用于存放 DSP 端，除了堆区之外的数据，包括栈区、全局区、文字常量区、程序代码区。

- 栈区(stack)：由编译器自动分配释放，存放函数的参数值、局部变量的值等，其操作方式类似于数据结构中的栈。
- 全局区(静态区、static)：用于存储全局变量和静态变量。已经初始化的全局变量和静态变量存在于一块区域中，未初始化的全局变量和未初始化的静态变量存储在相邻的另一块区域。程序结束后会由系统释放。
- 文字常量区：用于存储常量字符串，程序结束后由系统释放。
- 程序代码区：用于存放函数体的二进制代码。

5. DSPLINKMEM

DSPLINKMEM 用于存放 DSPLINK[23]模块的相关数据，该模块用于 Codec Engine 在 ARM 和 DSP 之间的通信，默认的大小为 1 MB。

6. RESET_VECTOR

RESET_VECTOR 用于存放 DSP 的复位向量表，它必须存放在奇数个 MB 的起始地址，因此一般情况下会在它之前存在一个 1 MB 的 unused momery，并且此复位向量区的大小必须是 128 B。

4.2.3 设置 device_regs

device_regs 结构中包含与平台相关的参数信息。

一般使用 2 级的 Cache+外部内存(external memory)的结构，Level 1 Cache 按照功能分为 L1 Program Cache 和 L1 Data Cache。Level 2 Memory 其实是片内内存，大小为 1024 kB，可以设置为 L2 Cache 或 普通内存。device_regs 主要对 Cache 进行设置，如表 4.23 所示。

表 4.23　device_regs 中的 Cache 参数

```
var device_regs = {
        l1DMode: "4k",
        l1DHeapSize: 0x7000
};
```

4.2.4 设置 params

params 结构中同样定义了与平台相关的参数信息，如时钟频率和设备名等，如表 4.24 所示。

表 4.24　params 平台相关参数

```
var params = {
        clockRate: 594,
        catalogName: "ti.catalog.c6000",
        deviceName: "DM6467",
        regs: device_regs,
        mem: mem_ext
};
```

其中需要注意和修改的是：

● clockRate：表示时钟频率，float 型，指出 CPU 的时钟频率，这个变量必须设置。

● deviceName：表示设备名称，string 型，指出板子上的 DSP 名称，这个变量必须设置。

● catalogName：string 型，指出 DSP 的目录，这个变量必须设置，DSP/BIOS 提供以下目录："ti.catalog.c2800"、"ti.catalog.c5400"、"ti.catalog.c5500" 和 "ti.catalog.c6000"。

● regs：与目标平台相关的属性对象。

● mem：描述外部缓存的数组。

Tconf 并不检查 "regs" 和 "mem" 一致性的问题，所以开发者必须保证片外的内存映射属性和平台定义的值一致。

4.2.5 utils.loadPlatform 的使用

utils.loadPlatform 用来装载平台定义的目标设备，如表 4.25 所示。

表 4.25 目标设备的装载

```
/*
 * 现在通过上述的指定参数自定义一个通用平台
 */
utils.loadPlatform("ti.platforms.generic", params);
```

当开发者需要移植应用到另一个平台时，tcf 文件中的 utils.loadPlatform 的参数名称是需要修改的。

4.2.6 配置 bios 命名空间

utils.loadPlatform 除了用来装载平台之外，还创建了一个名为"bios"的命名空间，用来简化对 Module 和 Instance 对象的引用。例如，一个 LOG_system 对象的属性 bufLen 的标准语法如表 4.26 所示。

表.26 完整的对象引用语法

```
prog.module("LOG").instance("LOG_system").bufLen
```

如果用"bios"命名空间后，可以把 Module 和 Instance 直接引用简化为表 4.27 所示。

表 4.27 使用命名空间简化的对象引用语法

```
bios.LOG_system.bufLen
```

在 tcf 文件中主要使用 bios 命名空间配置属性，如表 4.28 所示。

表 4.28 具体对象的属性配置

```
bios.enableMemoryHeaps(prog);
bios.enableTskManager(prog);
bios.DDR2.createHeap          = true;
bios.DDR2.heapSize            = 0x20000; // 128K
bios.DDRALGHEAP.createHeap    = true;
bios.DDRALGHEAP.heapSize      = bios.DDRALGHEAP.len;
bios.L1DSRAM.createHeap       = true;
bios.L1DSRAM.enableHeapLabel  = true;
bios.L1DSRAM["heapLabel"]     = prog.extern("L1DHEAP");
bios.L1DSRAM.heapSize         = 0x1000;   // use 4k of L1DSRAM for heap
bios.MSGQ.ENABLEMSGQ          = true;
bios.POOL.ENABLEPOOL          = true;
bios.setMemCodeSections (prog, bios.DDR2);
bios.setMemDataNoHeapSections (prog, bios.DDR2);
bios.setMemDataHeapSections (prog, bios.DDR2);
```

4.2.7 prog.gen()的使用

在 Tconf 文件的最后使用 prog.gen()方法进行相关文件生成。如表 4.29 所示。

表 4.29　prog.gen()方法

```
/*   产生配置文件   */
if (config.hasReportedError == false) {
    prog.gen();
}
```

它生成了应用中所需要的 CDB(Configuration Data Base)文件、源文件、头文件和链接文件。一般必须包含这个方法。

如果脚本文件中有 prog.gen() 方法，那么运行脚本文件之后会生成如下类型的文件：
- <program>cfg_c.c：定义 DSP/BIOS 结构和属性的 C 源文件。
- <program>cfg.h：包含 DSP/BIOS Module 的头文件，并且包含在配置文件中声明的外部对象变量。
- <program>cfg.s##：关于 DSP/BIOS 设置的汇编文件，##指明采用的 DSP 平台。
- <program>cfg.h##：汇编语言的头文件，包含在<program>cfg.s##中。
- <program>cfg.cmd：链接命令文件，主要是存储器的分配。
- <program>.cdb：配置数据库文件，是一个只读文件。

4.3 Server 的生成方法

为了生成一个 Server，开发者需要一个完整的 package，其中还应该包括生成 Server 需要的库文件和关于 Server 的配置文件。package 的信息中还应该包括 Server 的编译器版本和 Codec 的版本等。本节提及的生成 Server 的前提是 Codec 端的 package 是直接通过已有 videnc_copy 目录进行修改而生成的。

当创建一个 Server 时，需要提供如下的信息：
- Server 的名称；
- 编译和链接的具体创建操作；
- 在 Server 中可以实现的算法列表。

4.3.1 Server 端文件的修改

根据算法的需要，开发者可以对 Server 端的 cfg 文件中的数组 Server.algs 进行修改。如果不需要其他相应的编解码算法，即可在这个数组中去掉这些编解码的对应项。例如，在本例的 face_tracing 中，需要 H.264 的编解码算法，不需要其他的诸如 JPEG 或是 G711 等的编解码算法，这样就可以在 Server.algs 数组中只保留 H.264 的编解码项，如表 4.30 所示。

表 4.30 cfg 文件中的 algs 数组

```
Server.algs = [
    {name: "h264enc", mod: H264ENC, groupId : 0, threadAttrs: {
        stackMemId: 0, priority: Server.MINPRI + 1},
    },
    {name: "h264dec", mod: H264DEC, groupId : 1, threadAttrs: {
        stackMemId: 0, priority: Server.MINPRI + 1},
    },
    {name: "videnc_copy", mod: VIDENC_COPY, groupId : 0, threadAttrs: {
        stackMemId: 0, priority: Server.MINPRI + 1},
    },
    {name: "viddec_copy", mod: VIDDEC_COPY, groupId : 0, threadAttrs: {
        stackMemId: 0, priority: Server.MINPRI + 1},
    },
];
```

此外，对于 tcf 文件中的 mem_ext 数组，默认的内存起止地址可先不做修改，但是如果出现无法分配 Buffer 等异常情况，则表示 DDRALGHEAP 等的现有内存分配不够，此时就需要适当地做出调整。这时不仅要修改 tcf 文件中的内容，还需要修改 loadmodule.sh 文件中关于 CMEM 的内存起止地址。

例如，如果需要将 DDRALGHEAP 的大小由 64 MB 增大到 66 MB，tcf 需要做出如下的修改，如表 4.31 所示。

表 4.31 tcf 文件中对内存的修改

```
    comment:    "DDRALGHEAP: off-chip memory for dynamic algmem allocation",
    name:       "DDRALGHEAP",
//  base:       0x8BA00000,
//  len:        0x04000000,    // 64 MB
    base:       0x8B800000,
    len:        0x04200000,    // 66 MB
    space:      "code/data"
```

同时，对于 loadmodule.sh 文件也需要做出调整，如表 4.32 所示。

表 4.32 loadmodule.sh 文件的修改

```
#insmod cmemk.ko phys_start=0x87800000 phys_end=0x8ba00000 pools=1×1434240,
2×663552,4×60000insmod cmemk.ko phys_start=0x87800000 phys_end=0x8b800000
pools=1×1434240,2×663552,4×60000
```

由于在这个 loadmodule.sh 文件中，修改起止地址之后，CMEM 的总大小仍然满足现有的 pool 分配，因此 pool 的大小和数量不需要修改。但是如果不能满足，就需要适当减少 pool 的数量或是大小，但不能影响算法的内存需求。

上述修改执行完毕之后，就可执行 make 命令(如果是修改后第二次执行 make，则需要先执行 make clean 命令，再执行 make 命令)，这个操作会依据 Makefile 文件在当前的目录下生成一个 DSP 端的可执行文件 x64P。

这个文件在生成之后，是需要拷贝到开发板所挂载的文件系统下的。

4.3.2 基于 XDC 生成 Server Package

这种方法主要应用在 OMAP3530 中生成 DSP 端的可执行文件 x64P，因此这里以 OMAP3530 为例进行讲述。

如果开发者通过 XDC 创建 Server，则需要 package.bld 文件，同时 Makefile 文件是很短的。在 package.bld 中，需要把包含生成的 Server 信息的相对路径 "package/info" 加入到 Pkg.otherFiles 中，package.bld 文件中的代码如表 4.33 所示。

表 4.33 package.bld 文件中的 Pkg.otherFiles

```
Pkg.otherFiles = [
    "package/info"
];
```

此外，需要修改 Makefile 文件使之运行 xdc release，其步骤如表 4.34 所示。

表 4.34 Makefile 文件

```
#包含定义 XDC 的 package、路径和创建法则的文件
EXAMPLES_ROOTDIR := $(CURDIR)/../../../../../..
include $(EXAMPLES_ROOTDIR)/xdcpaths.mak

# 添加 examples 的路径到 package 的自身路径列表中
XDC_PATH := $(EXAMPLES_ROOTDIR);$(XDC_PATH)
include $(EXAMPLES_ROOTDIR)/buildutils/xdcrules.mak

all:
    $(XDC_INSTALL_DIR)/xdc release XDCPATH = "$(XDC_PATH)" \
        XDCOPTIONS = $(XDCOPTIONS) $@ -PD
```

之后，执行 make 命令，会在当前目录下生成一个 Server 端的 all.x64P 文件，具体如表 4.35 所示。(此处应该注意的是生成 x64P 的目录是在 Servers 下的 "all_codecs/bin/ti_platforms_evm3530" 中，路径与 DM6467 不一样。)

表 4.35 OMAP3530 中生成的 x64P 文件

```
[root@Localhost ti_platforms_evm3530]# pwd/opt/OMAP3530/dvsdk_3_01_00_10/codec_
engine_2_25_02_11/examples/ti/sdo/ce/examples/servers/all_codecs/bin/ti_platforms_evm3530
[root@localhost ti_platforms_evm3530]# lsall_pm.x64P    all.x64P
```

4.3.3 使用基于 configuro 的 Makefile 文件生成 Server Package

这种基于 configuro 的方法是利用 Makefile 文件生成 Server Package。通常不建议使用

这种方法，因为在 Engine_createFromServer()时会出现错误。

configuro 是一种通过用户提供的.cfg 文件生成对象和链接文件的工具。如果基于 configuro 生成 Server，则它是根据 Makefile 文件进行驱动的，必须在 Makefile 文件中添加相应的步骤。

通过 configuro 创建 DSP Server 需要一个 package，这个 package 创建生成 Server 端的可交付使用的文件，在这个 package 中，必须包含 Server 端的可执行文件和基于 configuro 生成的"package/info/*"文件。

每一种使用 configuro 的 Makefile 文件都是各不相同的，以下是 TMS320DM6467 中的 Makefile 文件，如表 4.36 所示。

表 4.36 使用基于 configuro 的 Makefile 文件

```
SERVER_PKG := ti.sdo.ce.examples.servers.video_copy.evmDM6467
SERVER_PKG_ARCHIVE := $(subst .,_,$(SERVER_PKG)).tar

$(SERVER_PKG_ARCHIVE): $(SERVER_EXE)
    @echo "Creating server release:"
    @rm -rf package package.*
    @echo "package $(SERVER_PKG) {}" > package.xdc
    @echo "Pkg.otherFiles =    \
['./$(SERVER_EXE)','./$(SERVER_EXE).DataSheet.html','package/info']" > package.bld
    @mkdir package ; cp -R $(CONFIGPKG)/package/info package ;   \
cp package/info/*DataSheet.html .
    @$(XDC_INSTALL_DIR)/xdc XDCPATH="$(XDC_PATH)" release
    @rm -f package.bld package.mak .[idle]*
```

在这个例子中，我们通过给定的 package 名称$(SERVER_PKG)、给定的 Server 可执行文件名称$(Server_EXE)和配置文件名称$(CONFIGPKG)自动生成 XDC package。而且基于 configuro 生成的文件在$(CONFIGPKG)目录下。

同时，如果运行上述的例子，Makefile 文件和 Server 的可执行文件都必须在以"ti/sdo/ce/examples/servers/video_copy/evmDM6467"路径结尾的目录下，这是因为我们给定的 Server 的 package 名称为"ti.sdo.ce.examples.servers.video_copy.evmDM6467"。

上述修改执行完毕之后，就可执行 make 命令，其输出如表 4.37 所示。

表 4.37 Server 端执行 make 命令的部分输出

```
XDCPATH="/opt/dvsdk_1_40_02_33/codec_engine_2_10_02/ examples/ti/sdo/ce/examples/ servers/
video_copy/evmDM6467/../../../../../../..;/opt/dvsdk_1_40_02_33/dm6467_dvsdk_combos_1_17/
packages;/opt/dvsdk_1_40_02_33/codec_engine_2_10_02/examples;/ opt/dvsdk_1_40_02_33/
packages;/opt/dvsdk_1_40_02_33/xdais_6_10_01/packages;/opt/dvsdk_1_40_02_33/dsplink-davinci-v1.50-
prebuilt/packages;/opt/dvsdk_1_40_02_33/cmem_2_10/packages;/opt/dvsdk_1_40_02_33/ framework_
components_2_10_02/packages;/opt/dvsdk_1_40_02_33/biosutils_1_01_00/ packages;/opt/dvsdk_1_40_
```

```
02_33/bios_5_32_01/packages:;/opt/dvsdk_1_40_02_33/edma3_lld_1_04_00/packages"/ opt/dvsdk_1_
40_02_33/xdc_3_00_06/xsxdc.tools.configuro -c /opt/dvsdk_1_40_02_33/cg6x_6_0_16 -o video_copy \
            -t ti.targets.C64P -p ti.platforms.evmDM6467 \
                --tcf video_copy.cfg
making package.mak (because of package.bld) ... generating interfaces for package video_ copy
(because package/package.xdc.xml is older than package.xdc) ... configuring video_copy.x64P from
package/cfg/video_copy_x64P.cfg ...ti.sdo.ce.examples.codecs.videnc_copy.close() ...
NOTE: You can find the complete server data sheet in ./package/info/video_copy.x64P.DataSheet.html
-----------------------------------------------------------------------------------------------
        will link with ti.sdo.ce.examples.codecs.videnc_copy:lib/videnc_copy.a64P
        will link with ti.sdo.ce.examples.codecs.viddec_copy:lib/viddec_copy.a64P
```

由表 4.37 中可以看出，与 Codec 相似，也是先指出了编译时的路径，即 xdcpath.mak 文件中指明的路径；其次指明了链接 videnc_copy.a64P 库文件，路径为 "ti.sdo.ce.examples.codecs.videnc_copy:lib/videnc_copy.a64P"。

这个 make 操作之后，会在当前的目录下生成一个 DSP 端的可执行文件 video_copy.x64P，如表 4.38 所示。

表 4.38　SERVER 端的生成文件

```
[root@localhost evmDM6467]# pwd
/opt/dvsdk_1_40_02_33/codec_engine_2_10_02/examples/ti/sdo/ce/examples/
servers/video_copy/evmDM6467
[root@localhost evmDM6467]# ls
link.cmd            ti_sdo_ce_examples_servers_video_copy_evmDM6467.tar
makefile            package             video_copy              video_copy.tcf
main.c              package.xdc         video_copy.cfg
main.obj            video_copy.x64P     video_copy.x64P.DataSheet.html
```

4.4　小　　结

本章主要对 Server 端的文件以及生成方法进行了描述。在 Server 端最为重要的是.cfg 文件和.tcf 文件，因此对于此文件进行了详细的讲解。其中，.cfg 文件主要对使用的 Module 进行了定义和参数的配置，包括 Codec 端需要的 Module(即 Codec 端具体所包含的所有算法)，还有 DMAN3 和 DSKT2 等的定义和配置，这些具体的 Module 在使用中有不同的功能，可根据需要在此文件中进行设置。*.tcf 文件中值得一提的是对内存的映射。在 DM6467 中默认的内存大小是 256 MB，将这 256 MB 的内存根据需要分配给 Linux、CMEM 和 DDRALGHEAP 等，但是由于算法的不同，对这些内存大小的配置也各不相同，同样的，需要的总内存大小也不一定是 256 MB，因此此处的配置必不可少。同时，应注意内存配置的起始地址，还应该与 loadmodule.sh 文件中关于 CMEM 的起始地址相匹配、相连续，不要出现相邻内存地址覆盖的情况。

　　对于 Server 端的生成方法，对 OMAP3530 和 DM6467 进行了简单的区分和描述。此外，不论是 OMAP3530 还是 DM6467，都可以使用 RTSC 生成 Server 端的 Package，这个与 Codec 端是相类似的。具体使用哪一种方法，开发者可以根据需要自行选择。

第 5 章　Engine 集成和应用者 App

App[24]中定义了各种 Engine 的配置，包括 Engine 的名称、编码/解码器等。对于应用程序是在本地执行还是在远端执行，通过配置脚本即可实现。App 中通过调用各种 API 实现具体算法实例。本章会对这些具体的 API 进行详细的描述，便于读者使用。此外本章针对达芬奇技术中的 Generic Trace Support 模块，也进行了讲解，方便读者调试使用。

5.1　App 里的配置文件

App 端的配置文件主要是指 cfg 文件。cfg 文件需要设置 OSAL 和通信环境 DSPLINK，并声明所使用到的各种 Codec 等。这里声明的 Codec 要和 Server 端声明的 Codec 的路径保持一致。

在 cfg 文件中最重要的就是关于 Engine 的配置，主要有以下两种情况。

5.1.1　ARM 端算法的创建

ARM 端算法即运行在本地 local。使用的函数是 Engine.create()，如表 5.1 所示。

表 5.1　cfg 文件中的 Engine.create

```
/*  ======== Engine Configuration ========  */
var Engine = xdc.useModule('ti.sdo.ce.Engine');

var myEngine = Engine.create("video_copy", [
    {
        name : "videnc_copy",
        mod  : encoder,
        local: true
    },
    {
        name : "viddec_copy",
        mod  : decoder,
        local: true
    }
]);
```

其中的"video_copy"指明了 Engine 的名称，这个名称要和应用程序中使用的 Engine 名称一致；"mod"用来标识实际的算法实现模块；"local"如果为真，算法实例在 ARM 端实现，否则创建 DSP 端的算法实例。

5.1.2 DSP 端算法的创建

DSP 端算法使用的函数是 Engine.createFromServer()，如表 5.2 所示。

表 5.2 cfg 文件中的 Engine.createFromServer

```
/*
 *  ======== Engine Configuration ========
 */
var Engine = xdc.useModule('ti.sdo.ce.Engine');
var myEngine = Engine.createFromServer(
    "video_copy",            // Engine name (as referred to in the C app)
    "./video_copy.x64P",
    "ti.sdo.ce.examples.servers.video_copy.evmDM6467", // server package
);
```

上述例子中不仅指明了 Engine 的名称为 "video_copy"，还指出了 Server 端的可执行文件的名称为 "video_copy.x64P"，以及 Server 的 package 路径为 "ti.sdo.ce.examples.servers.video_copy.evmDM6467"。

5.2 核心 Engine 的 APIs

在 Codec Engine 中，有个核心的模块叫做 Core Engine。应用端使用这个模块打开或关闭 Engine 的实例。对于多线程的应用，可以顺序地访问共享的 Engine 实例，或者为每一个线程创建一个单独的 Engine 实例。此外，还可以通过这个模块得到关于内存使用和 CPU 的相关信息。

5.2.1 Engine_open

打开一个 Engine，函数结构和参数如表 5.3 所示。

表 5.3 Engine_open 函数

Engine_Handle Engine_open(String name, Engine_Attrs * attrs, Engine_Error * ec)

表 5.3 中：
- name 是在 Engine 的配置中已经定义的名称，是一个非空的 string。
- attrs 是关于已打开 Engine 的属性信息。
- ec 是可选的输出错误代码；有以下几种情况：
  - Engine_EOK：表明打开 Engine 成功；
  - Engine_EEXIST：表明 name 不存在；
  - Engine_ENOMEM：表明不能够分配内存；
  - Engine_EDSPLOAD：表明不能够装载 DSP；
  - Engine_ENOCOMM：表明不能创建到 DSP 的通信连接；
  - Engine_ENOSERVER：表明在 DSP 端不能装载 server；

- Engine_ECOMALLOC：表明不能分配通信 buffer。

● 返回值 Handle 可能被用来在指定的 Engine 中创建一个或多个 Codec 实例。Engine 也可能被打开不止一次，但是每一次的打开都会返回一个独一无二的 Handle。Engine Handle 不能同时被多线程访问，每个线程都可以通过 Engine_open 拥有自己的线程，或者顺序地访问一个共享的 Handle。

5.2.2 Engine_close

关闭一个 Engine，函数结构和参数如表 5.4 所示。

表 5.4　Engine_close 函数

```
void Engine_close(Engine_Handle engine)
```

其中的 engine 是 Engine_open 返回的 Handle，并且此时没有其他的 Codec 实例对象正在引用它。

5.2.3　获取内存和 CPU 信息

1. Engine_getUsedMem

Engine_getUsedMem 获得 Server 的全部内存使用信息，其函数结构和参数如表 5.5 所示。

表 5.5　Engine_getUsedMem 函数

```
UInt32 Engine_getUsedMem(Engine_Handle engine)
```

这个函数的返回值是当前使用的内存总量。如果返回值为 0，则可通过 5.2.4 节中提到的函数 Engine_getLastError() 返回以下两种情况：

- Engine_ERUNTIME：内部运行错误或潜在的 Server 错误发生。
- Engine_ENOTAVAIL：内存使用情况无法计算。

2. Engine_getCpuLoad

Engine_getCpuLoad 获得当前时刻的 CPU 使用信息，其函数结构和参数如表 5.6 所示。

表 5.6　Engine_getCpuLoad 函数

```
Int Engine_getCpuLoad(Engine_Handle engine)
```

这个函数的返回值是当前大概在 1 s 的时间范围内的 CPU 的使用情况，如果返回值是负数，则可通过 5.2.4 节中提到的函数 Engine_getLastError() 返回以下两种情况：

- Engine_ERUNTIME：内部运行错误或潜在的 Server 错误发生。
- Engine_ENOTAVAIL：CPU 的负载情况无法计算。

5.2.4　获取算法信息

1. Engine_getAlgInfo

Engine_getAlgInfo 获得 Engine 中已配置的算法的具体信息。函数结构和参数如表 5.7 所示。

表 5.7 Engine_getAlgInfo 函数

Engine_Error Engine_getAlgInfo(String name, Engine_AlgInfo * algInfo, Int index)

这个函数中，algInfo 是存储算法细节信息的结构。在这个结构中，有属性 algInfoSize，这个属性需要在应用时，通过 sizeof(Engine_getAlgInfo)进行设置；index 表示在找寻信息时的算法索引，一般 index 满足的条件为：0＜index＜Engine 中配置的所有算法总数。另外，该函数的返回值有以下几种情况：

- Engine_EOK：成功。
- Engine_EEXIST：name 不存在。
- Engine_ENOTFOUND：index 大于或等于 Engine 中配置的所有算法总数，或者 index 小于 0。
- Engine_EINVAL：algInfoSize 的值和 sizeof(Engine_getAlgInfo)的值不匹配。

2. Engine_getNumAlgs

Engine_ getNumAlgs 获得 Engine 中已配置的算法总数，其函数结构和参数如表 5.8 所示。

表 5.8 Engine_ getNumAlgs 函数

Engine_Error Engine_ getNumAlgs (String name, Int * numAlgs)

这个函数中，numAlgs 表示在这个给定的 Engine 中已经配置的算法总数。返回值包括：

- Engine_EOK：成功。
- Engine_EEXIST：name 不存在。

3. Engine_getLastError

Engine_ getLastError 获得最后一个失败操作的错误代码，其函数结构和参数如表 5.9 所示。

表 5.9 Engine_ getLastError 函数

Engine_Error Engine_ getLastError (Engine_Handle engine)

5.3 VISA 的 APIs

Codec Engine 的工作是通过完成 VISA API 的任务来体现的。VISA API 通常分为四部分，create、control、process 和 delete。函数中所有的参数结构可详见/opt/dvsdk_1_40_02_33/xdais_6_10_01/ packages/ti/xdais/dm 目录下的文件。

5.3.1 创建算法实例——*_create

开发者通过*_create()创建自己的算法实例，其中*可以是 VIDEO 或 AUDIO 等相应编解码模块的名字，例如，VIDENC 或是 AUDDEC。此处以 VIDENC_create 为例。函数的结构和参数如表 5.10 所示。

表 5.10 VIDENC_create 函数

VIDENC_Handle VIDENC_create(Engine_Handle engine, String name, IVIDENC_Params *params)

表 5.10 中，engine 为打开编码引擎时返回的句柄。第三个参数 params 包括初始化算法的相关参数，这些参数可以控制算法的行为。如果不需要这些参数的设置，可以将此值设为 NULL。具体的使用方法如表 5.11 所示。

表 5.11 VIDENC_create 函数示例

```
Engine_Handle ce = NULL;
VIDENC_Handle enc = NULL;
static String encoderName = "videnc_copy";
static String engineName  = "video_copy";
if ((ce = Engine_open(engineName, NULL, NULL)) == NULL) {
        fprintf(stderr, "%s: error: can't open engine %s\n",   progName, engineName);
            goto end;
}
enc = VIDENC_create(ce, encoderName, NULL);
if (enc == NULL) {
        fprintf(stderr, "%s: error: can't open codec %s\n", progName, encoderName);
            goto end;
}
```

此外，create() 函数还可以重新定义算法的优先级。例如，在 Server 端的 cfg 文件中规定了 videnc_copy 的优先级为 MINPRI + 2，如表 5.12 所示。

表 5.12 cfg 文件中的优先级定义

```
Server.algs = [
    {name: "videnc_copy", mod: VIDENC_COPY, threadAttrs: {
        stackMemId: 0, priority: Server.MINPRI + 2}, groupId : 0,
    }
];
```

如果想重置算法的优先级，例如将 videnc_copy 的优先级置为 MINPRI+3，一般会想到修改 cfg 文件中的 Server.algs 数组，如表 5.13 所示。

表 5.13 重置优先级的错误方法

```
Server.algs = [
    {name: "videnc_copy", mod: VIDENC_COPY, threadAttrs: {
        stackMemId: 0, priority: Server.MINPRI + 2}, groupId : 0,
    },
    {name: "videnc_copy_1", mod: VIDENC_COPY, threadAttrs: {
        stackMemId: 0, priority: Server.MINPRI + 3}, groupId : 0,
    }
];
```

但是，实际上，当使用这种方法时，会出现错误，因为根据配置中的 mod 参数这两种 Codec 自动生成的 UUID 是相同的，这两个 Codec 将很难分辨。因此，该方法行不通。所以，可以通过调用 create() 改变优先级，在 name 后通过使用冒号"：", 再加入优先级实现重置，如表 5.14 所示。

表 5.14 通过 create() 函数重置优先级

```
Engine_Handle ce = NULL;
VIDENC_Handle enc = NULL;
VIDENC_Handle enc_1 = NULL;
static String encoderName  = "videnc_copy";
static String engineName    = "video_copy";

ce = Engine_open(engineName, NULL, NULL) ;
enc = VIDENC_create(ce, encoderName, NULL);
enc_1 = VIDENC_create(ce, encoderName:3, NULL);
```

5.3.2 删除算法实例——*_delete

函数的结构和参数如表 5.15 所示。

表 5.15 VIDENC_delete 函数

```
Void VIDENC_delete(VIDENC_Handle handle)
```

应该注意的是，只有当与算法相关的内存片清除后，才可以调用这个函数来删除算法实例。具体使用方法如表 5.16 所示。

表 5.16 VIDENC_delete 函数示例

```
if (enc) {
        VIDENC_delete(enc);
    }
```

5.3.3 控制算法实例——*_control

函数的结构和参数如表 5.17 所示。

表 5.17 VIDENC_control 函数

```
XDAS_Int32  VIDENC_control(VIDENC_Handle  handle, IVIDENC_Cmd  id,
    IVIDENC_DynamicParams *dynParams, IVIDENC_Status *status)
```

表 5.17 中，第一个参数是已经打开的算法实例句柄；第二个参数是整型的命令 id，它定义在 xdm.h 中，主要有表 5.18 中的几种情况。

表 5.18 control 函数的 cmd

typedef enum {	
XDM_GETSTATUS = 0,	/**< 查询算法填充相应的状态结构体 */
XDM_SETPARAMS = 1,	/**< 设置运行时的动态参数 */
XDM_RESET = 2,	/**< 重置算法 */
XDM_SETDEFAULT = 3,	/**< 恢复算法的内部状态值原始状态 * 设置为默认值 */
XDM_FLUSH = 4,	/**< 控制流结束的条件 * 这个命令强制使算法在输出数据时 * 不带额外的输入数据 */
XDM_GETBUFINFO = 5,	/**< 查询算法实例 * 获得输入输出 buffer 的属性信息 */
XDM_GETVERSION = 6	/**< 查询算法的版本 */
} XDM_CmdId;	

第三个参数为需要动态改变的算法配置,比如在 create 中的第三个参数已经为编码器初始化了一些参数,在这里可以对其加以修改;第四个参数是一个结构体变量,表示实例的状态。具体使用方法如表 5.19 所示。

表 5.19 VIDENC_control 函数示例

```
Int32                        status;
VIDENC_DynamicParams         encDynParams;
VIDENC_Status                encStatus;

status = VIDENC_control(enc, XDM_GETSTATUS, &encDynParams, &encStatus);
if (status != VIDENC_EOK) {
    /* 失败后报错,同时退出 */
    GT_1trace(curMask, GT_7CLASS, "encode control status = 0x%x\n", status);
    return;
}
```

5.3.4 处理数据——*_process

函数的结构和参数如表 5.20 所示。

表 5.20 VIDENC_process()函数

```
XDAS_Int32  VIDENC_process(VIDENC_Handle  handle,
        XDM_BufDesc  *inBufs,        XDM_BufDesc   *outBufs,
        IVIDENC_InArgs  *inArgs,     IVIDENC_InArgs  *outArgs)
```

表 5.20 中,第二个和第三个参数是 XDM_BufDesc 类型的结构体,其中包含了内存片段的数目和起始地址以及长度信息等;第四个和第五个参数分别为算法实例提供输入和输

出参数。该函数的具体使用方法如表 5.21 所示。

表 5.21　VIDENC_process 函数示例

VIDENC_InArgs　　　　　　　encInArgs;
VIDENC_OutArgs　　　　　　 encOutArgs;
XDM_BufDesc　　　　　　　　inBufDesc;
XDM_BufDesc　　　　　　　　encodedBufDesc;
status = VIDENC_process(enc, &inBufDesc, &encodedBufDesc, &encInArgs, &encOutArgs);

5.4　Server 的 APIs

Server APIs 供 GPP 使用，使其能够在运行时获得 Server 的信息，并且控制 Server。更确切地说，这些 APIs 允许 GPP 应用程序获得 Server 端配置内存堆的数量、当前内存堆的使用情况及 Server 算法堆的基地址和大小等信息。详细的函数信息可以参见/opt/drsdk_1_40_02_33/codec_engine_2-10_02/packages/ti/sdo/ce 目录下的.c 和.h 文件。

5.4.1　获取 Server 句柄

如果 Engine 要访问 DSP 的 Server，GPP 应用程序需要先通过函数 Engine_getServer() 获得 Server 的 Handle。函数结构和参数如表 5.22 所示。

表 5.22　Engine_getServer 函数

Server_Handle Engine_getServer(Engine_Handle engine)

该函数的具体使用如表 5.23 所示。

表 5.23　Engine_getServer 函数示例

Engine_Handle ce = NULL;
Server_Handle se = NULL;
static String engineName　　= "video_copy";
ce = Engine_open(engineName, NULL, NULL) ;
se = Engine_getServer (ce);

5.4.2　获取内存的 heap 信息

1. Server_getNumMemSegs

GPP 应用程序通过调用 Server_getNumMemSegs 函数获得 Server 配置的内存堆的数量。函数的结构和参数如表 5.24 所示。

表 5.24　Server_getNumMemSegs 函数

Server_Status Server_getNumMemSegs(Server_Handle　server, Int　*numSegs)

函数的返回值为表 5.25 所示的情况。

表 5.25　返回值 Server_Status

```
typedef enum Server_Status {
    Server_EOK              = 0,     /**< 成功 */
    Server_ENOSERVER        = 1,     /**< Engine 没有 server */
    Server_ENOMEM           = 2,     /**< 不能够分配内存 */
    Server_ERUNTIME         = 3,     /**< 内部运行时错误 */
    Server_EINVAL           = 4,     /**< 传递给函数错误的参数值 */
    Server_EWRONGSTATE      = 5,     /**< Server 没有在一个正确的状态
                                       * 不能执行所请求的函数 */
    Server_EINUSE           = 6,     /**< Server 调用失败
                                       * 因为请求的资源正在被使用 */
    Server_ENOTFOUND        = 7,     /**< 一个实体没有被找到 */
    Server_EFAIL            = 8      /**< 不知道是什么错误 */
} Server_Status;
```

该函数的具体使用如表 5.26 所示。

表 5.26　Server_getNumMemSegs()函数示例

```
Engine_Handle ce = NULL;
Server_Handle se = NULL;
Int numSegs;
se = Engine_getServer (ce);
Server_getNumMemSegs(se, &numSegs);
```

2. Server_getMemStat

GPP 应用程序通过调用 Server_getMemStat()函数获得内存中每个堆的统计信息。函数的结构和参数如表 5.27 所示。

表 5.27　Server_getMemStat()函数

```
Server_Status Server_getMemStat (Server_Handle   server, Int  *segNum,
        Server_MemStat  *memStat)
```

其中的 Server_MemStat 是如表 5.28 所示的结构体。

表 5.28　Server_MemStat 结构体

```
typedef struct Server_MemStat {
    Char    name[Server_MAXSEGNAMELENGTH + 1];   /**< 内存堆的名称 */
    Uint32  base;           /**< 内存段的基地址 */
    Uint32  size;           /**< 内存段的初始大小 */
    Uint32  used;           /**< 使用的字节数 */
    Uint32  maxBlockLen;    /**< 最长的连续空闲块的长度 */
} Server_MemStat;
```

该函数的具体的应用实例如表 5.29 所示。

表 5.29 Server_getMemStat 函数示例

```
Server_Handle se = NULL;
Int i, numSegs;
Server_MemStat stat;

Server_getNumMemSegs(se, &numSegs);
for(i = 0; i < numSegs; i++)
{
    Server_getMemStat(se, i, &stat);
}
```

5.4.3 重新配置 Server 端的算法堆

DSP Server 为算法堆专门配置了一个内存段——DDRALGHEAP。主要提供两种方法进行 DSP 算法堆的配置。这两种方法可以动态地分配算法堆，允许 GPP 使用 DSP Server 没有使用的内存做其他用途。

1. Server_redefineHeap()函数

该函数用于重定义算法堆的大小和基地址，相对应的结构和参数如表 5.30 所示。

表 5.30 Server_redefineHeap()函数

Server_Status Server_redefineHeap(Server_Handle server, String name, Uint32 base, Uint32 size)

表 5.30 中，函数传递的 name 是要配置的堆的名称，但需要注意的是，字符长度不应该超过 Server_MAXSEGNAMELENGTH，在 Server.h 中定义的大小如表 5.31 所示。

表 5.31 堆名称与大小

```
/**
 * @brief    在内存段命名时可以使用的最长的字符数
 */
#define Server_MAXSEGNAMELENGTH 32
```

base 地址一定是一个 DSP 的地址，并且要保证 base+size 的内存是一个物理地址连续的内存。值得一提的是，其中的 base 需要一个 8 字节对齐的地址，但是 size 没有严格的对齐的限制，即使是 size 的值为 0，也是可以的。

2. Server_restoreHeap()函数

Server_restoreHeap()函数用于还原其内存的配置。函数的结构和参数如表 5.32 所示。

表 5.32 Server_restoreHeap()函数

Server_Status Server_restoreHeap (Server_Handle server, String name)

对于上述两个函数，有如表 5.33 所示的例子供参考。

表 5.33　Server_redefineHeap 和 Server_restoreHeap 函数示例

```
Engine_Handle         hEngine;
Server_Handle         hServer;
XDAS_Int8             *buf;
Uint32                physAddr;

hEngine = Engine_open("video_copy", NULL, NULL);
hServer = Engine_getServer(hEngine);
/* 为我们的"alg heap"分配一个较大的、物理地址连续的内存段 */
buf = (XDAS_Int8)Memory_contigAlloc(BUFSIZE, ALIGNMENT);

/*将虚拟地址转换为物理地址 */
physAddr = Memory_getBufferPhysicalAddress(buf, BUFSIZE, NULL);

/*重新配置算法堆 */
Server_redefineHeap(hServer, "DDRALGHEAP", physAddr, BUFSIZE);

/*重新配置算法堆至初始状态    */
Server_restoreHeap(hServer, "DDRALGHEAP");

/*释放"alg heap" 的 buffer. */
Memory_contigFree(buf, BUFSIZE);
```

5.5　软件跟踪——GT_trace

使用 Codec Engine 开发 DAVINCI 系统时，最令人困扰的莫过于调试。TI 公司在 Codec Engine 中提供了一套名为 Generic Trace Support[25]的模块，专门用来管理 Debug 信息。应用 TraceUtil 模块可有效地帮助软件跟踪、调试和收集实时数据。TraceUtil 管理三类 Codec 模块产生的跟踪：

● GPP 端的跟踪，描述状态、警告和出错信息。
● DSP 端的跟踪，DSP 端模块可以提供跟踪信息给 GPP 端的 TraceUtil。
● DSP/BIOS 在 DSP 端的日志，DSP/BIOS 提供了 TRC 和 LOG 模块来收集各种 DSP/BIOS 系统事件，如任务切换等信息。

5.5.1　配置 TraceUtil

要使用 GT_Trace，就要对它进行配置。在 TMS320DM6467 中，在 App 端的 ceapp.cfg 文件中有关于 TraceUtil 的配置，如表 5.34 所示。

表 5.34 TraceUtil 的 Module 定义

```
/* 使用 tracing utility 模块 */
var TraceUtil = xdc.useModule('ti.sdo.ce.utils.trace.TraceUtil');
//TraceUtil.attrs = TraceUtil.SOCRATES_TRACING;
```

在 /opt/dvsdk_1_40_02_33/Codec_engine_2_10_02/packages/ti/sdo/ce/utils/trace 目录下有文件 TraceUtil.xdc，可以看到关于 attrs 的具体信息。其中 attrs 的结构如表 5.35 所示。

表 5.35 Attrs 结构体

```
struct Attrs {
        String      localTraceMask;      /*! Local tracing mask */
        String      localTraceFile;      /*! Local tracing file */
        String      dsp0TraceMask;       /*! Server's tracing mask */
        String      dsp0TraceFile;       /*! Server's tracing file */
        String      dsp0BiosFile;        /*! Server's BIOS tracing file */
        String      traceFileFlags;      /*! Flags for fopening trace files */
        Int         refreshPeriod;       /*! Number of ms before two DSP data gets */
        String      cmdPipeFile;         /*! Named pipe to read commands from */
        PipeCmdAlias cmdAliases[];       /*! Any aliases for the pipe commands */
};
```

表 5.34 中采用 "//" 注释的代码是关于 attrs 的设置。Attrs 有以下几种配置：
- NO_TRACING；
- DEFAULT_TRACING；
- SOCRATES_TRACING；
- FULL_TRACING。

其中的 SOCRATES_TRACING 配置的属性组能使 SoC 分析跟踪 DSP/BIOS 日志；而 FULL_TRACING 是为 GPP 和 DSP 使能所有级别的跟踪。

默认的 TraceUtil.attrs 是 DEFAULT_TRACING，设置如表 5.36 所示。

表 5.36 DEFAULT_TRACING 的配置

```
/*
 * 跟踪同时以标准输出打印警告和错误信息
 */
const Attrs DEFAULT_TRACING = {
        localTraceMask:     "*=67",
        localTraceFile:     null,
        dsp0TraceMask:      "*=67",
        dsp0TraceFile:      null,
        dsp0BiosFile:       null,
        traceFileFlags:     null,
        refreshPeriod:      300,
        cmdPipeFile:        "/tmp/cecmdpipe",
        cmdAliases:         [ ],
};
```

5.5.2 GT_trace 的使用

在 GT_trace 使用前，需要定义一个 GT_Mask 对象，它的定义在/opt/dvsdk_1_40_02_33/framework_components_2_10_02/packages/ti/sdo/utils/trace 目录下的 gt.h 文件中，如表 5.37 所示。

表 5.37 GT_Mask 结构体

| typedef struct { |
| String   modName;   /**< 这个 module 实例的名称 */ |
| UInt8   *flags;   /**< 这个实例的当前状态 */ |
| } GT_Mask; |

在源程序中进行如表 5.38 所示的定义。

表 5.38 GT_Mask 类型变量定义

| GT_Mask   curMask = {0, 0}; |

定义之后在 main()函数中即可调用初始化函数，如表 5.39 所示。

表 5.39 GT_Mask 类型变量初始化

| #define MOD_NAME "ti.sdo.ce.examples.apps.video_copy" |
| …… |
| /*创建一个 mask 以允许下面打印 trace 的欢迎信息 */ |
| GT_create(&curMask, MOD_NAME); |
| |
| /* 使 module 支持所有的 trace 等级*/ |
| GT_set(MOD_NAME "=0123456"); |

由表 5.39 可知，给 curMask 设定了名字为 MOD_NAME，而 MOD_NAME 宏定义设置为 "ti.sdo.ce.examples.apps.video_copy"，同时将级别设定为 7 级(0123456)。完成上述的设置之后，就可以使用 GT 模块来输出信息。例如，在 videnc_copy.c 程序中有代码如表 5.40 所示。

表 5.40 GT_trace 的使用

| GT_5trace(curTrace, GT_ENTER, "\n\r\n   VIDENCCOPY_TI_process(|
| 0x%x, 0x%x,"   "0x%x, 0x%x, 0x%x) \n",   h, inBufs, outBufs, inArgs, outArgs); |

运行程序时，在屏幕上会输出如图 5.1 所示的结果。

```
[DSP] @6,393,543tk: [+0 T:0x8fa47774] ti.sdo.ce.examples.codecs.videnc_copy -
[DSP]
[DSP]   VIDENCCOPY_TI_process(0x88000250, 0x8fa49b44, 0x8fa49b50, 0x8fe049b8, 0x8fe049bc)
```

图 5.1 GT_trace 的打印显示

我们从图 5.1 中可以明显看出：第一行中的 "ti.sdo.ce.examples.codec.videhc_copy" 为 MOD_NAME，第三行中的内容为程序中使用 GT_5trace 输出的内容。

此外，我们看到表 5.40 中使用的是 GT_5trace 宏来输出信息，同样，还可以使用表 5.41 中的其他宏来输出信息。

表 5.41 GT_trace 宏定义

#define GT_0trace (mask, classId, format)
#define GT_1trace (mask, classId, format , arg1)
#define GT_2trace (mask, classId, format, arg1, arg2)
#define GT_3trace (mask, classId, format, arg1, arg2, arg3)
#define GT_4trace (mask, classId, format, arg1, arg2, arg3, arg4)
#define GT_5trace (mask, classId, format, arg1, arg2, arg3, arg4, arg5)
#define GT_6trace (mask, classId, format, arg1, arg2, arg3, arg4, arg5, arg6)

上述这些宏中，分别定义了输出 1、2、……、6 个参数的函数，例如，如果我们需要输出两个参数，就可以使用 GT_2trace 打印出两个参数。

但是，当我们在打印 Trace 的信息时，有时希望只是打印出某些信息，而不是打印全部详细的信息，这时我们就需要使用到这些宏中的第二个参数——classId。

在 GT Module 里一共定义了 7 种级别，如表 5.42 所示。

表 5.42 GT Module 的 7 种级别

#define GT_1CLASS	((UInt8)0x02)
#define GT_2CLASS	((UInt8)0x04)
#define GT_3CLASS	((UInt8)0x08)
#define GT_4CLASS	((UInt8)0x10)
#define GT_5CLASS	((UInt8)0x20)
#define GT_6CLASS	((UInt8)0x40)
#define GT_7CLASS	((UInt8)0x80)

表 5.42 中的级别分别表示为：
- GT_1CLASS：表示纯粹的 Debug 信息。
- GT_2CLASS：表示由开发人员指定，告诉使用人员这条信息可能有用。
- GT_3CLASS：表示进入某个模块。
- GT_4CLASS：表示由开发人员指定，告诉使用人员这是比较重要的信息。
- GT_5CLASS：表示标记。
- GT_6CLASS：表示警告。
- GT_7CLASS：表示错误。

此外还单独定义了一个 GT_ENTER，如表 5.43 所示。

表 5.43 GT_ENTER 的宏定义

#define GT_ENTER	((UInt8)0x01)

它表示进入或退出某个函数的报告。

5.6 各类 API 的调用流程

5.6.1 API 调用流程概述

本节的 API 调用流程主要针对调用 DSP 端的算法，同时 DSP 端支持不止一种 Codec。其通用的 API 调用流程如图 5.2 所示。

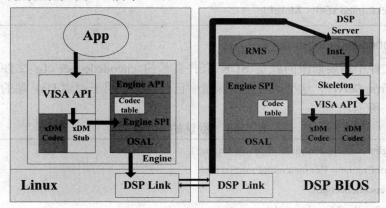

图 5.2　各种 API 调用流程示例

在调用 VISA API 之前，需要在应用程序中通过 Engine_open()函数把 DSP 的可执行程序加载到 DSP 的 memory 中，同时把 DSP 从复位状态释放。这时 DSP 开始运行 DSP Server 的初始化程序。在 DSP 端创建一个优先级最低的任务 RMS(Remote Management Server)，RMS 负责管理和维护对应到具体 Codec 算法的实例。应用程序调用 VISA create API，相应的 VISA create()函数会到 Engine SPI 中的 Codec table 中查到这个 Codec 是否运行在远端 DSP。

接着 Engine SPI 通过 OSAL(Operating System Abstraction Layer)、DSP Link 把 VISA create 的命令传到 DSP 侧的 RMS。RMS 通过 DSP 侧 Engine SPI 的 Codec table 找到要调用的 Codec 算法后，就会在 RMS 中创建一个相应的 Instance(即一个 DSP/BIOS 系统中的任务)。VISA create 会返回一个实例的 Handle，以便给这个实例做后续的 control/process/delete 等操作提供信息。VISA delete 和 VISA create 原理类似，只是 RMS 删除相应的 Codec 算法的实例。

5.6.2 API 调用实例

根据之前章节中提及的内容，在 Codec 和 Server 端已经分别生成了库文件 face_tracing.a64P 和 DSP 端的可执行文件 video_copy.x64P，因此开发人员可以直接在 APP 端调用具体的处理函数来进行相关的操作。

开发人员直接在以下目录中进行修改：

/opt/dvsdk_1_40_02_33/dvsdk_demos_1_40_00_18/dm6467/encodedecode。该目录下有如表 5.44 所示的文件。

表 5.44　APP 端 encodedecode 下的文件

```
[root@localhost encodedecode]# pwd
/opt/dvsdk_1_40_02_33/dvsdk_demos_1_40_00_18/dm6467/encodedecode
[root@localhost encodedecode]# ls
capture.c      display.c    encodedecode              encodedecode.h    main.c     make.log
capture.h      display.h    encodedecode.cfg          encodedecode.txt  main.o     tags
capture.o      display.o    encodedecode_config       video.o           video.h    video.c
loopbackCombo.x64P    Makefile
```

1. 修改 encodedecode.cfg 文件

在 cfg 文件中需要修改的就是 SDK 套件自带的 encodedecode.cfg 文件，其中有函数 Engine.createFromServer，这个函数在第四章中已经讲到，用于创建 DSP 端的算法。默认的函数如表 5.45 所示。

表 5.45　默认的 cfg 文件

```
var Engine = xdc.useModule('ti.sdo.ce.Engine');
var demoEngine = Engine.createFromServer(
    "encodedecode",
    "./loopbackCombo.x64P",
    "ti.sdo.servers.loopback"
);
```

表 5.45 中 Server 端的可执行文件为"loopobackCombo.x64P"，Server 的 package 路径为 "ti.sdo.server.loopback"。这些和本例中的路径不相符，需要做出修改，其中，可执行文件的路径应该是上述在 Server 端修改之后 make 生成的 x64P 文件的路径，package 的路径也需要修改。此文件中正确的函数书写如表 5.46 所示。

表 5.46　修改后的 cfg 文件

```
var Engine = xdc.useModule('ti.sdo.ce.Engine');
var demoEngine = Engine.createFromServer(
    "encodedecode",
    "./video_copy.x64P",
    "ti.sdo.ce.examples.servers.video_copy.evmDM6467"
);
```

2. 修改 video.c 文件

在 main.c 文件中主要有三个线程，分别负责采集、处理和显示，即文件中的 capture、video 和 display。具体的数据处理都在 video.c 文件中。

在 video.c 文件中，首先开发人员可以自定义一个函数名为 videoEncodeAlgCreate(具体的函数名称可以由开发人员自行修改)，将算法实例的创建函数 VIDENC_create 和控制函数

VIDENC_control 封装在其中，如表 5.47 所示(对于封装哪些函数，可以由开发人员自行决定。但是值得注意的是，封装后对函数的调用必须要满足 API 的调用流程)。

表 5.47　自定义的 videoEncodeAlgCreate()函数

```
static int videoEncodeAlgCreate(Engine_Handle hEngine,  VIDENC_Handle *hEncodePtr,
    int width, int height, int bitrate)
{
    VIDENC_DynamicParams    dynamicParams;
    VIDENC_Status           encStatus;
    VIDENC_Params           params;
    VIDENC_Handle           hEncode;
    XDAS_Int32              status;
    params.size = sizeof(VIDENC_Params);
    encStatus.size = sizeof(VIDENC_Status);
    dynamicParams.size = sizeof(VIDENC_DynamicParams);
    hEncode = VIDENC_create(hEngine, "videnc_copy", &params);
    if(hEncode == NULL)
    {
        ERR(" Can't open the encode algorithm: %s\n", "videnc_copy" );
        return FAILURE;
    }
    status = VIDENC_control(hEncode, XDM_GETSTATUS, &dynamicParams, &encStatus);
    if(status != VIDENC_EOK)
    {
            ERR("XDM_SETPARAMS failed, status = %ld\n", status);
            return FAILURE;
    }
    *hEncodePtr = hEncode;
    return SUCCESS;
}
```

其次可以自定义函数 encodeVideoBuffer()，封装 VIDENC_process()函数，如表 5.48 所示。

表 5.48　自定义的 encodeVideoBuffer()函数

```
static int encodeVideoBuffer(VIDENC_Handle hEncode, char *inBuf, int inBufSize,
    char *outBuf, int outBufMaxSize)
{
    XDAS_Int32              inBufSizeArray[1];
    XDAS_Int32              outBufSizeArray[1];
    XDM_BufDesc             outBufDesc;
```

```
        XDAS_Int32              status;
        XDM_BufDesc              inBufDesc;
        VIDENC_InArgs            inArgs;
        VIDENC_OutArgs           outArgs;
        inBufSizeArray[0]       = inBufSize;
        outBufSizeArray[0]      = outBufMaxSize;
        inBufDesc.numBufs       = 1;
        inBufDesc.bufSizes      = inBufSizeArray;
        inBufDesc.bufs          = (XDAS_Int8 **) &inBuf;
        outBufDesc.numBufs      = 1;
        outBufDesc.bufSizes     = outBufSizeArray;
        outBufDesc.bufs         = (XDAS_Int8 **) &outBuf;
        inArgs.size             = sizeof(VIDENC_InArgs);
        outArgs.size            = sizeof(VIDENC_OutArgs);

        status = VIDENC_process(hEncode, &inBufDesc, &outBufDesc, &inArgs, &outArgs);
        if(status != VIDENC_EOK)
        {
            ERR("VIDENC_process() failed with a fatal error, (%ld ext: %#lx)\n",
                    status, outArgs.extendedError);
            return FAILURE;
        }
        return SUCCESS;
}
```

然后要在 videoThrFxn 中调用这两个自定义函数。调用的顺序根据之前讲述的 API 的调用流程, 首先打开 Engine, 然后调用 videoEncodeAlgCreate 函数(即先是算法的 create, 再是算法的具体控制 control), 如表 5.49 所示。

表 5.49　videoEncodeAlgCreate()函数的调用

```
hEngine = Engine_open("encodedecode", NULL, NULL);
if(hEngine == NULL)
{
    ERR("Failed to open codec engine xxxxxx %s\n", "encodedecode--------video.c");
    cleanup(THREAD_FAILURE);
}
if(videoEncodeAlgCreate(hEngine, &videnc_handle, 0, 0, 0) == FAILURE)
{
    printf("failed to create videnc_handle encoder-----------video.c\n");
}
```

第 5 章 Engine 集成和应用者 App

然后在 video 线程获得从 capture 线程传来的 FIFO 之后，调用 encodeVideoBuffer()函数来处理数据(即 process()函数)，如表 5.50 所示。

表 5.50 encodeVideoBuffer()函数的调用

```
if (fifoRet == Dmai_EFLUSH) {
        cleanup(THREAD_SUCCESS);
}

static char *outbuffer = NULL;
outbuffer = Buffer_getUserPtr(hVidBuf);
if(encodeVideoBuffer(videnc_handle, outbuffer, 720*480*2, outbuffer, 720*480*2) == FAILURE)
{
        printf("encodeVideoBuffer failed---------video.c---------\n");
}
```

完成上述操作后，在当前目录下执行 make 命令，有如表 5.51 所示的输出。

表 5.51 APP 端执行 make 命令的部分输出

```
Info: Configuring engine named 'encodedecode' from the info file for DSP server './video_copy.x64P',
        located in package 'ti.sdo.ce.examples.servers.video_copy.evmDM6467':
        Target app will look for the DSP server image 'video_copy.x64P' in its current directory.
        Adding codec 'videnc_copy' (ti.sdo.ce.examples.codecs.videnc_copy.VIDENC_COPY), scratch groupId=0
        Adding codec 'h264enc' (ti.sdo.codecs.h264enc.ce.H264ENC), scratch groupId=0
        Adding codec 'h264dec' (ti.sdo.codecs.h264dec.ce.H264DEC), scratch groupId=1
Info: Reading DSP memory map from the info file for DSP server './video_copy.x64P',
        located in package 'ti.sdo.ce.examples.servers.video_copy.evmDM6467':
ti.sdo.ce.examples.codecs.videnc_copy.close() ...
ti.sdo.ce.utils.trace.close() ...
ti.sdo.ce.utils.trace.validate() ...
        will link with ti.sdo.ce.utils.trace:lib/TraceUtil.a470MV
        will link with ti.sdo.ce.bioslog:lib/bioslog.a470MV
        will link with ti.sdo.simplewidget:lib/simplewidget_dm6467.a470MV
        will link with ti.sdo.dmai:lib/dmai_linux_dm6467.a470MV
        will link with ti.sdo.ce.audio:lib/audio.a470MV
        will link with ti.sdo.ce.speech1:lib/sphdec1.a470MV;lib/sphenc1.a470MV
        will link with ti.sdo.ce.speech:lib/speech.a470MV
        will link with ti.sdo.ce.video2:lib/viddec2.a470MV
```

从表 5.51 中可以看出，App 首先通过 Server 生成的 video.x64P 文件对 Enging 进行配置，包括添加相应的算法，这些算法就是 Server 端 cfg 文件中通过 xdc.useModule 添加的算法；其次就是链接一些其他的库文件，如支持使用 CE_DEBUG 的 TraceUtil.a470MV 文件和支持日志模块的 bioslog.a470MV 文件等。

执行 make 完毕后就可以生成一个 ARM 端的可执行文件，名为 encodedecode，如表 5.52 所示。

表 5.52　APP 端的生成文件

[root@localhost encodedecode]# pwd			
/opt/dvsdk_1_40_02_33/dvsdk_demos_1_40_00_18/dm6467/encodedecode			
[root@localhost encodedecode]# ls			
capture.c	display.c	encodedecode	encodedecode.h
capture.h	display.h	encodedecode.cfg	encodedecode.txt
capture.o	display.o	encodedecode_config	loopbackCombo.x64P
main.c	main.o	makefile	make.log
video.c	video.h	video.o	

这个 ARM 端的可执行文件也是需要拷贝到开发板挂载的文件系统下的。启动开发板后可直接执行这个可执行程序。

3. 可执行程序的执行结果

在调试串口中启动开发板，执行 loadmodule.sh 文件后，即可执行 encodedecode 可执行程序。

通过 DVD 输入的视频格式为 AVI 视频，通过 DM6467 处理之后，由电视进行显示。经过处理后输出的视频截图如图 5.3 所示。

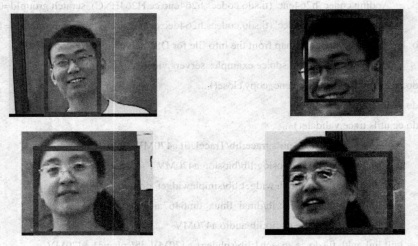

图 5.3　人脸跟踪的结果

如果编译或运行有问题，需要看详细的打印信息，可使用 CE_DEBUG 进行调试。

5.7 小　　结

本章主要对 App 端进行了描述，其中包括配置文件和各类 API 以及 API 的调用流程等。首先，配置文件是指 App 端的.cfg 文件，从此文件中可以确定调用 ARM 端或是 DSP 端的算法，这个文件中指明的 x64P 文件就是第 4 章中在 Server 端生成的可执行文件。其次这里提及的 API 包括 Engine 的 API、VISA 的 API 以及 Server 的 API 等。Engine 的 API 主要用于 Engine 的打开或关闭以及获取参数信息等；VISA 的 API 主要用于算法实例的操作；Server 的 API 主要针对内存的配置，包括堆大小的设置等。此外，本章对 DM6467 中的 Generic Trace Support 模块也进行了描述，有助于开发者进行调试。最后，针对上述提及的所有 API 简述了它们的调用流程并结合第三章和第四章中生成的文件，以实例形式进行了说明，有助于开发人员对 Codec、Server 和 App 三部分的总体理解。

第 6 章 基于 TMS320DM6467 的开发系统演示范例

第三章、第四章和第五章的内容使读者对于达芬奇技术的基本框架有了一定的理解。本章以 H.264 编解码算法为例介绍 DM6467 具体的移植过程,其中包括开发环境的搭建,算法移植的流程和实现过程,以及 UBL、UBOOT、LINUX 内核开发以及硬件系统烧写等内容。通过本章的阅读,读者可以掌握简单算法的开发移植流程,对达芬奇技术也会有更进一步的理解。

6.1 DM6467 硬件开发系统

DM6467 数字媒体处理器集成了一个 ARM926EJ-S 核与 600 MHz 的 C64X + DSP 核,并具有高清视频/影像协处理器(HD-VICP)、视频数据转换引擎等接口。图 6.1 是其内部功能结构框图。

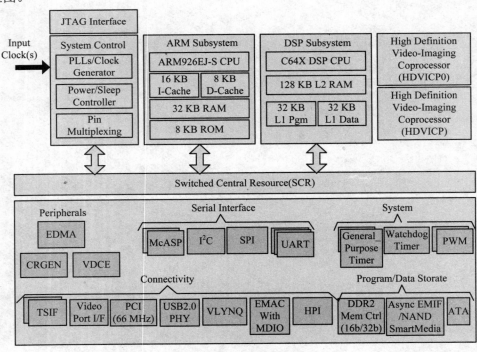

图 6.1 DM6467 功能结构框图

DM6467 的硬件系统(如图 6.2 所示)主要包含以下三部分:
- DVEVM 评估板(便于用户评估 TI 公司新的达芬奇技术和 DM64X 的体系结构,并在

第 6 章　基于 TMS320DM6467 的开发系统演示范例

其上开发自己的算法应用程序)：包括一个集 ARM9+DSP 核的 DaVinci TMS320DM6467 双核处理器。

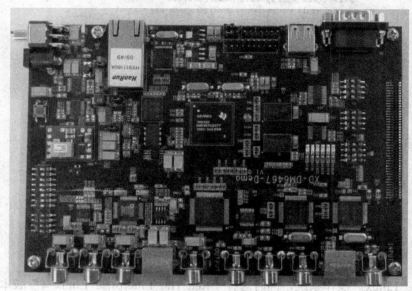

图 6.2　DM6467 开发板

- CCD 摄像头：提供 NTSC 和 PAL 制视频图像。
- LCD 显示器：电缆和电源同时提供。

6.2　DM6467 开发环境搭建

6.2.1　Linux 开发环境的搭建

Linux 服务器搭建[26]建议选择常用的 Linux 发行版本，便于各种资源的搜集。建议采用以下版本的 Linux 发行版：

- Red Hat Enterprise Linux v3；
- Red Hat Enterprise Linux v4；
- Red Hat 9；
- SUSE v10.0 Workstation；
- Fedora Core v7；
- Fedora Core v8；
- Fedora Core v9。

在本章的示例中，采用的是 Red Hat Enterprise Linux v4。值得注意的是，在安装 Linux 系统的过程中，请勿选择安装防火墙。

在安装 Red Hat Enterprise Linux v4 的过程中，需要注意以下几点：

- 在点击安装新的虚拟机后，首先会出现如图 6.3 所示的界面，默认选择"Typical"。

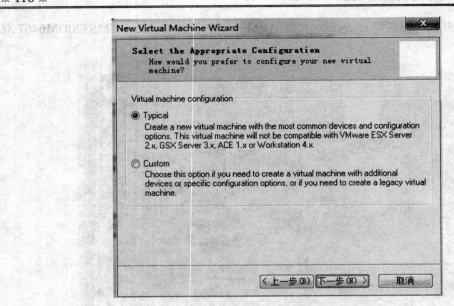

图 6.3　新虚拟机安装界面

● 选择"Linux"操作系统，同时选择"Red Hat Enterprise Linux 4"版本，如图 6.4 所示。

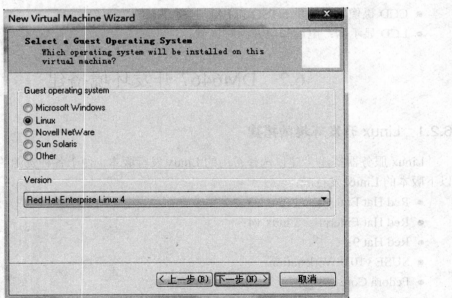

图 6.4　选择虚拟机操作系统

● 安装完成后，在启动前需要对虚拟机进行设置，其中关键的是 CD-ROM 中 "Use ISO image" 时需要选择第一个镜像文件，否则无法启动，如图 6.5 所示。

● 启动后，根据提示，进入配置界面，如图 6.6 所示。

● 在配置防火墙时，默认是"Enable firewall"，需要进行修改，改为"No firewall"，同时为了后续使用方便，建议选择允许"Remote Login(SSH)"，如图 6.7 所示。

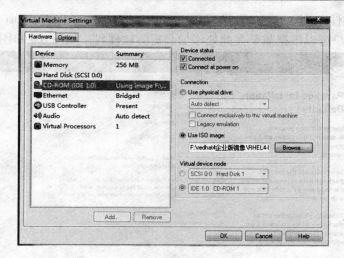

图 6.5　选择镜像文件

图 6.6　红帽配置界面

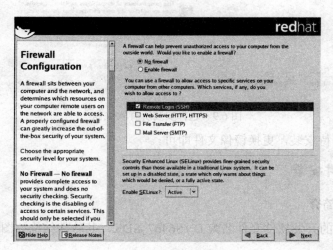

图 6.7　防火墙配置

- 在添加软件包时，建议选择"Customize software packages to be installed"和"Everything"，用户可以根据需要在此处添加必需的软件包，如图6.8和图6.9所示。

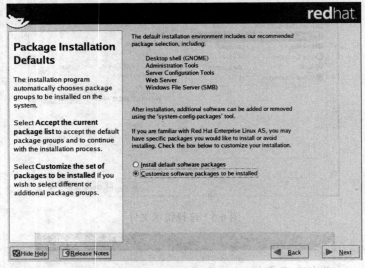

图6.8 用户自定义软件包

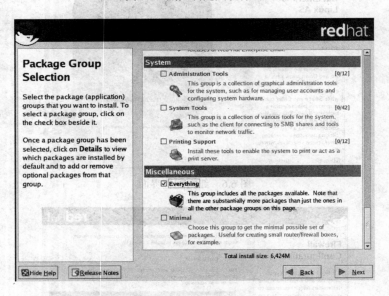

图6.9 选择安装所有软件包

之后，只要等待安装，更换镜像文件即可。

6.2.2 SDK套件安装

1. SDK套件简介

DM6467平台的开发软件套件名为DVS6467_SDK，其软件结构如图6.10所示。

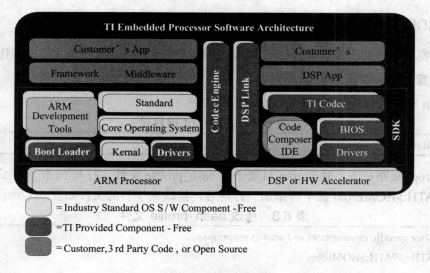

图 6.10　SDK 套件软件概述

该套件将 TI 公司繁琐的安装、配置、各个目录下程序编译器路径的复杂配置等进行简化，很大程度上减少用户的操作，降低开发者的开发难度。

DVS6467 平台的开发软件套件为 DVS6467_SDK.tar.gz。其中包括 ARM 端的交叉编译器、Linux 内核以及目标文件系统开发包、相关软件开发包、Linux 环境的 NFS 文件系统包等。

2. SDK 套件的安装过程

SDK 的安装建议以 root 帐号登录 Linux 服务器，且一直以 root 权限进行所有操作，开发过程也以 root 权限进行开发。

将 SDK 安装到 Linux 服务器的安装步骤如下：

(1) 复制。将开发套件 DVS6467_SDK.tar.gz 复制到 Linux 服务器的/opt 目录下。

(2) 安装。在 Linux 服务器下，进入到/opt 目录，使用表 6.1 中的命令进行解压安装操作。如果没有安装到/opt 目录下，下面提及的相关路径都要和安装的路径相一致。此外，需要修改解压后 dvsdk_1_40_02_33 目录下的 Rules.make 文件，这个文件对于编译路径也有默认的设置。

表 6.1　解压 SDK

#tar –zxvf SEED-DVS6467_SDK.tar.gz

安装过程将所需要的软件安装到/opt 目录下，大概需要 10 分钟左右。安装完成后，在/opt 目录下创建有如下文件夹：

- dvsdk_1_40_02_33：目录下为 DVEVM 与 DVSDK 套件，包括各种 cmem、dsplink、framework components、codec engine、demo 源码等。
- mv_pro_4.0.1：该目录下为 ARM 端的交叉编译、Linux 内核以及目标文件系统。
- nfs：该目录为完整的 NFS 文件系统。

6.2.3 SDK 套件的配置

SDK 安装完毕后仅需对其进行简单的配置即可进行相关示例程序的编译操作。

1. 配置交叉编译器

以 root 账户进行操作，执行的命令如表 6.2 所示。

表 6.2　进入 root 根目录

#cd /root

进入 root 根路径下，修改 root 目录下的.bash_profile 文件，打开.bash_profile 文件，在 PATH=$PATH:$HOME/bin 的下面添加一行内容，修改完毕后的文件如表 6.3 所示。

表 6.3　修改.bash_profile 文件

#User specific environment and startup programs
PATH=$PATH:$HOME/bin
 	
PATH="/opt/mv_pro_4.0.1/montavista/pro/devkit/arm/v5t_le/bin:/opt/mv_pro_4.0.1/montavista/pro/bin:/opt/mv_pro_4.0.1/montavista/common/bin:$PATH"

之后保存退出即可，但是需要重启以生效。

用户可以通过以下的方式测试交叉编译器是否可用，在 Linux 服务器控制台输入如表 6.4 所示的命令。

表 6.4　测试交叉编译器

#arm_v5t_le-gcc

执行命令后，如果安装正常，会显示如表 6.5 所示的信息。

表 6.5　安装正常的显示

am_v5t_le-gcc: no input files

2. 配置 NFS 文件系统服务

需要修改/etc/exports 文件，在文件中添加一行内容，修改完毕后的文件如表 6.6 所示。

表 6.6　修改/etc/exports 文件

/opt/nfs	*(rw,syns,no_root_squash,no_all_squash)

其中的*表示任何一台主机都可以使用此共享目录，rw 表示可以读/写，no_root_squash 表示客户端的 root 映射为 NFS 的 root。

修改完毕保存退出即可。

用户可以通过表 6.7 中的命令启动 NFS 服务。

表 6.7　启动 NFS 服务

#/usr/sbin/exportfs –a #/sbin/service nfs restart

其中第一行命令表示刷新共享目录；第二行命令表示重新启动 NFS 服务。

6.2.4 修改其他文件

如果需要编译整个 dvsdk，完成上述安装配置是不够的，还需要修改 xdcpath.mak 文件和 user.bld 文件。

1. 修改 xdcpath.mak 文件

XDCPAHT 的环境变量是一些含有包的路径，这些路径在创建包时用来定位包。在解压缩之后的 xdcpath.mak 文件中没有对路径进行设置(默认如表 6.8 所示)，所以需要根据自己的版本对这些路径进行设置，修改后如表 6.9 所示。

表 6.8 xdcpath.mak 文件中的默认路径设置

```
CE_INSTALL_DIR              :=
            _your_CE_installation_directory_/codec_engine_2_10_02
XDC_INSTALL_DIR             :=
            _your_XDCTOOLS_installation_directory/xdc_3_00_06
BIOS_INSTALL_DIR            :=
            _your_SABIOS_installation_directory/bios_5_32_01
XDAIS_INSTALL_DIR           :=
            _your_xDAIS_installation_directory/xdais_6_10_01
DSPLINK_INSTALL_DIR         :=
            _your_DSPLink_installation_directory/dsplink-davinci-v1.50-prebuilt
CMEM_INSTALL_DIR            :=  _your_CMEM_installation_directory/cmem_2_10
FC_INSTALL_DIR              :=
            _your_FC_installation_directory/framework_components_2_10_02
BIOSUTILS_INSTALL_DIR       :=  _your_BIOSUTILS_installation_directory/biosutils
CGTOOLS_MVARM9              =
            /db/toolsrc/library/tools/vendors/mvl/arm/mvl4.0-new/montavista/pro/devkit/arm/v5t_le
CC_MVARM9                   = bin/arm_v5t_le-gcc
CGTOOLS_C64P                = /db/toolsrc/library/tools/vendors/ti/c6x/6.0.16/Linux
CC_C64P                     = bin/cl6x
```

表 6.9 修改后的 xdcpath.mak 文件

```
CE_INSTALL_DIR              := /opt/dvsdk_1_40_02_33/codec_engine_2_10_02
XDC_INSTALL_DIR             := /opt/dvsdk_1_40_02_33/xdc_3_00_06
BIOS_INSTALL_DIR            := /opt/dvsdk_1_40_02_33/bios_5_32_01
XDAIS_INSTALL_DIR           := /opt/dvsdk_1_40_02_33/xdais_6_10_01
DSPLINK_INSTALL_DIR         :=
            /opt/dvsdk_1_40_02_33/dsplink-davinci-v1.50-prebuilt
CMEM_INSTALL_DIR            := /opt/dvsdk_1_40_02_33/cmem_2_10
FC_INSTALL_DIR              :=
            /opt/dvsdk_1_40_02_33/framework_components_2_10_02
BIOSUTILS_INSTALL_DIR       := /opt/dvsdk_1_40_02_33/biosutils_1_01_00
CGTOOLS_MVARM9              = /opt/mv_pro_4.0.1/montavista/pro/devkit/arm/v5t_le
CC_MVARM9                   = bin/arm_v5t_le-gcc
CGTOOLS_C64P                = /opt/dvsdk_1_40_02_33/cg6x_6_0_16
CC_C64P                     = bin/cl6x
```

这样的设置可以保证在 make 时找到相应的包。

在执行 make 命令时出现的大多数问题都是因为*_INSTALL_DIR 中某一路径设置错误导致的。设置时不要输入多余的空格，以确保每个路径正确(不同路径之间使用分号隔开)。设置 XDCPATH 环境变量时推荐使用绝对路径，使用相对路径可能会出错。

2. 修改 user.bld 文件

修改 user.bld 文件以指明编译工具的路径。在 user.bld 文件中，有个变量名为 buildTable，开发者可针对个人的需要修改其中的指定目录。例如在本例中，需要用到交叉编译器和包含 DSP 的双 CPU 平台，则我们需要对 ARM 和 DSP 做出如表 6.10 所示的修改。

表 6.10　user.bld 文件中对 ARM 和 DSP 相关路径的设置

```
"Arm":      [{doBuild: true, // standard build for Montavista Linux
              target:    "gnu.targets.MVArm9",
             // MVArm tools. NOTE: make sure the directory you specify has a "bin" subdirectory
             // cgtoolsRootDir:
//"/db/toolsrc/library/tools/vendors/mvl/arm/mvl4.0-new/montavista/pro/devkit/arm/v5t_le",
              cgtoolsRootDir: "/opt/mv_pro_4.0.1/montavista/pro/devkit/arm/v5t_le",
              ……
             }],
"DSP":      [{doBuild: true, // DSP builds
             ///(DSP servers for dual-CPU platforms or full apps for DSP-only platforms)
              target:    "ti.targets.C64P",
             // specify the "root directory" for the compiler tools. NOTE:
             //make sure the directory you specify has a "bin" subdirectory
              //cgtoolsRootDir:
"/db/toolsrc/library/tools/vendors/ti/c6x/6.0.16/Linux",
              cgtoolsRootDir: "/opt/dvsdk_1_40_02_33/cg6x_6_0_16",
              ……
}]
```

6.3　DM6467 开发实例

6.3.1　DM6467 中自带算法库的使用

在 TMS320DM6467 中，有一些自带的算法库，即使用 TMS320DM6467 时，可以直接编写 App 端的应用程序，调用自带算法库中的相关函数。我们从表 6.11 中可以看出，DM6467 中拥有包括 H.264、G711 等在内的算法库。本节我们主要以 H.264 的编解码为例进行详细的描述。

表 6.11　DM6467 中支持的算法库

```
[root@localhost codecs]# pwd
/opt/dvsdk_1_40_02_33/dm6467_dvsdk_combos_1_17/packages/ti/sdo/codecs
[root@localhost codecs]# ls
aacdec    aacenc    g711dec    g711enc    h264dec    h264enc    hdvicp    mpeg2dec
```

1. Codec 端

在 DM6467 中自带的 H.264 算法库主要在如表 6.12 所示的目录中。

表 6.12　DM6467 自带的 H.264 算法库

```
[root@localhost lib]# pwd
/opt/dvsdk_1_40_02_33/dm6467_dvsdk_combos_1_17/packages/ti/sdo/codecs/h264enc/lib
[root@localhost lib]# ls
h264venc_tii_e.l64P    h264venc_tii.l64P
[root@localhost lib]# cd ../../h264dec/lib
[root@localhost lib]# pwd
/opt/dvsdk_1_40_02_33/dm6467_dvsdk_combos_1_17/packages/ti/sdo/codecs/h264dec/lib
[root@localhost lib]# ls
h264vdec_tii_e.l64P    h264vdec_tii.l64P
```

表 6.12 中的库文件可以直接被 Server 端使用，是生成 x64P 文件的。

2. Server 端

在 Server 端，主要分为 encode、decode 和 loopback 三个目录。它们分别负责编码、解码和编解码的三种 x64P 文件的生成。开发人员可以单独实现编码，或者单独实现解码，也可以直接进行编解码后显示。

进入 loopback 目录下，在这个目录中可以直接根据上面提及的算法库 a64P 文件，生成相应的 x64P 文件：loopbackCombo.x64P，如表 6.13 所示。

表 6.13　loopbackCombo.x64P 文件

```
[root@localhost loopback]# pwd
/opt/dvsdk_1_40_02_33/dm6467_dvsdk_combos_1_17/packages/ti/sdo/servers/loopback
[root@localhost loopback]# ls
docs             loopback.cfg     loopbackCombo.x64P_bkup    package.bld      main.c
package.xdc      link.cmd         loopbackCombo.x64P         loopback.tcf     package
package.mak
```

loopbackCombo.x64P 文件的生成是根据 loopback.cfg 文件中的 Server.algs 数组。loopback.cfg 文件中的 Server.algs 数组如表 6.14 所示。从表中可以看出这个 loopbackCombo.x64P 文件只支持 H.264 的编解码算法。

表 6.14 loopback.cfg 文件

```
Server.algs = [
    {name: "h264enc", mod: H264ENC,groupId:0,threadAttrs: {
        stackMemId: 0, priority: Server.MINPRI + 1}
    },
    {name: "h264dec", mod: H264DEC,groupId:1,threadAttrs: {
        stackMemId: 0, priority: Server.MINPRI + 1}
    },
];
```

因此生成的 loopbackCombo.x64P 文件可以直接供 App 端使用来实现 H.264 算法。

3. App 端

App 端的主要操作在/opt/dvsdk_1_40_02_33/dvsdk_demos_1_40_00_18/dm6467 目录下，这个目录下和 Server 端相对应的也有 encode、decode 和 encodedecode 三个目录，我们进入 encodedecode 目录中进行 App 端的实现。

在上述的目录下，首先处理 encodedecode.cfg 文件，如表 6.15 所示。我们可以看出，在调用 Engine.createFromServer 时，使用的 x64P 文件就是在 Server 端生成的 loopbackCombo.x64P 文件，包路径对应的就是 loopback 文件夹所在路径。

表 6.15 encodedecode.cfg 文件

```
var demoEngine = Engine.createFromServer(
    "encodedecode",
    "./loopbackCombo.x64P",
    "ti.sdo.servers.loopback"
);
```

其次，就是算法在 video.c 文件中的具体调用。函数的调用流程如图 6.11 所示。

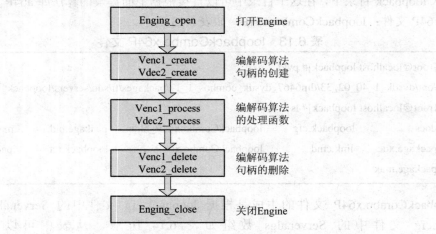

图 6.11 vidoe.c 文件中的函数调用流程

vidoe.c 这个文件中的函数调用流程与 5.6 节中的 API 调用流程是相统一的。其中编码和解码对应的函数分别以 Venc1 和 Vdec2 作为前缀,这个数字的不同表明调用不同的函数。编解码都包括 Vdec2、Vdec、Venc1、Venc。每一种对应的函数在参数上都略有不同。例如 Venc_create 函数调用时的第三和第四个参数分别为 VIDENC_Params 和 VIDENC_DynamicParams,而 Venc1_create 函数调用时的第三和第四个参数分别为 VIDENC1_Params 和 VIDENC1_DynamicParams。这两组结构体中的参数个数不一样,其中的 VIDENC_Params 和 VIDENC1_Params 如表 6.16 所示。开发人员根据进行区分,选择相应的函数。

表 6.16 VIDENC_Params 和 VIDENC1_Params 对应结构体

```
typedef struct IVIDENC_Params VIDENC_Params;
typedef struct IVIDENC_Params {
        XDAS_Int32 size;
        XDAS_Int32 encodingPreset;
        XDAS_Int32 rateControlPreset;
        XDAS_Int32 maxHeight;
        XDAS_Int32 maxWidth;
        XDAS_Int32 maxFrameRate;
        XDAS_Int32 maxBitRate;
        XDAS_Int32 dataEndianness;
        XDAS_Int32 maxInterFrameInterval;
        XDAS_Int32 inputChromaFormat;
        XDAS_Int32 inputContentType;
} IVIDENC_Params;


typedef struct IVIDENC1_Params VIDENC1_Params;
typedef struct IVIDENC1_Params {
        XDAS_Int32 size;
        XDAS_Int32 encodingPreset;
        XDAS_Int32 rateControlPreset;
        XDAS_Int32 maxHeight;
        XDAS_Int32 maxWidth;
        XDAS_Int32 maxFrameRate;
        XDAS_Int32 maxBitRate;
        XDAS_Int32 dataEndianness;
        XDAS_Int32 maxInterFrameInterval;
        XDAS_Int32 inputChromaFormat;
        XDAS_Int32 inputContentType;
        XDAS_Int32 reconChromaFormat;
} IVIDENC1_Params;
```

完成函数的调用后就可以执行 make 命令，生成 App 端的可执行程序，就是该目录下的 encodedecode 文件。执行这个可执行程序，就可以实现将输入视频经过编解码后由电视进行显示输出。

6.3.2 算法的实现过程

1. 执行所需的文件

在 SDK 套件安装配置完毕后，可以执行 make install 命令，在/opt/nfs/opt 目录下生成一个名为 dvsdk 的文件夹。开发者在实现自己的算法时，需要把 DSP 和 ARM 端的可执行文件、内核文件等必需的内容全部拷贝到这个目录下。

例如，针对 CMEM 模块，在 Linux 服务器的控制台下，进行如表 6.17 所示的操作，对 CMEM 模块进行编译，生成 Cmemk.ko 文件。Cmemk.ko 在当前目录下的 src/module 中，开发者需要将 Cmemk.ko 等内核文件和其他测试文件拷贝到挂载的文件系统目录下，即 dvsdk 文件夹中。

表 6.17　cmemk.ko 文件的生成

```
# cd /opt/dvsdk_1_40_02_33/cmem_2_10/packages/ti/sdo/linuxutils/cmem
# make all
#make install
```

在本例中，需要把以下文件拷贝到该目录下。
- cmemk.ko：负责内存分配的模块，GPP 应用程序通过 CMEM 获得物理地址连续的 Buffer。
- dsplinkk.ko：负责 DSP Link 的配置和链接驱动。
- loadmodules.sh：模块装载脚本文件，通过执行该文件，完成模块装载。
- video_copy.x64P：DSP 端的可执行文件，是在 Server 端 make 之后生成的文件。
- encodedecode：ARM 端的可执行文件，是在 App 端 make 之后生成的文件。其中的 cmemk.ko、dsplinkk.ko 和 loadmodules.sh 文件都位于以下目录中：/opt/dvsdk_1_40_02_33/codec_engine_2_10_02/examples/apps/system_files/davinci/DM6467 中。

值得特别注意的文件是 loadmodules.sh，在这个文件中，不仅规定了 CMEM 内存的起止地址，同时根据算法的需要，对 CMEM 的总体内存还进行了分配，分成了数量和大小不一的 pool。这些 pool 的大小和数量是根据算法中需要的 Buffer 计算得到的。如果设置的参数不合理，在执行程序时，会出现找不到 pool 等问题。

2. 执行前的配置

在执行程序、连接开发板之前，还需要进行执行前的配置。
(1) 关闭防火墙以及配置 IP 地址。使用 setup 命令进入如图 6.12 所示的界面并进行配置。
① 选择"防火墙配置"，关闭防火墙，如图 6.13 所示。
② 选择"网络配置"，配置相应的 IP 地址，如图 6.14 所示。

第6章 基于TMS320DM6467的开发系统演示范例

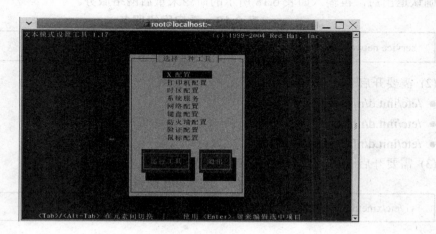

图 6.12 配置进入界面

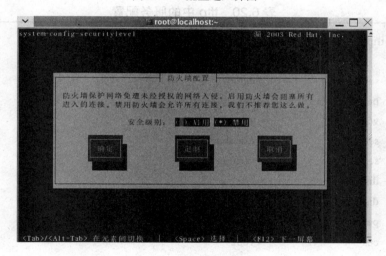

图 6.13 防火墙配置界面

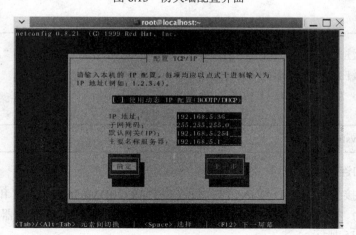

图 6.14 TCP/IP 配置界面

确认退出后,再输入如表 6.18 所示的命令来重启网络服务。

表 6.18　重启网络服务

service network restart

(2) 需要开启 nfs。依次使用如下命令开启 nfs:
- /etc/init.d/nfs status;
- /etc/init.d/nfs start;
- /etc/init.d/nfs restart。

(3) 需要开启 tftp。使用如表 6.19 所示命令进入文件。

表 6.19　进入 tftp 配置文件

vi /etc/xinetd.d/tftp

需要修改默认的 disable 配置,如表 6.20 所示。

表 6.20　tftp 中的服务配置

service tftp		
{		
	socket_type	= dgram
	protocol	= udp
	wait	= yes
	server	= /usr/sbin/in.tftpd
	server_args	= -s /tftpboot
	disable	= no
#	disable	= yes
	per_source	= 11
	cps	= 1002
	flags	= IPv4
}		

在这里需要注意的是,注释行使用的是"#",不是常用的"//"或是"/*…*/"的形式,不同的文件应该注意区分注释的方法。

修改完成后,输入如表 6.21 所示的命令来重启服务。

表 6.21　重启 tftp 服务

/etc/init.d/vsftpd restart

3. 开发板的连接

开发板的连接主要包括 DAVINCI 开发板(含 TMS320DM6467 的 DSP 和 ARM 的双核芯片及丰富的外设)、CCD 摄像头(此处我们以 DVD 作为输入)、LCD 显示器和串口线等。具体连接图如图 6.15 所示。

第 6 章　基于 TMS320DM6467 的开发系统演示范例

图 6.15　开发板、LCD 和 DVD 的连接

4. 程序执行的流程

将所有必需的文件拷贝完成之后，打开 ZOC(终端模拟器)，启动开发板，进入挂载的文件目录：/opt/dvsdk，并按照以下顺序依次执行，即可实现 H.264 的编解码算法。

- ./loadmodules.sh(执行之后，如果想查看装载的情况，可以使用 lsmod 命令进行查看)。
- ./encodedecode。

输入文件是通过 DVD 读入的 avi 文件，经过开发板处理，进行 H.264 编解码后由电视进行输出播放的。开发板启动状态如图 6.16 所示，其输出结果如图 6.17 所示。

图 6.16　DM6467 开发板启动状态

 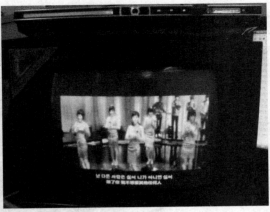

图 6.17　H.264 编解码输出

6.4　DM6467 UBL、UBOOT 及 Linux 内核开发

嵌入式系统一般没有通用的 Boot Loader。Boot Loader 代码是芯片复位后进入操作系统之前执行的一段代码，主要用于完成由硬件启动到操作系统启动的过渡，从而为操作系统提供基本的运行环境，如初始化 CPU、堆栈和存储器系统等。Boot Loader 代码与 CPU 芯片的内核结构、具体型号、应用系统的配置及使用的操作系统等因素有关，其功能类似于 PC 机的 BIOS 程序。由于 Boot Loader 和 CPU 及电路板的配置情况有关，因此不可能有通用的 Boot Loader，开发时需要用户根据具体情况进行移植。嵌入式 Linux 系统中常用的 Boot Loader 有 armboot、redboot、blob、UBOOT 等，其中 UBOOT[27] 是当前比较流行、功能比较强大的 Boot Loader，可以支持多种体系结构。

6.4.1　UBL 代码和相关配置

1. UBL 简介

UBL(User Boot Loader)并不在开发板上，是由 RBL(ROM Boot Loader，位于开发板上)启动的，常被称为"一级 UBOOT"。

系统复位后，保存在片内 ROM 中的 RBL 程序开始运行，RBL 程序根据 BTSEL[0-3] 管脚的电平来判断相应的启动方式。[00]表明是 NAND 启动方式，RBL 程序便从外接 NAND Flash 中读取 UBL 的数据到内部 RAM 中(UBL 最大可达 14 KB)，然后转至 UBL 代码运行；[01]表明是 EMIFA 启动方式，RBL 则直接转至 EMIFA EM_CS2 memory space 处开始运行，EMIFA 的数据和地址总线宽度分别由 EM_WIDTH 和 AEAW[4:0]引脚决定；[10]表明是 HPI 启动方式，RBL 通过 HPI 传输代码获得 UBL，然后转至 UBL 代码处运行；[11]表明是 UART 启动方式，RBL 通过 UART0 传输代码获得 UBL，然后转至 UBL 代码处运行。第一、三、四种方式都是 RBL 将 UBL 下载到 ARM RAM0 和 ARM RAM1(0x0~0x3fff，共 16 KB)中，然后转至 UBL 开始运行。DSP 是自引导还是由 ARM 引导由 DSP_BT 引脚电平决定，如果为高则自引导，如果为低则由 ARM 引导。

2. UBL 的实现

UBL 按照名为 ubl.c 文件的内容执行，主要实现的功能如下：
- 硬件设备初始化；
- 加载 UBOOT 的代码到 RAM；
- 设置栈大小等内容；
- 跳转到 UBOOT 代码入口。

其代码流程图如图 6.18 所示。

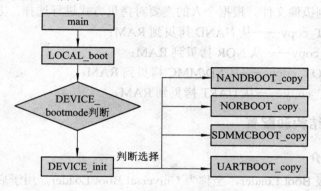

图 6.18 ubl.c 代码流程图

ubl.c 文件的 main() 函数之后就是一个 LOCAL_boot 函数，这个函数调用真正的 Boot 代码，其中需要提及的一个是 bootmode 的判断，另一个就是 DEVICE_init 函数。main() 函数的主要流程如下：

（1）进行模式判断。调用函数 DEVICE_bootmode，如果启动模式为 DEVICE_BOOTMODE_UART，需要等待直到 RBL 完成；之后会有一些关于频率的打印信息，即在启动开发板时显示的打印信息，如表 6.22 所示。

表 6.22 频率打印信息

```
static Uint32 LOCAL_boot(void) {
    ……
    DEBUG_printString("\r\nARM & DDR clock select menu:\r\n");
#if defined(IPNC_DM368) || defined(DM368_EVM)
    DEBUG_printString("0: 297MHz arm, 270MHz ddr\r\n");
#else
    DEBUG_printString("0: 297MHz arm, 270MHz ddr (default)\r\n");
#endif
    DEBUG_printString("1: 270MHz arm, 216MHz ddr\r\n");
    DEBUG_printString("2: 216MHz arm, 171MHz ddr\r\n");
#if defined(IPNC_DM368) || defined(DM368_EVM)
    DEBUG_printString("3: 432MHz arm, 340MHz ddr (default)\r\n");
#endif
    DEBUG_printString("\r\nWhat's your selection:");
    DEBUG_readChar(&input);
    ……
}
```

(2) 调用 DEVICE_init 函数。其中是关于平台的初始化，主要包括：
- DEVICE_PLL1Init；
- DEVICE_PLL2Init；
- DEVICE_DDR2Init；
- DEVICE_EMIFInit；
- DEVICE_UART1Init；
- DEVICE_I2C0Init。

(3) 拷贝二进制镜像文件。根据个人的需要对拷贝方式进行选择，方式主要有：
- NANDBOOT_copy——从 NAND 拷贝到 RAM；
- NORBOOT_copy——从 NOR 拷贝到 RAM；
- SDMMCBOOT_copy——从 SD/MMC 拷贝到 RAM；
- UARTBOOT_copy——从 UART 拷贝到 RAM。

6.4.2 UBOOT 结构和配置

1. UBOOT 简介

UBOOT 是二级 Boot Loader，全称为 Universal Boot Loader，用于启动 Linux 内核。主要功能是完成硬件设备的初始化、操作系统代码的搬运，并提供一个控制台及一个命令集来在操作系统运行前操控硬件设备。

2. UBOOT 的实现过程

UBOOT 的启动主要分为两个阶段。

第一个阶段所执行的程序是用汇编语言实现的，实现的程序在名为 start.S 的文件中，主要的流程如图 6.19 所示。

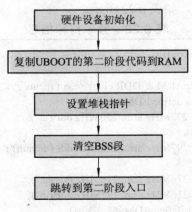

图 6.19　start.S 文件流程图

(1) 硬件设备初始化：包括异常向量、CPU、MMU、Cache、时钟系统、SDRAM 控制器等的设置和初始化。

以下主要以异常向量的设置、CPU、MMU 和 Cache 的设置为例介绍硬件初始化过程。
- 异常向量表设置。ARM 异常向量表中的各个异常向量按表 6.23 所示进行设置。

表 6.23 ARM 异常向量表

地址	异常	进入模式	描述
0x00000000	复位	管理模式	复位电平有效时，产生复位异常，程序跳转到复位处理程序处执行
0x00000004	未定义指令	未定义模式	遇到不能处理的指令时，产生未定义指令异常
0x00000008	软件中断	管理模式	执行 SWI 指令产生，用于用户模式下的程序调用特权操作指令
0x0000000c	预存指令	中止模式	处理器预取指令的地址不存在，或该地址不允许当前指令访问时，产生指令预取中止异常
0x00000010	数据操作	中止模式	处理器数据访问指令的地址不存在，或该地址不允许当前指令访问时，产生数据中止异常
0x00000014	未使用	未使用	未使用
0x00000018	IRQ	IRQ	外部中断请求有效，且 CPSR 中的 I 位为 0 时，产生 IRQ 异常
0x0000001c	FIQ	FIQ	快速中断请求引脚有效，且 CPSR 中的 F 位为 0 时，产生 FIQ 异常

当一个异常产生时，CPU 根据异常号在异常向量表中找到对应的异常向量，然后执行异常向量处的跳转指令，CPU 就跳转到对应的异常处理程序处执行。

● CPU 模式设置。进入 SVC 模式，按表 6.24 所示进行设置，主要实现两个功能：一个是屏蔽了外部中断 IRQ 和快速中断 FIQ；另一个是把系统设置为 SVC32 模式。

表 6.24 CPU 的设置

```
mrs    r0,cpsr
bic r0,r0,#0x1f
orr r0,r0,#0xd3
msr    cpsr,r0
```

● MMU 和 Cache 设置。按表 6.25 所示，使 Cache 和 TLB 的内容无效，同时关闭 MMU。

表 6.25 MMU、Cache 设置

```
#ifndef CONFIG_SKIP_LOWLEVEL_INIT
cpu_init_crit:
    /* flush v4 I/D caches*/
    mov  r0, #0
    mcr   p15, 0, r0, c7, c7, 0    /* flush v3/v4 cache */
    mcr   p15, 0, r0, c8, c7, 0    /* flush v4 TLB */
```

```
        /* disable MMU stuff and caches*/
        mrc    p15, 0, r0, c1, c0, 0
        bic    r0, r0, #0x00002300    /* clear bits 13, 9:8 (--V- --RS) */
        bic    r0, r0, #0x00000087    /* clear bits 7, 2:0 (B--- -CAM) */
        orr    r0, r0, #0x00000002    /* set bit 2 (A) Align */
        orr    r0, r0, #0x00001000    /* set bit 12 (I) I-Cache */
        mcr    p15, 0, r0, c1, c0, 0

        /* 设置内存和开发板的指定位来实现重定位 */
        mov    ip, lr                 /* perserve link reg across call */
        bl     lowlevel_init          /* go setup pll,mux,memory */
        mov    lr, ip                 /* restore link */
        mov    pc, lr                 /* back to my caller */
#endif                                /* CONFIG_SKIP_LOWLEVEL_INIT */
```

(2) 重定位 UBOOT 到 RAM。按表 6.26 所示进行重定位。其中最为重要的是 copy_loop：该段代码首先从地址为[r0]的 NOR Flash 中读入 8 个字的数据，再将 r3 至 r10 寄存器的数据复制给地址为[r1]的内存。

表 6.26 UBOOT 的重定位

```
relocate:                            /* relocate U-Boot to RAM         */
    adr    r0, _start                /* r0 <- current position of code */
    ldr    r1, _TEXT_BASE            /* test if we run from flash or RAM */
    cmp    r0, r1                    /* don't reloc during debug       */
    beq    stack_setup
    ……
copy_loop:
    ldmia  r0!, {r3-r10}             /* copy from source address [r0]  */
    stmia  r1!, {r3-r10}             /* copy to    target address [r1] */
    cmp    r0, r2                    /* until source end addreee [r2]  */
    ble    copy_loop
```

(3) 分配堆栈空间，设置堆栈指针。只要将 sp 指针指向一段没有被使用的内存就可以完成栈的设置，如表 6.27 所示。

表 6.27 堆 栈 设 置

```
stack_setup:
    ldr    r0, _TEXT_BASE                         /* upper 128 KB: relocated uboot */
    sub    r0, r0, #CFG_MALLOC_LEN      /* malloc area    */
    sub    r0, r0, #CFG_GBL_DATA_SIZE   /* bdinfo         */
#ifdef CONFIG_USE_IRQ
    sub    r0, r0, #(CONFIG_STACKSIZE_IRQ+CONFIG_STACKSIZE_FIQ)
#endif
    sub    sp, r0, #12                             /* leave 3 words for abort-stack */
```

(4) 清零 BSS 数据段。初始值为 0、无初始值的全局变量和静态变量被自动放在 BSS 段。这些变量的初始值是一个随机的值，若有些程序直接使用这些没有初始化的变量将引起未知的后果，因此需要对 BSS 端进行清零，如表 6.28 所示。

表 6.28 BSS 段清零

```
clear_bss:
    ldr    r0, _bss_start         /* find start of bss segment */
    ldr    r1, _bss_end           /* stop here */
    mov    r2, #0x00000000        /* clear    */
clbss_l:str    r2, [r0]           /* clear loop... */
    add    r0, r0, #4
    cmp    r0, r1
    ble    clbss_l
```

(5) 跳转到第二阶段的入口函数：start_armboot()，如表 6.29 所示。

表 6.29 UBOOT 第二阶段入口函数

```
    ldr    pc, _start_armboot
_start_armboot:
    .word start_armboot
```

第二阶段的执行程序是用 C 语言编写的。执行的内容即上述 start_armboot 函数，在 uboot 目录下的 lib_arm/board.c 文件中定义，是 UBOOT 第二阶段代码的入口。第二阶段代码的流程图如图 6.20 所示。

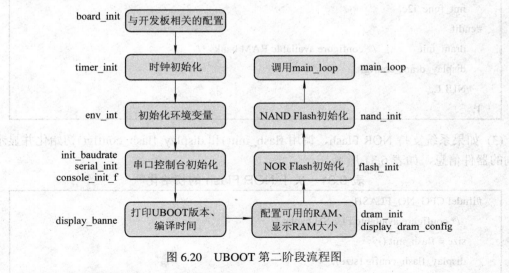

图 6.20 UBOOT 第二阶段流程图

在 start_armboot 函数中，主要的流程如下：

(1) 为 UBOOT 内部私有数据分配存储空间，并清零。

(2) 依次调用函数指针数组 init_sequence 中定义的函数，进行一系列的初始化，如表 6.30 所示，其中包括 board_init(timer_init 位于 board_init 函数中)和 serial_init 等函数。

表 6.30　init_sequence 数组

```
init_fnc_t *init_sequence[] = {
    cpu_init,              /* basic cpu dependent setup */
#if defined(CONFIG_SKIP_RELOCATE_UBOOT)
    reloc_init,            /* Set the relocation done flag, must
                            * do this AFTER cpu_init(), but as soon as possible */
#endif
    board_init,            /* basic board dependent setup */
    interrupt_init,        /* set up exceptions */
    env_init,              /* initialize environment */
    init_baudrate,         /* initialze baudrate settings */
    serial_init,           /* serial communications setup */
    console_init_f,        /* stage 1 init of console */
    display_banner,        /* say that we are here */
#if defined(CONFIG_DISPLAY_CPUINFO)
    print_cpuinfo,         /* display cpu info (and speed) */
#endif
#if defined(CONFIG_DISPLAY_BOARDINFO)
    checkboard,            /* display board info */
#endif
#if defined(CONFIG_HARD_I2C) || defined(CONFIG_SOFT_I2C)
    init_func_i2c,
#endif
    dram_init,             /* configure available RAM banks */
    display_dram_config,
    NULL,
};
```

(3) 如果系统支持 NOR Flash，调用 flash_init()和 display_flash_config()初始化并显示检测到的器件信息，如表 6.31 所示。

表 6.31　关于 NOR Flash 的初始化

```
#ifndef CFG_NO_FLASH
    /* configure available FLASH banks */
    size = flash_init ();
    display_flash_config (size);
#endif                                 /* CFG_NO_FLASH */
```

(4) 如果系统支持 LCD 或 VFD，如表 6.32 所示，调用 lcd_setmem()或 vfd_setmem()计算帧缓存(FrameBuffer)大小，然后在 BSS 数据段之后为 FrameBuffer 分配空间，初始化

gd->fb_base 为 FrameBuffer 的起始地址。

表 6.32 关于 LCD 或 VFD 的配置

```
#ifdef CONFIG_VFD
    /* reserve memory for VFD display (always full pages) */
    /* bss_end is defined in the board-specific linker script */
    addr = (_bss_end + (PAGE_SIZE–1)) & ~(PAGE_SIZE–1);
    size = vfd_setmem (addr);
    gd->fb_base = addr;
#endif /* CONFIG_VFD */

#ifdef CONFIG_LCD
    /* board init may have inited fb_base */
    if (!gd->fb_base) {
        /* reserve memory for LCD display (always full pages) */
        /* bss_end is defined in the board-specific linker script */
        addr = (_bss_end + (PAGE_SIZE–1)) & ~(PAGE_SIZE–1);
        size = lcd_setmem (addr);
        gd->fb_base = addr;
    }
#endif /* CONFIG_LCD */
```

(5) 调用 mem_malloc_init()进行存储分配系统(类似于 C 语言中的堆)的初始化和空间分配。

(6) 如果系统支持 NAND Flash，调用 nand_init ()进行初始化，如表 6.33 所示。

表 6.33 nand_init 函数调用

```
#if defined(CONFIG_CMD_NAND)
    puts ("NAND:   ");
    nand_init();          /* go init the NAND */
#endif
```

(7) 如果系统支持 DataFlash，调用对应函数进行初始化并显示检测到的器件信息。

(8) 调用 env_relocate()进行环境变量的重定位，即从 Flash 中搬移到 RAM 中。如果系统支持 VFD，调用 drv_vfd_init()进行 VFD 设备初始化。

(9) 从环境变量中读取 IP 地址和 MAC 地址，初始化 gd->bd-> bi_ip_addr 和 gd->bd->bi_enetaddr。

(10) 调用 jumptable_init()进行跳转表初始化。

(11) 调用 console_init_r()进行控制台串口初始化。

(12) 如果需要，调用 misc_init_r()进行杂项初始化。

(13) 调用 enable_interrupts()打开中断，如表 6.34 所示。

表 6.34 jumptable_init、console_init_r、misc_init_r 和 enable_interrupts 的调用

```
    jumptable_init ();
    console_init_r ();/* fully init console as a device */
#if defined(CONFIG_MISC_INIT_R)
    misc_init_r ();         /* miscellaneous platform dependent initialisations */
#endif
    /* enable exceptions */
    enable_interrupts ();
```

(14) 如果需要，调用 board_late_init()进行开发板后期初始化，在这里主要是以太网初始化；

(15) 进入主循环：根据用户的选择启动 Linux，或者进入循环执行用户输入的命令，如表 6.35 所示。

表 6.35 main_loop 函数调用

```
    for (;;) {
        main_loop ();
    }
```

对于不同的开发板，第二阶段的执行代码大都相对变化不大，应针对开发板的不同改变调用一些初始化函数，并且通过设置一些宏定义来改变初始化的流程，所以这些代码在移植的过程中并不需要修改，而 board.c 文件也是出现错误相对较少的文件。在文件的开始先定义了一个函数指针数组，程序通过这个数组的一个循环来按顺序进行常规的初始化，并在其后通过一些宏定义来初始化一些特定的设备。在最后程序进入一个循环，即 main_loop。这个循环接收用户输入的命令，以设置参数或者进行启动引导。

3. UBOOT 环境变量的设置

UBOOT 中的环境变量 bootcmd 和 bootargs 是值得特别注意的。

bootcmd 定义了自动启动时默认执行的一些命令，因此可以在当前环境中定义各种不同配置，进行不同环境的参数设置。例如可以有如表 6.36 所示的配置。

表 6.36 bootcmd 配置

```
DM6467 EVM:>setenv bootcmd 'tftp 0x80700000 uImage;bootm 0x80700000'
```

其中的 bootm 常用于引导操作系统镜像，从镜像中获得相关的信息，包括操作系统类型、image 压缩文件和入口地址等。bootm 将 image 文件下载到指定的内存地址，如果需要，还会将该 image 文件解压。

bootargs 是环境变量中最重要的,可以说整个环境变量都是围绕这个 bootargs 来设置的。例如，进行如表 6.37 所示的配置。

表 6.37　bootargs 设置

DM6467 EVM:>setenv bootargs 'mem=80M console=ttyS0,115200n8 noinitrd root=/dev/nfs nfsroot=192.168.0.106:/opt/nfs ip=192.168.0.17:192.168.0.106:192.168.0.1:255.255.255.0::eth0:off

其中：
- mem：指定 Linux 操作系统内存的大小。
- console：通常表示为 console=ttyS<n>，表示使用特定的串口<n>。
- noinitrd：通常表示没有使用 ramdisk 启动系统。如果使用了 ramdisk，此处就需要指定 initrd=r_addr,size，其中的 r_addr 表示 initrd 在内存中的位置，size 则表示 initrd 的大小。
- root：用于指定 rootfs 的位置，此处为/dev/nfs，表示文件系统是 nfs 文件系统。指定 root 后，还需要指定 nfsroot，即指明文件系统是在哪个主机的哪个目录下面，一般表示为 nfsroot=serverip:nfs_dir。
- ip：指定系统启动之后网卡的 IP 地址，如果使用的是 nfs 文件系统，必须要有这个参数，通常表示为 ip=ip_addr:server_ip_addr:gateway:netmask::which netcard:off。其中需要注意的是 which netcard 指开发板上的网卡，而不是主机上的网卡。

6.4.3　Linux 内核开发

1. Linux 内核编译配置

DM6467 的 Linux 内核的源码是安装在 Linux 服务器如下目录/opt/mv_pro_4.0.1/montavista/pro/devkit/lsp/ti-davinci/linux-2.6.10_mvl401_LSP_01_30_00_082 上的。

当开发者需要修改内核源码时可在此目录下进行操作，修改完毕后在该目录下进行编译就可以生成 uImage 内核二进制镜像。

对 Linux 内核进行配置编译时，执行如表 6.38 所示的命令。

表 6.38　make 命令进入内核配置

make menuconfig

在执行 make menuconfig 命令之前可选择执行 make mrproper，用于清除原先此目录下残留的 .config 和 .o 文件，尤其是当多次编译内核时，这一步是必需的。

执行 make menuconfig 命令后会有如图 6.21 所示的显示输出，之后便会进入内核配置界面(如图 6.22 所示)。

开发者可以根据需要，通过键盘进行选择配置，添加或删减不要的内核模块，以下以文件系统和声卡配置为例进行描述。

对于文件系统的配置可以按照图 6.23 和图 6.24 进行。在此例中，文件系统的配置需要注意的是：务必要选择 Ext3 文件系统，同时选择内建(即标*)。

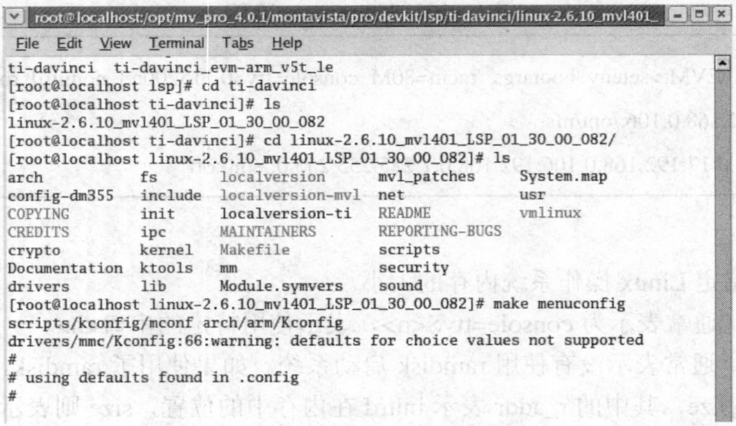

图 6.21　执行 make menuconfig 命令

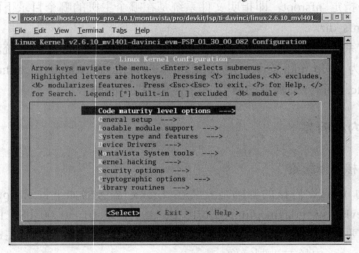

图 6.22　Linux 内核配置界面

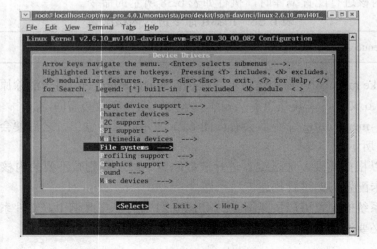

图 6.23　选择 File systems

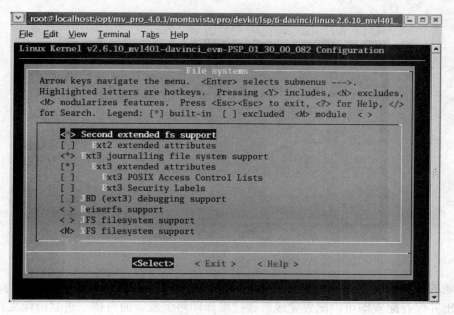

图 6.24　选择 Ext3 文件系统

　　Ext3 文件系统是直接从 Ext2 文件系统发展而来的，它在保有 Ext2 文件系统格式的同时又加上了日志功能。目前 Ext3 文件系统已经非常稳定可靠，并完全兼容 Ext2 文件系统。利用 Ext3 用户可以平滑地过渡到一个日志功能健全的文件系统中来。系统使用了 Ext3 文件系统后，即使非正常关机，系统也不需要进行检查。Ext3 文件系统能够极大地提高文件系统的完整性，避免了意外死机对文件系统的破坏。

　　声卡驱动的设置可以按照图 6.25 和图 6.26 进行。

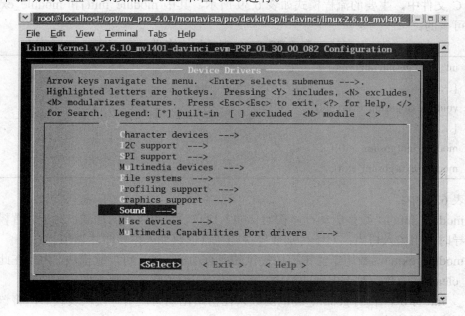

图 6.25　选择 Sound

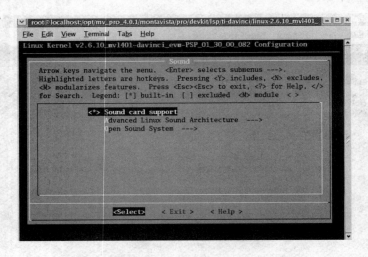

图 6.26 对于 Sound 进行配置

其他的相关配置，如网卡等与上述配置过程相似，开发人员可根据需要自行选择。完成后退出并保存配置即可。配置完成后通过编译即可生成新的内核二进制镜像文件。

2. Linux 动态 Module 定制

在上述 make menuconfig 的配置过程中有的模块可以选择 M，有的可以选择*。*表示选择直接加载进 kernel，而 M 则表示会通过 make modules 编译生成模块的 ko 文件，可以随时通过 insmod 装载模块。

例如，我们可以添加关于共享缓存的 ko 文件，名为 gbshm。需要的文件主要有两个，一个是 C 文件，另一个是 Makefile 文件。

在 C 文件中，主要的流程模式如表 6.39 所示，其中 module_init()和 module_exit()函数是必不可少的。

表 6.39 <module>.c 文件

int __init gbshm_init(void)
{......}
void __exit gbshm_exit(void)
{......}
module_init(gbshm_init);
module_exit(gbshm_exit);

在表 6.39 中：

● module_init()函数是驱动程序初始化的入口点，负责驱动的加载。对于内置模块，内核在引导时调用该入口点；对于可加载模块则在该模块加入内核时才调用。

● module_exit()函数用于注销模块提供的所有功能。对于可加载模块，内核在此处调用 module_cleanup 函数；对于内置的模块，module_exit()函数什么都不做。

● __init 标识，表明 gbshm_init()函数只在初始化期间使用。模块装载后，将该函数占用的内存空间释放掉。

- __exit 标识，表明 gbshm_exit 函数仅用于模块卸载。

此外就是 Makefile 文件。简单的 Makefile 文件如表 6.40 所示。

表 6.40 Makefile 文件

```
A=ar
ARCH=arm
CC=arm-linux-gcc
obj-m :=bt.o
TARGET = gbshm.ko


KERNELDIR :=
/opt/mv_pro_4.0.1/montavista/pro/devkit/lsp/ti-davinci/linux-2.6.10_mvl401_LSP_01_30_00_082
PWD   :=$(shell pwd)
modules:
$(MAKE) -C $(KERNELDIR) M=$(PWD) modules
clean:
    rm *.ko *.mod* *.symvers *.order
```

表 6.40 中：
- obj-m：表明生成的 gbshm 模块的目标文件。
- KERNELDIR：表示 Linux 内核源代码的绝对路径。
- PWD：表示模块所在的当前路径。
- modules：执行 make modules 命令时，对该标记后配置路径下的文件进行编译。
- clean：执行 make clean 命令时，清理和该标记之后列出的后缀相匹配的文件。

按照表 6.40 中的 Makefile 文件执行 make 命令之后，会自动形成相关的后缀为.o 和.ko 的文件。生成.ko 文件后就可以执行 insmod 命令加载模块。查看该模块信息可以使用 lsmod 命令。如果不需要这个模块，也可以执行 rmmod 注销该模块。

一般这类动态地加载 ko 文件只用于调试阶段。调试完成后，建议还是在 make menuconfig 中直接将这些 module 选择为内建的形式，即标*。

6.5 DM6467 硬件系统烧写

6.5.1 文件系统的制作

在 Linux-2.6.27 后，内核加入了一种新型的 Flash 文件系统 UBI(Unsorted Block Images)。UBI 是一种类似 LVM(Logical Volumn Manager：逻辑卷管理层)的磁盘分区管理机制，主要实现损益均衡、逻辑擦除块、卷管理和坏块管理等。UBIFS 则是一种基于 UBI 的 Flash 日志文件系统。

1. 配置内核支持 UBIFS

执行 make menuconfig 命令，进行内核的配置。主要步骤如下：

(1) 进入"Device Drivers",如图 6.27 所示。

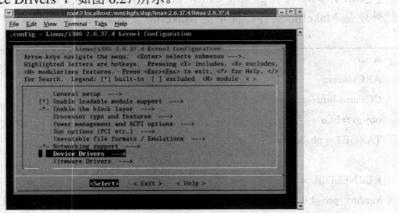

图 6.27　进入内核配置界面

(2) 进入"Memory Technology Device(MTD) support",如图 6.28 所示。

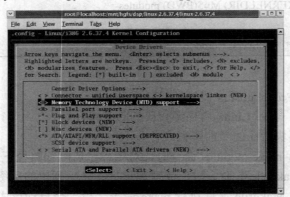

图 6.28　选择 MTD support 选项

(3) 选中"Enable UBI – Unsorted block images",如图 6.29 所示。

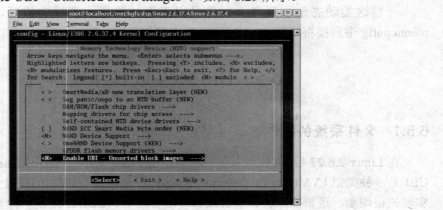

图 6.29　选择支持 UBI

(4) 保存退出至首界面,选择"File systems",如图 6.30 所示。

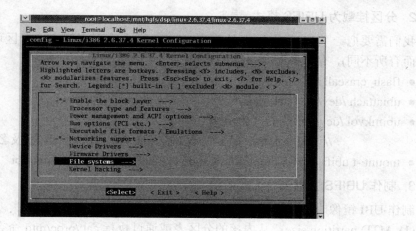

图 6.30　进入文件系统的配置

(5) 进入"Miscellaneous filesystems(NEW)",如图 6.31 所示。

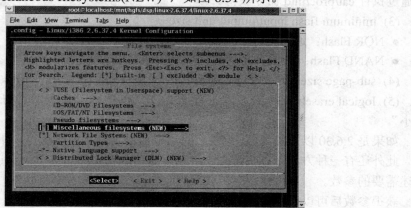

图 6.31　进入多种文件系统

(6) 选中"UBIFS file system support",如图 6.32 所示。

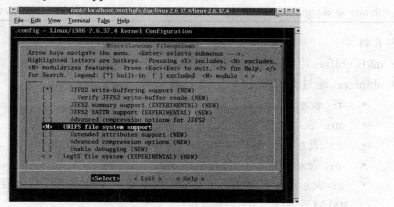

图 6.32　选择支持 UBIFS 文件系统

完成上述操作后,保存退出即可。

2. 分区挂载为 UBIFS 格式

我们需要把一个 MTD 分区 3 挂载为 UBIFS 格式(具体是哪一个分区可根据开发人员的需要而有所不同),依次执行如下命令:

- flash_eraseall /dev/mtd3   //擦除 mtd3
- ubiattach /dev/ubi_ctrl -m 3   //和 mtd3 关联
- ubimkvol /dev/ubi0 -N rootfs -s 100MB
  //设定 volume 大小(不是固定值,可以用工具改变)及名称
- mount -t ubifs ubi0_0 /mnt/ubi 或 mount -t ubifs ubi0:rootfs /mnt/ubi

3. 制作 UBIFS 文件系统

制作 UBI 镜像时,首先需要得知以下的几个参数:

(1) MTD partition size:从内核的分区表或通过执行 cat /proc/mtd 命令获得。

(2) flash physical eraseblock size:从 Flash 芯片手册中可以得到 Flash 物理擦除块大小,或通过执行 cat/proc/mtd 命令获得。

(3) minimum flash input/output unit size:
- NOR Flash:通常是 1 个字节;
- NAND Flash:一个页面。

(4) sub-page size:通过 Flash 手册获得(一般针对于 NAND Flash)。

(5) logical eraseblock size:对于有子页的 NAND Flash,表示"物理擦除块大小-1 页的大小"。

如果是 2.6.30 以后的内核,这些信息可以通过工具从内核获得,如执行命令 mtdinfo -u。

此外还有一种方法可以获得上述参数。通过命令 ubiattach /dev/ubi_ctrl -m 1 也可以得到上述需要的参数。

获得参数后可以通过如表 6.41 所示的命令生成 ubifs。

表 6.41　生成 ubifs 命令

```
#mkfs.ubifs -r rootfs -m 2048 -e 129024 -c 812 -o ubifs.img
#ubinize -o ubi.img -m 2048 -p 128KiB -s 512 /home/lht/omap3530/tools/ubinize.cfg
```

表 6.41 中:
- mkfs.ubifs:用于创建 UBIFS 镜像。
- ubinize:通过 UBIFS 镜像创建 UBI 镜像。
    - -r:表示制定文件内容的位置;
    - -m:表示页面大小;
    - -e:表示逻辑擦除块大小;
    - -p:表示物理擦除块大小;
    - -c:表示最大的逻辑擦除块数量(文件系统最多可以访问卷上的 129 024 × 812 = 100 M 空间);
    - -s:表示最小的硬件输入输出页面大小。

此外,ubinize.cfg 文件的内容如表 6.42 所示。

表 6.42 ubinize.cfg 文件

```
[ubifs]
mode=ubi
image=ubifs.img
vol_id=0
vol_size=20MB
vol_type=dynamic
vol_name=rootfs
vol_flags=autoresize
```

在这个文件中值得注意的参数有两个：一个是 image；另一个是 vol_name。这两个参数需要根据实际情况进行修改。

完成上述操作后，生成的 ubi.img 就是镜像文件。

6.5.2 NAND Flash 分区

文件 board-dm6467-evm.c 在如下目录中：

/opt/mv_pro_4.0.1/montavista/pro/devkit/lsp/ti-davinci/linux-2.6.10_mvl401_LSP_01_30_00_082/arch/arm/mach-davinci

其中对 NAND Flash 进行了分区规划，如表 6.43 所示。

表 6.43 NAND Flash 默认分区规划

```
static struct mtd_partition dm646x_nand_partitions[] = {
    { /* bootloader(UBOOT,etc) in the first sector*/
        .name        = "bootloader",
        .offset      = 0,
        .size        = SZ_512K,
        .mask_flags  = MTD_WRITEABLE,          /* force read-only */
    }
    { /* bootloader params in the next sector*/
        .name        = "params",
        .offset      = MTDPART_OFS_APPEND,
        .size        = SZ_128K,
        .mask_flags  = MTD_WRITEABLE,
    }
    { /* kernal*/
        .name        = "kernal",
        .offset      = MTDPART_OFS_APPEND,
        .size        = SZ_4M,
        .mask_flags  = 0,
    }
    { /*file system*/
        .name        = " filesystem ",
        .offset      = MTDPART_OFS_APPEND,
        .size        = MTDPART_SIZ_FULL,
        .mask_flags  = 0,
    }
};
```

表 6.43 是对 NAND Flash 的默认分区，开发人员可以根据需要修改上述文件，进行重新分区，之后保存文件执行 make 命令，生成新的内核镜像即可。

6.5.3 内核和文件系统的烧写

内核通过 make 之后会生成一个 uImage 文件，而文件系统会生成一个 .img 文件。两者的烧写方式相似，这里一起进行描述。

可利用已经烧写进开发板的 UBOOT 进行内核和文件系统的烧写。如果是第一次进行内核和文件系统的烧写，可以通过以下步骤实现(以下是以内核为例进行描述的，文件系统是相类似的操作)：

(1) 擦除对应地址分区，指明擦除的大小，如表 6.44 所示。

表 6.44 擦 除 分 区

#nand erase 0x00500000 0x00200000

(2) 通过 tftp 命令下载内核 uImage 文件到内存，如表 6.45 所示。

表 6.45 下 载 文 件

#tftp 0x80700000 /tftpboot/uImage

(3) 烧写 kernal 到 NAND Flash 分区，指明地址和大小，如表 6.46 所示。

表 6.46 使用 nand 文件烧写

#nand write 0x80700000 0x00500000 0x00200000

如果不是首次进行内核和文件系统的烧写，可以在系统启动之后，通过依次执行表 6.47 中的命令进行烧写。

表 6.47 直接 cp 进行文件烧写

#flash_eraseall /dev/mtd3　　　　//文件系统
#cp /ramfs.img /dev/mtdblock3
#flash_eraseall /dev/mtd2　　　　//内核
#cp /uImage /dev/mtdblock2

烧写完毕后，需要修改 UBOOT 的启动参数，如表 6.48 所示。

表 6.48 UBOOT 参数重新设置

#setenv bootcmd 'nand read 0x82000000 0x700000 0xD00000; bootm 0x80700000; '
#setenv bootargs 'console=ttyS0,115200n8 root=/dev/ram0 rw initrd=0x82000000,14M mem=80M ip=192.168.2.100:192.168.2.120:192.168.2.1:255.255.255.0::eth0:off'
#saveenv

在表 6.48 的命令中：
- 0x82000000 为内存地址，是目的地址；
- 0x00700000 为 NAND 地址，是源地址；
- 0x00D00000 为 NAND 中内核的大小；
- 0x80700000 为内核需要装载到的内存地址。

经过上述操作后，即可完成内核和文件系统的烧写。

6.6 小　　结

　　本章主要描述了基于 DM6467 进行系统开发的具体实例。其中包括对于交叉编译器和 NFS 网络文件系统的配置，这两者中的一个适用于编译，另一个适用文件的共享和挂载，都需要进行配置。同时，针对编译路径和平台不同，还需要对 xdcpath.mak 文件和 user.bld 文件进行路径的修改。本章中以 DM6467 中自带的 H.264 编解码算法为例进行了具体开发的描述，分别详细讲解了 Codec、Server 和 App 三部分的具体开发过程，以及在进行配置和开发板的连接后实现该示例。此外，对于 DM6467 中 UBOOT、UBL 和 Linux 的内核开发也分别进行了描述。最后提及了 DM6467 硬件系统的烧写。本章完整地讲述了在 DM6467 开发板上实现一个具体实例的流程。

第 7 章 基于 TMS320DM365 的开发系统演示范例

第 6 章中对 TMS320DM6467 开发板上算法的开发流程进行了介绍，本章中将会对 TMS320DM365 开发板进行描述。DM6467 和 DM365 是两种不同类型的处理器。DM6467 是 ARM+DSP 的双核处理器，而 DM365 是只有 ARM 的单核处理器，因此 DM365 和 DM6467 在算法的开发流程上有一定的区别。本章将对基于 DM365 开发板的算法开发进行详细的介绍。

7.1 DM365 硬件开发系统

基于达芬奇技术的新型 TMS320DM365 数字媒体处理器高度集成了众多组件，其中包括 H.264、MPEG-4、MPEG-2、MJPEG 与 VC1 等编解码器，可满足智能视频处理功能的集成影像信号处理(ISP)解决方案以及一系列板载外设等。图 7.1 是 DM365 内部功能结构框图。

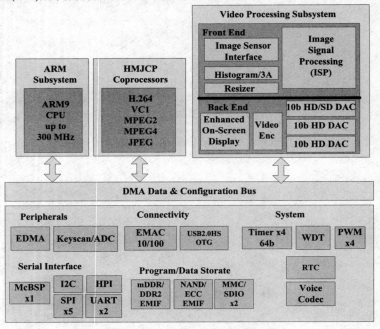

图 7.1 DM365 功能结构框图

硬件系统中主要包含以下两部分：
● DVEVM 评估板(便于用户评估 TI 公司新的达芬奇技术和 DM365 的体系结构，并在其上开发自己的算法应用程序)，如图 7.2 所示，包括一个基于 ARM9 的 DAVINCI TMS320DM365 处理器。

第 7 章 基于 TMS320DM365 的开发系统演示范例

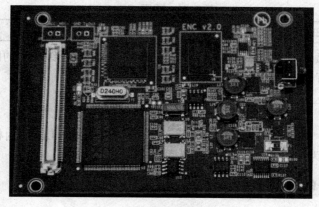

图 7.2 DM365 开发板

- CCD 摄像头：提供 NTSC 和 PAL 制视频图像。
- LCD 显示器。

7.2 DM365 开发环境搭建

7.2.1 Linux 开发环境的搭建

Linux 服务器搭建与 DM6467 是一样的，采用 Red Hat Enterprise Linux v4，安装时也要关闭防火墙。

7.2.2 SDK 套件的安装

1. SDK 套件简介

SEED-DVS365 平台随机的开发软件套件为 SEED-DVS365_SDK[28]，该套件将 TI 公司繁琐的安装、各个目录下程序编译器路径复杂的配置等进行简化，很大程度上减少了用户的繁琐操作，降低了开发者的开发难度。

SEED-DVS365 平台的开发软件套件为 SEED_DVS365-SDK.tar.gz。其中包括 ARM 端的 arm_v5t 交叉编译器、Linux 内核以及目标文件系统开发包、相关软件开发包以及 Linux 环境的 NFS 文件系统包等。

2. SDK 套件的安装过程

SEED_SDK 的安装建议以 root 账号登录 Linux 服务器，且一直以 root 权限进行所有操作，开发过程也以 root 权限进行开发。

将 SEED_SDK 安装到 Linux 服务器的安装步骤如下：

(1) 复制。将 DaVince 开发套件 SEED-DVS365_SDK.tar.gz 复制到 Linux 服务器的/opt 目录下。

(2) 安装。在 Linux 服务器下进入到/opt 目录下，进行解压安装操作，使用表 7.1 中的命令。如果没有安装到/opt 目录下，下面提及的相关路径都要和安装的路径相一致。此外，需要修改解压后/opt/dvsdk_2_10_00_17 目录下的 Rules.make 文件，在这个文件中将默认编译路径设置成与安装路径相一致。

表 7.1　解压 SDK

```
#tar –zxvf SEED-DVS365_SDK.tar.gz
```

该过程将所需要的软件安装到/opt 目录下，大概需要 10 分钟左右的时间。安装完成后，在/opt 目录下创建有如下文件夹：

- dvsdk_2_10_00_17：该目录下为 DVEVM 与 DVSDK 套件，包括各种 demo 源码等。
- mv_pro_5.0：该目录下为 ARM 端的 arm v5t 交叉编译，Linux 内核等。
- nfs：该目录为配置完毕的 NFS 文件系统。

7.2.3　SDK 套件的配置

SDK 安装完毕后仅需对其进行简单的配置即可使用，进行相关示例程序的编译操作。

1. 配置 ARM v5t 交叉编译器 PATH

以 root 账户进行操作，执行的命令如表 7.2 所示。

表 7.2　进入 root 根目录

```
#cd /root
```

进入 root 根路径下，修改 root 目录下的 .bash_profile 文件，打开 .bash_profile 文件，在 PATH=$PATH:$HOME/bin 的下面添加一行内容，修改完毕后的文件如表 7.3 所示。

表 7.3　修改 .bash_profile 文件

```
#User specific environment and startup programs
PATH=$PATH:$HOME/bin

PATH="/opt/mv_pro_5.0/montavista/pro/devkit/arm/v5t_le/bin:/opt/mv_pro_5.0/montavista/pro/bin:/opt/mv_pro_5.0/montavista/common/bin:$PATH"
```

之后保存退出即可，但是需要重启虚拟机才能生效，或者执行 source 命令，如"source .bash_profile"。

用户可以通过以下方式测试交叉编译器是否可用，在 Linux 服务器控制台输入如表 7.4 所示的命令。

表 7.4　测试 arm v5t 编译器

```
#arm_v5t_le-gcc
```

执行命令后，如果安装正常，会显示如表 7.5 所示的信息。

表 7.5　arm v5t 安装正常的显示

```
am_v5t_le-gcc: no input files
```

2. 配置 NFS 文件系统服务

需要修改/etc/exports 文件，在文件中添加一行内容，修改完毕后的文件如表 7.6 所示，之后保存退出即可。

表 7.6　修改/etc/exports 文件

```
/opt/nfs        *(rw,syns,no_root_squash,no_all_squash)
```

用户可以通过表 7.7 中的命令启动 NFS 服务。

表 7.7 启动 NFS 服务

#/usr/sbin/exportfs –a
#/sbin/service nfs restart

至此，SEED_SDK 开发工具安装完毕。

7.2.4 修改其他文件

此处需要修改的文件也是 xdcpath.mak 文件和 user.bld 文件。这两个文件的修改方法和 DM6467 是一致的，开发人员需要根据自己的版本和安装路径对这些路径进行设置，以确保在 make 时找到相应的包。

7.3 DM365 开发实例

7.3.1 DM365 中的视频子系统 VPSS

在 DM365 的片上系统中，有许多硬件设备，设备框图如图 7.3 所示。对视频相关驱动开发而言开发人员主要关注的是其中的 **VPSS**[29]，即视频子系统。**VPSS** 中有若干硬件组件支持对视频的处理，通过对相关硬件的寄存器进行配置，能够实现从 YUV422 到 YUV420 的格式转换等具体处理操作。

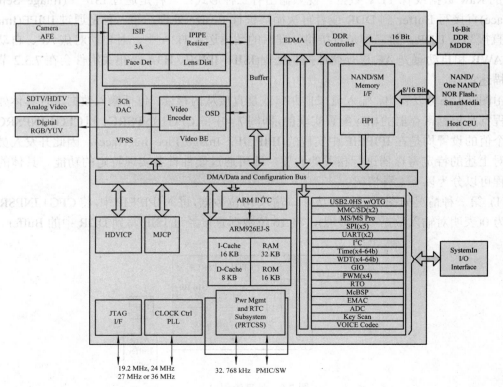

图 7.3 DM365 设备框图

VPSS 的处理流程如图 7.4 所示。

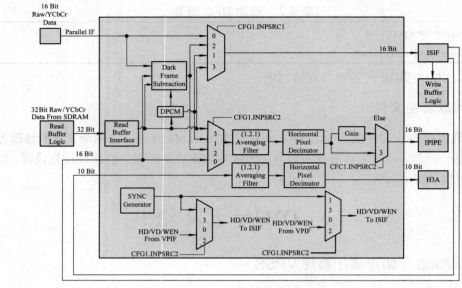

图 7.4 数据处理流程

由图 7.4 可以看出，对于视频输入，一般有两种形式：一种是通过摄像头采集，并行输入 16 位的 Raw 数据或者 YUV 数据；另一种是直接从内存通过 Buffer 获得数据，读取的是 32 位的 Raw 数据或者 YUV 数据。视频输出有三种形式：一种是通过 ISIF[30](Image Sensor Interface)直接写 Buffer 到 DDR 或者再次循环进行 Resize 处理；第二种是通过 IPIPE(Image Pipe)直接写入 DDR；第三种是直接将处理后的数据送入 H3A 中，对自动对焦 AF、自动白平衡 AWB 和自动曝光 AE 进行循环控制处理(ISIF、IPIPE、H3A 等相关组件会在 7.3.2 节中进行描述)。

由图 7.4 还可以看出，输入流来自并口或是直接从内存读，包括输入数据进行具体处理的流程都是根据寄存器的相应配置实现的，即图 7.4 中的 CFG1.INPSRC1 和 CFG1.INPSRC2，这两个值的设置均是在 IPIPEIF 中实现的(IPIPEIF：Image Pipe Interface)。因此开发人员只需要对上述的特定寄存器进行相关的设置，即可通过硬件设备实现特定的功能。具体的处理流程可以分为以下七种情况。

(1) 第一种情况如图 7.5 所示。从并口输入 16 位数据，进入 IPIPEIF 中，将 CFG1.INPSRC1 设置为 0(表明对输入数据不做处理)，将 16 位数据直接经过 ISIF 写到 DDR 中的 Buffer。

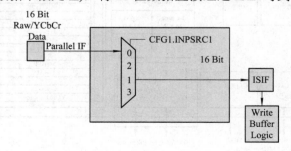

图 7.5 处理流程_1

(2) 第二种情况如图 7.6 所示。从并口输入 16 位数据，进入 IPIPEIF 中，将 CFG1.INPSRC1 设置为 0，数据直接经过 ISIF 再次进入 IPIPEIF 中，将 CFG1.INPSRC2 设置为 0，对数据进行 Resize 操作，将 YUV422 的数据转换为 YUV420 的数据，最后将 16 位数据直接通过 IPIPE 写入 DDR。

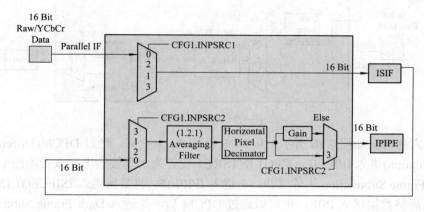

图 7.6　处理流程_2

(3) 第三种情况如图 7.7 所示。从并口输入 16 位数据，进入 IPIPEIF 中，将 CFG1.INPSRC1 设置为 0，可以直接经过 ISIF 后，进行 Resize 操作，最后将 16 位数据直接送入到 H3A 中进行控制处理。

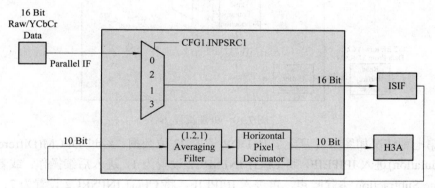

图 7.7　处理流程_3

(4) 第四种情况如图 7.8 所示。从并口输入 16 位数据，进入 Dark Frame Subtraction 消除噪声，再进入 IPIPEIF 中，将 CFG1.INPSRC1 设置为 2，进入 ISIF，之后的操作可以是(1)写 DDR、(2)进入 IPIPE 或(3)进入 H3A 的其中任意一种。

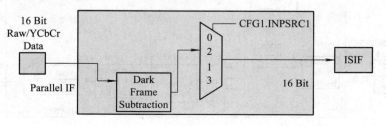

图 7.8　处理流程_4

(5) 第五种情况如图 7.9 所示。从并口输入 16 位数据，进入 Dark Frame Subtraction 消除噪声，再进入 IPIPEIF 中，将 CFG1.INPSRC2 设置为 2，进行 Resize 操作，最后将 16 位数据直接通过 IPIPE 写入 DDR。

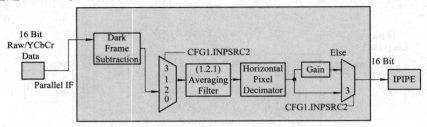

图 7.9　处理流程_5

(6) 第六种情况如图 7.10 所示。从 DDR 读取 32 位数据，经过 DPCM(Differential Pulse Code Modulation)进入 IPIPEIF，CFG1.INTSRC1 设置为 1 直接输出；或者不经 DPCM 直接进入 Dark Frame Subtraction 去除噪声，再进入 IPIPEIF，将数据送入 ISIFCFG1.INTSRC1 设置为 2，最后将数据送入 ISIF；也可以经过 DPCM 后，先进入 Dark Frame Subtraction 去除噪声，再进入 IPIPEIF，将 CFG1.INTSRC1 设置为 2，最终进入 ISIF。

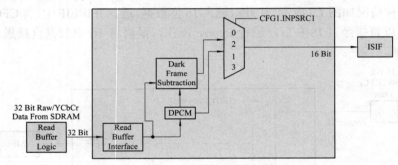

图 7.10　处理流程_6

(7) 第七种情况如图 7.11 所示。从 DDR 读取 32 位数据，经过 DPCM(Differential Pulse Code Modulation)进入 IPIPEIF，将 CFG1.INPSRC2 设置为 1，进入后续操作；或者直接进入 Dark Frame Subtraction 去除噪声，再进入 IPIPEIF，将 CFG1.INPSRC2 设置为 2；也可以经过 DPCM 后，先进入 Dark Frame Subtraction 去除噪声，再进入 IPIPEIF，将 CFG1.INPSRC2 设置为 2；也可以不做其他操作，直接读取数据后进入 IPIPEIF，将 CFG1.INPSRC2 设置为 3，进行 Resize 操作，数据最终进入 IPIPE。

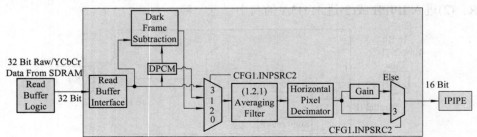

图 7.11　处理流程_7

7.3.2 DM365 视频子系统驱动开发

在 DM365 中,有一个视频处理子系统(VPSS),设备框图如图 7.12 所示。该系统对外部图像设备(例如图像传感器和视频解码器等)提供输入接口(即视频处理前端,VPFE);对显示设备(例如模拟标清电视显示器、数字液晶面板和高清视频编码器等)提供输出接口(即视频处理后端,VPBE)。

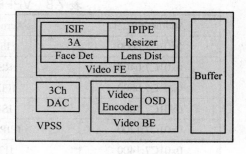

图 7.12 DM365 中的 VPSS

VPFE 主要实现视频采集和视频预处理功能。它由以下部分组成的:图像传感器控制器(ISIF)、影像管(IPIPE)、硬件 3A 统计发生器(H3A)、硬件人脸检测引擎和镜头失真校正等。

VPBE 主要实现视频的输出。它由屏幕显示(OSD)模块和视频编码/数字 LCD 控制器(VENC/DLCD)组成。

除了上述外设之外,还有一个缓冲存储器和一个 DMA 控制器,以确保对 DDR2 带宽的有效充分使用。针对一个图像视频处理系统,共享缓存逻辑存储器是一个独一无二的块,它很好地集成到 VPSS 中。在 VPFE 和 VPBE 模块中,无论是从 DDR2 请求数据,还是向 DDR2 传送数据,都需要经过该共享缓存逻辑存储器。为了有效地利用外部 DDR2 的带宽,共享缓存逻辑存储器,通过使用高速带宽总线(64 位宽)提供带有 DMA 系统的接口。这个共享缓存逻辑存储器也通过 128 位宽的总线向 VPFE 和 VPBE 模块提供接口。由于 VPSS 模块对高带宽的需求和实时性的要求等,VPSS 对 DDR2 带宽的高效利用是很重要的。

1. 视频前端模块——VPFE

VPFE 由 ISIF、IPIPE、IPIPEIF 和 H3A 等组成,这些模块提供了一个功能强大而又灵活的前端接口设备。这些模块根据功能可以分为三类。

第一类主要是位于数据流路径上的处理模块,它们对输入图像的数据流产生影响。主要是 ISIF 和 IPIPE。

- ISIF 向图像传感器和数字视频源提供接口。
- IPIPE 是一个参数化的硬件图像处理模块,它对于每一种传感器都可以提供特定的图像处理函数,以提高图像的实现质量,同时也支持数码相机的预览显示和视频录像模式的视频帧率调节。对于图像大小的调整也集成在这个模块。此外,IPIPE 还可以实现直方图(histogram)和边界信号检测器(用于运动矢量补偿等统计功能)等。

第二类是支持模块或者基础设施模块。它们也位于数据流路径上,也对输入图像的数据流产生影响,但它们主要是为了扩大上述第一类处理模块的功能,主要是 IPIPEIF。IPIPEIF 是一个扩展到 ISIF 和 IPIPE 模块的输入接口。IPIPEIF 可以从传感器的输入、ISIF 和 SDRAM 获取数据,对数据进行一些额外的预处理操作,再将结果数据传输给 ISIF 和 IPIPE。

第三类是对于输入图像提供统计运算的独立模块,主要是 H3A。H3A 模块通过从 ISIF 传入的 RAW 数据中收集信息,支持自动对焦(AF)、自动白平衡(AWB)和自动曝光(AE)的控制回路。

VPFE 中各主要组件的寄存器映射如表 7.8 所示。

表 7.8 VPFE 子模块寄存器映射表

Address:Offset	Acronym	Register Description
0x01C7:0000	ISP	ISP System Configuration
0x01C7:0400	RSZ	Resizer
0x01C7:0800	IPIPE	Image Pipe
0x01C7:1000	ISIF	Image Sensor Interface
0x01C7:1200	IPIPEIF	Image Pipe Interface
0x01C7:1400	H3A	Hardware 3A
0x01C7:1800	FDIF	Face Detection Register Interface

下面，我们对 VPFE 中的上述各种模块进行简单的介绍。

(1) ISIF。它负责从一个传感器(CMOS 或 CCD)接受图像或视频的 RAW 数据。此外，ISIF 也可以接受多种格式的 YUV 视频数据，通常来自所谓的视频解码设备。

对于 RAW 数据，ISIF 的输出需要额外的图像处理过程，才可以将输入的 RAW 图像转换为最终处理后的图像。这个处理过程可以在 IPIPE 中完成，也可以通过 ARM 中的软件、MPEG4/JPEG 和高清视频图像协处理器子系统实现。同时，RAW 数据输入 ISIF 后也可以用于计算各种统计数据(3A、直方图等)，最终控制图像/视频参数。ISIF 通过控制参数寄存器实现不同的功能。ISIF 的框图如图 7.13 所示。

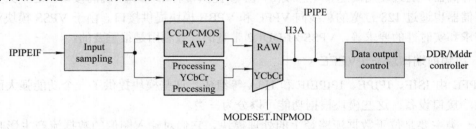

图 7.13 ISIF 框图

ISIF 具有以下特点：
- 支持传统的 Bayer 格式、像素求和模式和 RGB 传感器的格式。
- 通过 ISIF 可以进行数据重新格式化，将各种具体的传感器格式转换为 Bayer 格式，重新格式化支持的最大列宽是 4736 像素。
- 对外部时序发生器产生标清或者高清时序信号，或者同步到外部时序发生器。
- 支持逐行和隔行的数据。
- 水平和垂直方向支持高达 32 KB 像素(图像大小)。
- 支持高达 120 MHz 的像素时钟。
- 支持 ITU-R BT.656/1120 标准格式。
- 支持 YCbCr422 格式，8/16 位的 HSYNC 和 VSYNC 信号。
- 支持高达 16 位的输入。
- 支持传感器的数据线性化。

- 支持颜色空间转换。
- 通过写使能信号可以控制输出到 DDR2。
- 支持 12 位到 8 位的 DPCM 压缩。
- 支持 10 位到 8 位的 A-law 压缩。
- 支持 16 位、12 位和 8 位的输出。
- 支持噪声滤波和 2D 边缘增强。

表 7.9 是 ISIF 中部分寄存器的偏移和含义。

表 7.9 ISIF 中部分寄存器

Offset	Acronym	Register Description
00h	SYNCEN	Synchronization Enable
04h	MODESET	Mode Setup
1Ch	LNH	Number of pixels in line
28h	LNV	Number of lines vertical
70h	VDINT0	VD Interrupt #0
84h	REC656IF	CCIR 656 Control
88h	CCDCFG	CCD Configuration

例如，表 7.9 中的 04h 偏移是 MODESET，可以决定输入数据的类型，包括 CCD 的 RAW 数据、YCbCr16 位数据和 YCbCr8 位数据；其他的 LNH 和 LNV 等都是和实际的输入图像等相关的参数。开发人员可根据个人的需要对这些寄存器进行设置，一般需要知道 ISIF 寄存器的首地址和相应的偏移值，使用"IO_ADDRESS"进行设置，如表 7.10 所示。

表 7.10 对 ISIF 寄存器进行设置

```
void set_reg_isif (void)   {
    volatile unsigned int *pReg = NULL;
    unsigned int i = 0;
    pReg = (volatile unsigned int *)IO_ADDRESS(0x1c71000+0x04);   //YCbCr8 位数据
    *(pReg ) = 0xa084;
    pReg = (volatile unsigned int *)IO_ADDRESS(0x1c71000+0x1C);   //1439
    *(pReg ) = 0x59f;
    pReg = (volatile unsigned int *)IO_ADDRESS(0x1c71000+0x28);   //287
    *(pReg ) = 0x011f;
    pReg = (volatile unsigned int *)IO_ADDRESS(0x1c71000+0x70);   //287
    *(pReg ) = 0x011f;
    pReg = (volatile unsigned int *)IO_ADDRESS(0x1c71000+0x84);   //使能
    *(pReg ) = 0x03;
    pReg = (volatile unsigned int *)IO_ADDRESS(0x1c71000+0x88);
    *(pReg ) = 0x812;
    pReg = (volatile unsigned int *)IO_ADDRESS(0x1c71000+0x00);   //使能
    *(pReg ) = 0x1;
}
```

(2) IPIPE。它是一个可编程的硬件图像处理模块,可以将图像传感器传入的 Bayer 格式的 RAW 图像数据转换为 YCbCr 4∶2∶2 或 4∶2∶0 的数据,以便于压缩或者显示。IPIPE 模块包括 Resizer,它可以调整图像的大小并将图像数据写入 DDR2。Resizer 也可以在没有 IPIPE 处理的情况下对 YCbCr 为 4∶2∶2 或 4∶2∶0 的数据进行大小的调整。IPIPE 的输出通常用于视频的压缩和在外部显示设备上进行显示。例如一个 NTSC/PAL 制式的模拟编码器或者一个数字液晶显示器。IPIPE 支持以下特点:

- 12 位的 RAW 数据图像的处理或者 16 位 YCbCr 的大小调整。
- 输入支持 Bayer 模式,但是不支持颜色互补的模式。
- IPIPE 处理区域的最大水平和垂直同步信号偏移为 65 534。
- 最大的输入输出宽度高达 2176 像素。
- 通过低通滤波和 Cb、Cr 的向下采样实现从 4∶4∶4 到 4∶2∶2 的转换。
- 用 Resizer 模块可以实现 4∶2∶2 到 4∶2∶0 的转换。
- 从 IPIPE 到 SDRAM 存储数据时,支持不同格式的数据(YCbCr(4∶2∶2 或 4∶2∶0)、RGB(32 位/16 位)、RAW 数据)。
- 有可编程直方图引擎。
- IPIPE 有以下四个不同的处理路径:

Case 1:IPIPE 读取 RAW 数据,将 YCbCr 或 RGB 数据存储到 DDR2;

Case 2:IPIPE 读取 RAW 数据,在进行白平衡的操作后将 RAW 数据存储到 DDR2;

Case 3:IPIPE 读取 YCbCr422 的数据,进行边缘增强、CAR 和大小调整后,将 YCbCr 或 RGB 数据存储到 DDR2;

Case 4:IPIPE 读取 YCbCr422 或 YCbCr420 的数据,进行大小调整后,将 YCbCr 或 RGB 数据存储到 DDR2,IPIPE 中处理 Resizer 的其他操作均跳过,IPIPE 也可以根据 RAW 数据产生直方图而没有图像的输出。

在 IPIPE 的寄存器中,需要注意的是表 7.11 中的这几个寄存器。

表 7.11　IPIPE 中的部分寄存器

Offset	Acronym	Register Description
00h	SRC_EN	IPIPE Enable
04h	SRC_MODE	One Shot Mode
08h	SRC_FMT	Input/Output Data Format

在表 7.11 中,最值得关注的是偏移为 08h 的 SRC_FMT,这个寄存器的值决定了 IPIPE 模块输入/输出数据的格式,根据值的不同主要分为以下四种情况:

- 0:Bayer 格式的输入,YCbCr 或者 RGB 的输出。
- 1:Bayer 格式的输入,经过白平衡后,Bayer 格式的输出。
- 2:Bayer 格式的输入,没有输出,进行诸如直方图等的统计计算。
- 3:16 位 YCbCr 的输入,YCbCr 或者 RGB 的输出。

(3) IPIPEIF。不同于 ISIF 和 IPIPE,IPIPEIF 是一个数据和同步信号的接口模块。这个模块的数据源可以是传感器的输出、ISIF 或 SDRAM,最终选择数据输出到 ISIF 和 IPIPE。这个模块也可以将从传感器的并口或 ISIF 输入的数据经过 SDRAM 后直接输出数据到

"Black Frame Subtraction"。根据执行的功能,它也可以针对 IPIPE 或者 ISIF 的输入,重新调整 HD、VD 和 PCLK 的时序。IPIPE 模块可以支持以下特点:
- 高达 16 位的传感器数据输入。
- 对于从传感器并口或 ISIF 进入的、存储在 SDRAM 的 RAW 数据进行 Dark-Frame Subtract 操作。
- 从 SDRAM 进行 8-10、8-12 的 DPCM 解压缩以及 10-8、12-8 的压缩。
- 从 SDRAM 进行 RAW 数据的 ALAW 解压缩。
- 对于 IPIPE 的输出数据可以进行增益配置。

IPIPE 可以通过设备的并口接受 RAW 数据,也可以从 SDRAM/DDRAM 通过读取 Buffer 获得数据,这种情况的输入数据源和数据类型(RAW 或 YUV)都是通过 CFG1.INPSRC1 寄存器的配置实现的。IPIPE 也可以接受经过 ISIF 控制器模块或 SDRAM/DDRAM 预处理的 RAW 数据,这种情况的输入数据源和数据类型(RAW 或 YUV)是通过 CFG1.INPSRC2 寄存器的配置实现的。因此,在 IPIPEIF 中,最值得关注的就是 CFG1.INPSRC1 和 CFG1.INPSRC2 值的设定,如表 7.12 所示。

表 7.12 IPIPIF 的部分寄存器

Offset	Acronym	Register Description
00h	ENABLE	IPIPEIF Enable
04h	CFG1	IPIPEIF Configuration

对于表 7.12 中的偏移为 04h 的 CFG1 寄存器,主要关注的是 CFG1.INPSRC1 和 CFG1.INPSRC2。其中,对于 CFG1.INPSRC1,根据值的不同设置可以将数据源分为以下四种情况:
- 0:从并口输入数据。
- 1:从 SDRAM 输入 RAW 数据。
- 2:从并口或者 SDRAM 输入数据(Darkframe)。
- 3:从 SDRAM 输入 YUV 数据。

相应的 CFG1.INPSRC2,根据值的不同设置可以将数据源分为以下四种情况:
- 0:从 ISIF 获取数据。
- 1:从 SDRAM 获取 RAW 数据。
- 2:从 ISIF 或者 SDRAM 获取数据(Darkframe)。
- 3:从 SDRAM 获取 YUV 数据。

开发人员根据个人需要,具体查看图 7.4 的数据处理流程,对 CFG1.INPSRC1 和 CFG1.INPSRC2 进行具体的设置。

(4) H3A。它通过对图像/视频数据信息的收集,支持对自动对焦、自动白平衡和自动曝光的控制回路。因此 H3A 中有两个主要模块:
- 自动对焦(AF)引擎。
- 自动曝光(AE)、自动白平衡(AWB)引擎。

① 自动对焦引擎从输入的图像/视频数据中提取并过滤红、绿和蓝数据,且提供指定区

域的数据峰值。这个指定的区域是一个二维的数据块，被称为自动对焦情况下的一个"paxel"。AF 引擎可以支持以下特点：
- 支持从 DDR2 输入的数据(不包括 ISIF 端口)。
- 支持一个 paxel 的峰值计算(一个 paxel 是一个二维像素块)。
- 每一个 paxel 可以累积最大焦点值。
- 水平方向上支持高达 36 个 paxel，垂直方向上支持高达 128 个 paxel，水平方向上的 paxel 的个数受到内存大小的限制，但是垂直方向上不会受此限制，因此一般水平方向的 paxel 个数都小于垂直方向上的 paxel 个数。
- paxel 的高和宽是可编程的，一帧中的所有 paxel 都是一样的大小。
- 利用一个 2×2 矩阵可以对红、绿、蓝的位置进行设置。

② 自动曝光/自动白平衡引擎对视频数据子采样的饱和值进行检查。在自动曝光/自动白平衡的情况下，这个二维的数据块被称为一个"window"。因此，除了名称不一样，一个"paxel"和一个"window"在本质上是一样的。然而，AF 的 paxel 和 AE/AWB 的 window 在数量、尺寸和起始位置上都是分别编程的。AE/AWB 引擎可以支持以下特点：
- 支持从 DDR2 输入的数据(不包括 ISIF 端口)。
- 水平方向上支持高达 36 个 window。
- 垂直方向上支持高达 128 个 window。
- 一个 window 的高和宽是可编程的。
- 一个 window 的水平采样点和垂直采样点是可以设置的。

此外，还有一个特别驱动值得一提，就是 Previewer-Resizer 驱动，主要用于对图像数据的预览和大小调整。Previewer 就是对拍摄的图像进行微调，是一个显示的过程；而 Resizer 是根据需要的尺寸大小对图像进行一个缩放的过程。对于 Previewer-Resizer 的实现，有以下的特点：
- Previewer-Resizer 驱动对预览操作支持一个逻辑通道，对调整大小的操作支持两个逻辑通道。
- Previewer 的逻辑通道支持一个 IO 实例和多个控制实例。
- 每一个 Resizer 通道支持一个 IO 实例。
- 一个 Resizer 逻辑通道可以链接一个 Previewer 通道，对输入图像同时实现预览和大小的调整。
- 这个驱动是一个可以进行模块加载的驱动，可以静态创建，在 boot 后可以进行加载和删除操作。
- 这个驱动支持单项和动态(连续)的模式。
- 允许对 VGA、XGA、SVGA、NTSC、PAL 和 720 p&1080 p 分辨率的数据进行预览和调整图像大小的操作。
- 输入可以来自于 CCDC/ISIF 或 SDRAM。
- 支持对 Bayer 和 YCbCr 数据的大小调整。对于 YCbCr 数据，只支持顶部和底部字段大小的调整，支持图像翻转。

Previewer-Resizer 驱动的实现有下述三个约束条件：
- IPIPE 的输入 Buffer 地址必须是 32 的倍数。

- 如果驱动运行在 IPIPE 上，则关于 Previewer-Resizer 驱动的操作模式对于每一个实例都应该是一样的。
- Previewer 可以独立进行操作(此时的 Resizer 是无效的)，将 Bayer 的 RGB 数据转换为 YUV 数据；或者 Resizer 可以独立进行操作(此时的 Previewer 是无效的)，将 YUV 数据转换为 YUV420 数据；或者 Resizer 可以链接 Previewer 而将 Bayer 的 RGB 数据转换为 YUV/YUV420 数据。

Previewer 设备的操作流程图如图 7.14 所示。

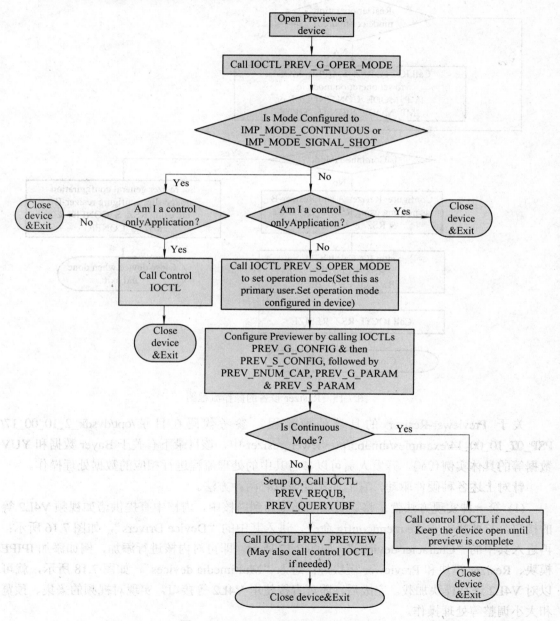

图 7.14　Previewer 设备的操作流程图

Resizer 设备的操作流程图如图 7.15 所示。

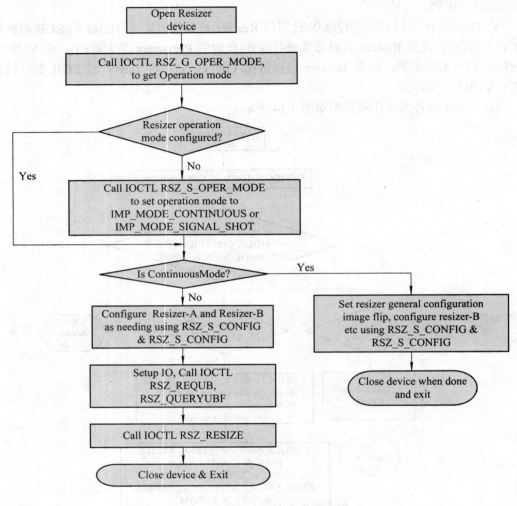

图 7.15 Resizer 设备的操作流程图

关于 Previewer-Resizer 的具体处理流程，参考代码在目录 /opt/dvsdk_2_10_00_17/PSP_02_10_00_14/examples/dm365/previewer_resizer 中，该目录下有关于 Bayer 数据和 YUV 数据等的具体实例代码。开发人员可以参考其中的处理流程进行相应的数据处理操作。

针对上述各种硬件驱动，它们的实现可以有两种方法。

(1) 第一种实现方法就是将这些驱动都编译到内核中，内核中有提供诸如视频 V4L2 等的接口，只要执行 make menuconfig 命令，进入其中的"Device Drivers"，如图 7.16 所示；再进入其中的"Character devices"，如图 7.17 所示，即可对内核进行添加，例如添加 IPIPE 模块、Resizer 模块和 Previewer 模块等；进入"Multimedia devices"，如图 7.18 所示，就可以对 V4L2 进行模块加载。完成后，即可直接使用 V4L2 等接口，实现对视频的采集、预览和大小调整等处理操作。

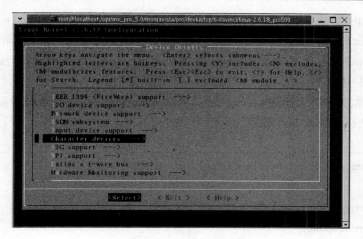

图 7.16 Device Drivers 界面

图 7.17 Character devices 界面

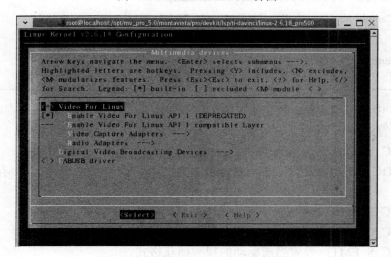

图 7.18 Multimedia devices 界面

完成上述内核模块的直接加载后，就可以实现各种处理操作。上述提及的Previewer-Resizer 模块是在内核加载驱动完成的。只要进行相应的配置，即可实现对应的功能。此外，在/opt/ dvsdk_2_10_00_17/dvsdk_demos_2_10_00_17/dm365/encodedecode 目录下的 capture.c 文件中使用的是前缀为"Capture_"的函数，这些函数就直接使用了 V4L2 的相应接口函数。例如其中的 Capture_get()函数，主要目的是从采集设备获得数据进行编码处理，这个函数如表 7.13 所示。

表 7.13　Capture_get()函数

```
Int Capture_get(Capture_Handle hCapture, Buffer_Handle *hBufPtr)
{
    struct v4l2_buffer v4l2buf;
    assert(hCapture);
    assert(hBufPtr);

    Dmai_clear(v4l2buf);
    v4l2buf.type = V4L2_BUF_TYPE_VIDEO_CAPTURE;
    v4l2buf.memory = hCapture->userAlloc ? V4L2_MEMORY_USERPTR :
                                           V4L2_MEMORY_MMAP;

    /* 从采集到的数据中获取一帧的缓存 */
    if (ioctl(hCapture->fd, VIDIOC_DQBUF, &v4l2buf) < 0)
    {
        Dmai_err1("VIDIOC_DQBUF failed (%s)\n", strerror(errno));
        return Dmai_EFAIL;
    }
    *hBufPtr = hCapture->bufDescs[v4l2buf.index].hBuf;
    hCapture->bufDescs[v4l2buf.index].used = TRUE;

    return Dmai_EOK;
}
```

在表 7.13 中使用的 V4L2 命令是 VIDIOC_DQBUF，表示把数据放回缓存队列，一般常用的命令标志符还有以下几种：

- VIDIOC_REQBUFS：分配内存。
- VIDIOC_QUERYBUF：把 VIDIOC_REQBUFS 中分配的数据缓存转换为物理地址。
- VIDIOC_QBUF：把数据从缓存中读取出来。
- VIDIOC_G_FMT：读取当前驱动的视频捕获格式。
- VIDIOC_S_FMT：设置当前驱动的视频捕获格式。

- VIDIOC_QUERYCAP：查询驱动功能。
- VIDIOC_QUERYSTD：检查当前视频设备支持的标准，例如 PAL 或 NTSC。

(2) 第二种实现这些驱动的方法就是使用 poll[31]和 select 函数进行具体的操作。一般在使用非阻塞 I/O 的应用程序中常常会用到 poll、select 和 epoll 等系统调用。这三个系统调用在本质上功能是相同的，即每一个函数都允许一个进程来等待它是否可读或者可写一个或多个文件而不阻塞，这些调用也可以阻塞进程直到任何一个给定集合中的文件描述符可读或可写。因此，这些系统调用常用于多输入和多输出流的应用程序中。

每一个系统调用都需要来自驱动设备的支持。这里我们主要介绍一下 poll 这个系统调用，poll 方法的函数原型是：

   int poll(struct pollfd fds[], nfds_t nfds, int timeout);

在 poll 函数中，第一个参数是指向一个结构数组第一个元素的指针。这个结构体如表 7.14 所示。每个数组元素都是一个 pollfd 结构，用于指出测试某个特定描述字 fd 的条件。

表 7.14 pollfd 结构体

```
struct pollfd{
    int fd;              //描述符
    short events;        //fd 测试的条件
    short revents;       //fd 返回的结果
};
```

一般常用的测试条件是(在<linux/poll.h>文件中定义的)：

- POLLIN：表示普通或带有优先级的数据可读，而且不被阻塞，这个标志和 POLLRDNORM | POLLRDBAND 是一样的。
- POLLRDNORM：表示"正常"数据可以用来读，而且不被阻塞。
- POLLRDBAND：表示带有优先级的数据可读，而且不被阻塞。
- POLLPRI：表示高优先级的数据可以不阻塞地读。
- POLLHUP：表示设备已经断开连接，如果发生挂起，便不可写。这个事件和 POLLOUT 是互斥的，但是和 POLLIN、POLLRDNORM、POLLRDBAND 或者 POLLPRI 不互斥。
- POLLERR：表示设备上发生一个错误。
- POLLOUT：表示设备可以不阻塞地进行写操作。
- POLLWRNORM：这个标志和 POLLOUT 是一样的，返回一个可写的设备(POLLOUT | POLLWRNORM)。
- POLLWRBAND：这个和 POLLRDBAND 是相似的，表明非 0 优先级的数据可写入设备。
- POLLNVAL：表示无效的 fd 值。

第二个参数 nfds 通常用于说明 fds[]的长度；第三个参数 timeout 指定 poll 函数返回前等待的时间，它有三种取值：

- INFTIM：表示永远等待。
- 0：表示立即返回，不阻塞进程。
- >0：表示等待指定数目的毫秒数。

本节中，以一个音频的 G711 编码为例进行关于设备的初始化的描述。相应的代码如表 7.15 所示。

表 7.15　音频设备初始化操作

```
#define AUDIO_DEVICE      "/dev/dsp"
#define MIXER_DEVICE      "/dev/mixer"
static LIBAUDIO_OBJ *libaudio_init(int modeinput)
{
    int mode;
    int channels    = 2;
    int format      = AFMT_S16_LE;
    int sampleRate = 8000;
    LIBAUDIO_OBJ *ptrhandle_audio = malloc(sizeof(LIBAUDIO_OBJ));

    ptrhandle_audio->audio_volfd = open(MIXER_DEVICE, O_RDONLY);
    if ( modeinput == AUDIO_MODE_READ )
    {
        mode = O_RDONLY;
        ptrhandle_audio->audio_rfd = open(AUDIO_DEVICE, mode);
        if (ioctl(ptrhandle_audio->audio_rfd, SNDCTL_DSP_SETFMT, &format) == -1)
        {
            return NULL;
        }
        if(ioctl(ptrhandle_audio->audio_rfd, SNDCTL_DSP_CHANNELS, &channels)== -1)
        {
            return NULL;
        }
        if (ioctl(ptrhandle_audio->audio_rfd, SNDCTL_DSP_SPEED, &sampleRate) == -1)
        {
            return NULL;
        }
        return ptrhandle_audio;
    }
    else
    {
        mode = O_WRONLY;
```

第7章 基于 TMS320DM365 的开发系统演示范例

```
                    ptrhandle_audio->audio_wfd = open(AUDIO_DEVICE, mode);
                    if (ptrhandle_audio->audio_wfd == -1)
                    {
                            printf("ERR    Sound_oss.c    sound device open failed \n");
                            return NULL;
                    }
                    if (ioctl(ptrhandle_audio->audio_wfd, SNDCTL_DSP_SETFMT, &format) == -1)
                    {
                            return NULL;
                    }
                    if(ioctl(ptrhandle_audio->audio_wfd, SNDCTL_DSP_CHANNELS, &channels)==-1)
                    {
                            return NULL;
                    }
                    if(ioctl(ptrhandle_audio->audio_wfd, SNDCTL_DSP_SPEED, &sampleRate)== -1)
                    {
                            return NULL;
                    }
            }
            return ptrhandle_audio;
    }
```

在表 7.15 中,我们可以看出,若要打开音频设备,则需要打开两个设备,一个是/dev/dsp,另一个是/dev/mixer。其中声卡驱动程序提供的/dev/dsp 是用于数字采样(sampling)和数字录音(recording)的设备文件,它对于 Linux 下的音频编程来讲非常重要:向该设备写数据即意味着激活声卡上的 D/A 转换器进行放音,而向该设备读数据则意味着激活声卡上的 A/D 转换器进行录音。/dev/mixer 表示混音器。在声卡的硬件电路中,混音器(mixer)是一个很重要的组成部分,它的作用是将多个信号组合或者叠加在一起。对于不同的声卡来说,其混音器的作用可能各不相同。运行在 Linux 内核中的声卡驱动程序一般都会提供/dev/mixer 这一设备文件,它是应用程序对混音器进行操作的软件接口。混音器电路通常由两部分组成:输入混音器(input mixer)和输出混音器(output mixer)。因此,简言之,Linux 的音频输入输出是通过/dev/dsp 设备的,但对于这些声音信号的处理则是通过/dev/mixer 设备来完成的,所以,两个设备都需要打开并进行设置。其次,需要对这些设备进行配置,从表 7.15 中可以看出,主要对格式、通道数和采样频率进行设置(格式等的宏定义都在<linux/soundcard.h>文件中)。当然,开发人员也可以根据需要进行其他的设置。

完成驱动设备的设置后,在应用程序中就可以直接使用 poll 方法等待事件的发生,一旦音频事件发生,就会唤醒音频处理进程立即进行处理。

最后，还需要提及的是 VPFE 的信号接口。VPFE 中的数字输入信号大都是 GPIO 的复用信号，还有一部分信号是和 SPI3 或者 USB 信号进行复用的。这些管脚的复用是由系统模块级寄存器 PINMUX0(地址为 0x01C40000)控制的。PINMUX0 寄存器的默认值都是 0x0，这个默认值表示寄存器中所有 VPFE 的相关管脚都用于视频的输入。但是一般建议在视频采集之前，将 PINMUX0 寄存器的值配置为视频输入模式。

2. 视频后端模块——VPBE

VPBE[32]主要由两部分组成：屏幕显示(OSD)模块和视频编码/数字液晶显示器(VENC/DLCD)的控制器模块。VPBE 的功能框图如图 7.19 所示。VPBE 的主要模块寄存器映射如表 7.16 所示。

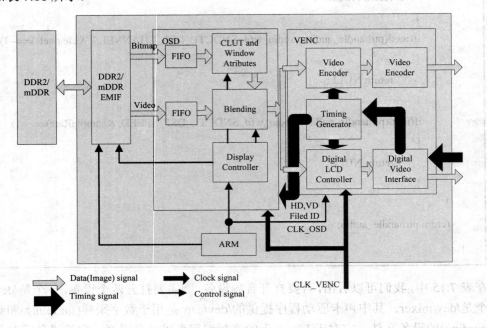

图 7.19　VPBE 功能框图

表 7.16　VPBE 子模块寄存器映射表

Address:Offset	Peripheral	Description
0x01C7:0200	VPBE_CLK_CTRL	VPBE Clock Control
0x01C7:1C00	OSD	VPBE On-Screen Display
0x01C7:1E00	VENC	VPBE Video Encoder

下面我们对 VPBE 的模块进行简单的介绍。

(1) OSD。其主要功能就是对视频数据和显示/位图数据进行收集和融合，以 YCbCr 的数据格式将它们传递给视频编码(VENC)，视频和显示数据是从外部的 DDR2 存储器中读取的。OSD 通过对参数寄存器进行具体的编程实现相应的功能。OSD 主要支持以下特点：

● 支持两个视频窗口和两个 OSD 位图窗口同时显示。

- 视频窗口支持从外部存储器中读取 4:2:2 格式的 YCbCr 数据,同时有能力改变 CbCr 的顺序。
- OSD 位图窗口支持宽度为 4/8 位的调色板索引数据。
- 在一个 OSD 位图的窗口,一次可以配置下列情况之一:
  ——YUV422(和视频数据一样);
  ——16 位的 RGB 格式的数据(R=5 位,G=6 位,B=5 位);
  ——视频窗口像素级融合的 24 位模式(R/G/B 都是 8 位)。
- 每个窗口的高、宽和起始坐标都是可编程的。
- 能够选择场/帧模式(逐行/隔行)。
- 支持位图和视频数据的透明度(当一个位图的像素值为 0 时,就没有和相应的视频像素混合)。
- 对 OSD 和视频窗口,能够进行从 VGA 到 NTSC/PAL(640×480 到 720×576)大小的调整。
- 支持一个矩形光标窗口和可编程地选择背景颜色。
- 光标的高度、宽度和颜色可选。
- 显示的优先级顺序是:矩形光标>OSDWIN1> OSDWIN0>VIDWIN1> VIDWIN0>背景颜色。

但是 OSD 模块也存在以下两种限制:
① 水平窗口的最大尺寸不能超过 720。
② 所有窗口同时使用 CLUT 的 ROM 是不可能的,但是可以一个窗口使用 RAM,而另一个窗口使用 ROM。

一般对于应用中的视频窗口,VIDWIN0 常用于高清显示,而由于带宽的限制,VIDWIN1 通常是关闭不用的。在 OSD 的寄存器中,常用的寄存器主要如表 7.17 所示。开发人员根据需要对这些寄存器进行具体的设置即可。

表 7.17 OSD 部分寄存器

Address:Offset	Acronym	Register Description
00h	MODE	OSD Mode Setup
04h	VIDWINMD	Video Window Mode Setup
08h	OSDWIN0MD	Bitmap Window 0 Mode Setup
0Ch	OSDWIN1MD	OSD Window 1 Mode Setup (when used as a second OSD window)
0Ch	OSDATRMD	OSD Attribute Window Mode Setup (when used as an attribute window)
10h	RECTCUR	Rectangular Cursor Setup
F4h	TRANSPVALL	Transparent Color Code-Lower
F8h	TRANSPVALU	Transparent Color Code-Upper
FCh	TRANSPBMPIDX	Transparent Index Code for Bitmaps

在表 7.17 中，对 OSD 的透明度进行设置，即可实现 OSD 和视频输出显示的叠加效果。对于透明度可以设置，也可以不设置，这完全取决于开发需要。

(2) VENC/DLCD。它由以下三个主要模块组成：

① 一个视频编码器，能够产生模拟视频输出，主要支持以下特点：
- 主时钟输入为 27 MHz；
- 支持标准清晰度电视(SDTV)；
- 支持高清晰度电视(HDTV)；
- 主/从操作；
- 三个 10 位的 D/A 转换器。

② 一个数字 LCD 控制器，能够产生数字 RGB/YCbCr 数据的输出和时序信号，主要支持以下特点：
- 可编程的时序发生器；
- 各种不同的输出格式；
- EAV/SAV 插入；
- 主/从操作。

③ 一个时序发生器。在 VENC/DLCD 模块中，开发人员主要关注的是如表 7.18 所示的寄存器。

表 7.18 VENC/DLCD 部分寄存器

Address:Offset	Acronym	Register Description
00h	VMOD	Video Mode
04h	VIOCTL	Video Interface I/O Control
08h	VDPRO	Video Data Processing
0Ch	SYNCCTL	Sync Control
38h	YCCCTL	YCbCr Control
3Ch	RGBCTL	RGB Control

在表 7.18 中，对于偏移为 00h 的 VMOD，它控制了数字视频的输出模式，包括 YCC16、YCC8、并行的 RGB 和串行的 RGB 等情况，同时也定义了电视的格式，包括 NTSC、PAL、HDTV、525P、625P、1080i 和 720P 等情况；而像偏移为 38h 的 YCCCTL，则是对 YC 的输出顺序进行了定义，包括 YCC16(CbCr)、YCC16(CrCb)、YCC8(Cb-Y-Cr-Y)、YCC8(Y-Cr-Y-Cb)、YCC8(Cr-Y-Cb-Y)和 YCC8(Y-Cb-Y-Cr)等。开发人员可根据实际需要对上述各种情况进行选择，对相应的寄存器进行配置。

对于上述驱动的实现，一般都是直接编译到内核中，利用 FrameBuffer(帧缓存)提供的各种方法。在内核中加载 FrameBuffer，需要执行 make menuconfig 命令，进入"Device Drivers"后，再进入"Graphics support"，如图 7.20 所示，选择"Davinci Framebuffer support"，即可在应用程序中使用 FrameBuffer 提供的方法。

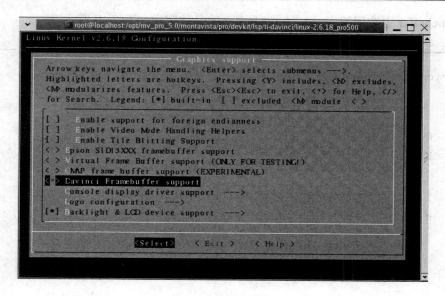

图 7.20 Graphics support 界面

帧缓存是 Linux 为显示设备提供的一个接口,是将显存抽象后的一种设备,它允许上层应用程序在图形模式下直接对显示缓冲区进行读写操作。这种操作是抽象的、统一的。用户不必关心物理显存的位置、换页机制等具体细节,都是由 Framebuffer 设备驱动来完成的。

在开发者看来,FrameBuffer 是一块显示缓存,向显示缓存中写入特定格式的数据就意味着向屏幕输出,所以说 FrameBuffer 就是一块白板。例如,对于初始化为 16 位色的 FrameBuffer,其中的两个字节代表屏幕上一个点,从上到下,从左至右,屏幕位置与内存地址是顺序的线性关系。

用户不停地向 FrameBuffer 中写入数据,显示控制器会自动地从 FrameBuffer 中取数据并显示出来。全部的图形都存储在共享内存的同一个帧缓存中。显卡会不停地从帧缓存 FrameBuffer 中获取数据进行显示。

帧缓存设备对应的设备文件为/dev/fb*,如果系统有多个显示卡,Linux 下还可支持多个帧缓存设备,最多可达 32 个,分别为/dev/fb0 到/dev/fb31,而/dev/fb 则为当前缺省的帧缓存设备,通常指向/dev/fb0,当然在嵌入式系统中支持一个显示设备就够了。帧缓存设备为标准字符设备,主设备号为 29,次设备号则从 0 到 31,分别对应/dev/fb0-/dev/fb31。

在应用程序中,操作/dev/fb 的步骤如下:

(1) 打开/dev/fb 设备文件。

(2) 用 ioctl 操作取得当前显示屏幕的参数,如屏幕分辨率,每个像素点的比特数。根据屏幕参数可计算屏幕缓冲区的大小。

(3) 将屏幕缓冲区映射到用户空间。

(4) 映射后就可以直接读写屏幕缓冲区,进行绘图和图片显示。

在/opt/dvsdk_2_10_00_17/dvsdk_demos_2_10_00_17/dm365/tslib/tests 目录下有一个关于 FrameBuffer 的实例。在这个目录下有文件 ts_test.c,从该文件的 main 函数中可以看出,关于 FrameBuffer 设备最重要的就是对设备的打开和配置操作,这些操作是在函数

open_framebuffer 中实现的，open_framebuffer 的具体实现如表 7.19 所示。

表 7.19　open_framebuffer 函数的部分代码

```
int open_framebuffer(void)
{
    ……
    fb_fd = open("/dev/fb0", O_RDWR);
    if (fb_fd == -1) {
        return -1;
    }
    if (ioctl(fb_fd, FBIOGET_FSCREENINFO, &fix) < 0)
    {
        close(fb_fd);
        return -1;
    }
    if (ioctl(fb_fd, FBIOGET_VSCREENINFO, &var) < 0)
    {
        close(fb_fd);
        return -1;
    }
    fbuffer = mmap(NULL, fix.smem_len, PROT_READ | PROT_WRITE, MAP_FILE | MAP_SHARED, fb_fd, 0);
    if (fbuffer == (unsigned char *)-1)
    {
        close(fb_fd);
        return -1;
    }
    ……
    return 0;
}
```

从表 7.19 中可以看出，对于 FrameBuffer 设备的操作，首先是以可读/写的方式打开 "/dev/fb0" 设备；其次通过 ioctl 操作获取屏幕的相关参数，具体为 "ioctl(fb_fd, FBIOGET_FSCREENINFO, &fix)" 操作，获取 fb_fix_screeninfo 结构的信息，再通过 "ioctl(fb_fd, FBIOGET_VSCREENINFO, &var)" 操作，获得 fb_var_screeninfo 结构的信息。上述两种结构体的定义都在 fb.h 文件中，这个文件在目录/opt/mv_pro_5.0/montavista/pro/devkit/lsp/ti-davinci/linux-2.6.18_pro500/include/linux 中。最后需要通过 mmap 函数映射屏幕缓冲区到用户地址空间。mmap 函数将一个文件或者其他对象映射进内存，文件被映射到多

个页上。如果文件的大小不是所有页的大小之和，最后一个页中不被使用的空间将会清零。mmap 函数的原型是：

　　　　void *mmap(void *start, size_t length, int prot, int flags, int fd, off_t offset);
其中：
- start：指示映射区的开始地址。
- length：表明映射区的长度。
- prot：表示期望的内存保护标志，不能与文件的打开模式冲突。
- flags：指定映射对象的类型，确定映射选项和映射页是否可以共享。
- fd：表示有效的文件描述符。
- offset：表示被映射对象内容的起点，即偏移值。

对于 mmap()函数，成功执行时，mmap()返回被映射区的指针；失败时，mmap()返回 MAP_FAILED。一般相对于 mmap()函数有一个 munmap()函数执行相反的操作，删除特定地址区域的对象映射。

完成 mmap()操作后，即可对 fbuffer 进行操作，操作完成后，需要相应地通过 munmap()函数释放缓冲区，同时关闭设备。

与 VPFE 一样，VPBE 也有信号接口。VPBE 管脚的复用是由系统模块级寄存器 PINMUX1(地址为 0x01C40004)和 PINMUX4(地址为 0x01C40010)进行控制的。其中，PINMUX1 主要是对 GIO79 到 GIO92 进行设置，如图 7.21 所示；而 PINMUX4 主要是对 GIO27 到 GIO42 进行设置，如图 7.22 所示。

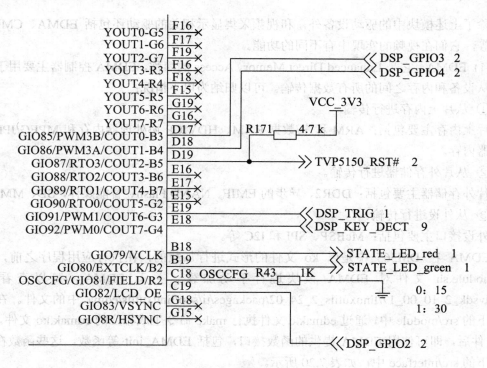

图 7.21　关于 PINMUX1 的原理图

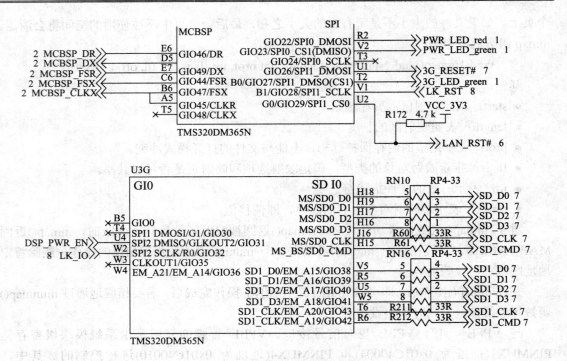

图 7.22 关于 PINMUX4 的原理图

3. 其他相关驱动

除了上述模块中的驱动设备外，和视频采集显示相关的驱动还包括 EDMA、CMEM、IRQ 等，它们在视频的实现中有不同的功能。

（1）EDMA，它是 Enhanced Direct Memory Access 的简称，EDMA 控制器主要用于设备中的从设备和内存之间的所有数据传输。可以归纳为以下情况：

① 从片上内存进行传输。

片上内存主要包括：ARM 程序/数据 RAM、HDVICP 协处理器内存和 MPEG/JPEG 协处理器内存。

② 从片外存储器进行传输。

片外存储器主要包括：DDR2、异步的 EMIF、NAND Flash、智能媒体、SD、MMC 等。

③ 从外设进行传输。

外设接口主要包括：McBSP、SPI 和 I2C 等。

EDMA 在 DM365 中是以 ko 文件的形式进行加载的，在执行应用程序之前，通过 loadmodule.sh 文件对 EDMA 模块进行手动加载。关于 EDMA，可以查看目录 /opt/dvsdk_2_10_00_17/linuxutils_2_24_02/packages/ti/sdo/linuxutils/edma 中的文件。在这个目录下的 src/module 中，通过 edmak.c 文件执行 make 命令生成相应的 edmak.ko 文件。加载 ko 文件后，即可使用 EDMA 提供的函数接口，包括 EDMA_init 等函数，这些函数在当前目录下的 src/interface 中，如表 7.20 所示。

表 7.20　edma.c 文件中提供的部分函数接口

```
int EDMA_init()
{
    int flags;
    int version;
    if (EDMA_refCount == 0) {
        if (-1 == EDMA_dmaops_fd) {
            EDMA_dmaops_fd = open("/dev/edma", O_RDONLY);
        }
        if (-1 == EDMA_memfd)
        {
            EDMA_memfd = open("/dev/mem", O_RDWR | O_SYNC);
        }
    }
    EDMA_refCount++;
    version = EDMA_getVersion();
    if ((version & 0xffff0000) != (EDMA_VERSION & 0xffff0000)) {
        __E("init: major version mismatch between interface and driver.\n");
        EDMA_exit();
        return -1;
    }
    else if ((version & 0x0000ffff) < (EDMA_VERSION & 0x0000ffff)) {
        __E("init: minor version mismatch between interface and driver.\n");
        EDMA_exit();
        return -1;
    }
    flags = fcntl(EDMA_dmaops_fd, F_GETFD);
    if (flags != -1) {
        fcntl(EDMA_dmaops_fd, F_SETFD, flags | FD_CLOEXEC);
    }
    else {
        __E("init: /dev/edma fcntl(F_GETFD) failed: '%s'\n", strerror(errno));
    }
    flags = fcntl(EDMA_memfd, F_GETFD);
    if (flags != -1) {
        fcntl(EDMA_memfd, F_SETFD, flags | FD_CLOEXEC);
    }
    else {
        __E("init: /dev/mem fcntl(F_GETFD) failed: '%s'\n", strerror(errno));
    }
    return 0;
}
int EDMA_exit();
EDMA_Status EDMA_mapBaseAddress(void **pvirtAddr);
EDMA_Status EDMA_getResource(int dev_id, int *tcc, int *channel, int *param, int nParams);
EDMA_Status EDMA_registerResource(int lch);
EDMA_Status EDMA_freeResource(int lch, int nParams);
EDMA_Status EDMA_unregister(int lch, int nParams);
```

开发人员在对 EDMA 模块进行加载后，就可以使用上述表 7.20 中的各种函数。

(2) CMEM，即 Contiguous Memory Allocator，是一个连续物理存储空间分配模块，使得 ARM 端 Linux 进程和 DSP 端算法之间能够共享缓冲区。关于 CMEM 的具体内容在 4.2.2 节中已经讲解过了，本节中重点介绍 CMEM 模块在加载后提供的函数接口。在 /opt/dvsdk_2_10_00_17/linuxutils_2_24_02/packages/ti/sdo/linuxutils 目录下有一个名为 cmem 的文件夹，和 CMEM 相关的内容均在这个文件夹中。在当前目录下的 src/module 文件夹中，根据 cmemk.c 文件执行 make 命令会生成 cmemk.ko 文件。执行应用程序之前，对这个模块要进行加载，但是需要注意的是，这个模块和 EDMA 不一样，需要在 loadmodule.sh 文件中对具体 pool 大小进行分配。

而在当前目录下的 src/interface 文件夹中有一个名为 cmem.c 的文件，这个文件对具体 CMEM 接口进行了定义，其中包括开发人员常用的 CMEM_init 等函数，如表 7.21 所示。

表 7.21　cmem.c 文件中的部分函数接口

```
int CMEM_init(void)
{
    int flags;
    unsigned int version;
    if (cmem_fd >= 0) {
        ref_count++;
        return 0;
    }
    cmem_fd = open("/dev/cmem", O_RDWR);
    ref_count++;
    version = CMEM_getVersion();
    if ((version & 0xffff0000) != (CMEM_VERSION & 0xffff0000))
    {
        __E("init: major version mismatch between interface and driver.\n");
        CMEM_exit();
        return -1;
    }
    else if ((version & 0x0000ffff) < (CMEM_VERSION & 0x0000ffff))
    {
        __E("init: minor version mismatch between interface and driver.\n");
        CMEM_exit();
        return -1;
    }
    flags = fcntl(cmem_fd, F_GETFD);
    if (flags != -1)
    {
        fcntl(cmem_fd, F_SETFD, flags | FD_CLOEXEC);
    }
```

```
        else
        {
            __E("init: fcntl(F_GETFD) failed: '%s'\n", strerror(errno));
        }
        return 0;
}
static void *allocFromPool(int blockid, int poolid, CMEM_AllocParams *params);
static void *getAndAllocFromPool(int blockid, size_t size, CMEM_AllocParams *params);
static void *allocFromHeap(int blockid, size_t size, CMEM_AllocParams *params);
void *CMEM_alloc(size_t size, CMEM_AllocParams *params);
void *CMEM_allocPool(int poolid, CMEM_AllocParams *params);
int CMEM_free(void *ptr, CMEM_AllocParams *params);
unsigned long CMEM_getPhys(void *ptr);

int CMEM_exit(void);
```

(3) IRQ，是 Interrupt Request 的简称，即中断请求，主要负责管理 CPU 的中断处理。在目录/opt/dvsdk_2_10_00_17/linuxutils_2_24_02/packages/ti/sdo/linuxutils 下有一个名为 irq 的文件夹，在 src/module 中可以生成 irqk.ko 文件，但是这个文件夹下并没有提供 IRQ 支持的函数接口。有关 IRQ 模块的函数，开发人员可以在目录/opt/dvsdk_2_10_00_17/edma3_lld_1_06_00_01/examples/CSL2_DAT_DEMO/csl2_legacy_include 中查看 csl_irq.h 文件，其中提及了 IRQ 模块所支持的函数接口，部分函数接口如表 7.22 所示。

表 7.22 IRQ 部分函数接口

Syntax	Description
IRQ_clear	从 IRQ 寄存器中清除时间标志位
IRQ_config	在中断调度表中动态地配置一个实例
IRQ_configArgs	在中断调度表中动态地配置一个实例(与上一个函数的参数不同)
IRQ_disable	禁用指定的中断事件
IRQ_enable	使用指定的中断事件
IRQ_globalDisable	在全局范围内禁止中断
IRQ_globalEnable	在全局范围内使能中断
IRQ_globalRestore	恢复全局中断至使能状态
IRQ_reset	通过先禁用，再清除的方法重置事件
IRQ_restore	恢复一个事件至使能状态
IRQ_setVecs	设置中断向量的基地址
IRQ_test	允许对事件进行测试，用以查看 IRQ 寄存器中是否已经设置

7.3.3 DM365 中自带算法库的使用

在 TMS320DM365 中有一些自带的算法库,即使用 TMS320DM365 时,可以直接编写 App 端的应用程序,调用自带算法库中的相关函数。从表 7.23 中可以看出,DM365 中含有 H.264、MPEG4 和 JPEG 等算法库。

表 7.23　DM365 中支持的算法库

```
[root@localhost codecs]# pwd
/opt/dvsdk_2_10_00_17/dm365_codecs_01_00_06/packages/ti/sdo/codecs
[root@localhost codecs]# ls
buildutils      h264dec      h264enc      jpegdec      jpegenc      Makefile      mpeg4dec      mpeg4enc
xdcpaths.mak
```

此外,关于 G711 的编解码算法库文件主要在目录/opt/dvsdk_2_10_00_17/examples/g711/packages/ti/sdo/codecs/example/g711/lib 中,如表 7.24 所示。

表 7.24　g711 算法的库文件

```
[root@localhost lib]# pwd
/opt/dvsdk_2_10_00_17/examples/g711/packages/ti/sdo/codecs/example/g711/lib
[root@localhost lib]# ls
debug    g711.a470MV    g711.a470MV.mak    g711.a64P.mak
```

与 DM6467 不同的是,DM365 只有一个 ARM 核,没有 DSP 核,因此是没有 Server 的,使用时可以在 App 端根据不同情况链接相应的库文件,详见本节中的 App 部分。一般 App 端可以直接根据 Codec 端库文件中提供的函数接口,编写相应的应用程序。

1. Codec 端

DM365 自带的 MPEG4 算法库主要在表 7.25 所示的目录中。

表 7.25　DM365 自带的 MPEG4 算法库

```
[root@localhost lib]# pwd
/opt/dvsdk_2_10_00_17/dm365_codecs_01_00_06/packages/ti/sdo/codecs/mpeg4enc/lib
[root@localhost lib]# ls
libmp4enc.a
[root@localhost lib]# cd ../../mpeg4dec/lib/
[root@localhost lib]# pwd
/opt/dvsdk_2_10_00_17/dm365_codecs_01_00_06/packages/ti/sdo/codecs/mpeg4dec/lib
[root@localhost lib]# ls
libmp4dec.a
```

表 7.25 中的库文件提供的函数接口是可以直接被 App 端使用的,编写相应的应用程序即可。

2. App 端

(1) App 端的示例源码。SDK 安装包已经安装了示例程序源码，用户可以在此基础上进行修改，实现自己的演示程序，这部分程序完全基于 ARM 端的应用程序，程序中通过 Codec Engine 提供的机制，调用 Codec 端的音视频编解码算法，实现解码、编码和编解码功能。SDK 安装后，DVS365 示例源码在 Linux 服务器的/opt/dvsdk_2_10_00_17/dvsdk_demos_2_10_00_17/dm365 目录下，如表 7.26 所示。

表 7.26 DM365 自带的 demo 源码

[root@localhost dm365]# pwd				
/opt/dvsdk_2_10_00_17/dvsdk_demos_2_10_00_17/dm365				
[root@localhost dm365]# ls				
cap_disp_720p	decode	encode_audio_lookback	loadmodules_hd.sh	Makefile
ctrl.c	decode_lcd	encodedecode	loadmodules_mickhd.sh	uibuttons.o
ctrl.h	demo.h	encode_rtp	loadmodules_sd.sh	tslib
ctrl.o	encode	interface	loadmodules.sh	uibuttons.c
ui.h	uibuttons.h	ui.o	ui.c	

该路径下包含 decode、encode、encodedecode、encode_audio_lookback、decode_lcd、encode_rtp、cap_disp_720p、tslib、interface 目录，这些目录的具体说明如下：

● decode：decode 演示程序源码，包括音频解码设备操作和音频解码算法调用源码。

● encode：encode 演示程序源码，包括音频编码设备操作和音频编码算法调用源码。

● encodedecode：encode+decode 演示程序源码，包括视频输入输出设备操作和视频编解码算法调用及 UI 显示等操作源码。

● encode_audio_loopback：音频 loopback 演示程序源码。

● decode_lcd：视频 H.264 解码 LCD 显示演示程序源码。

● encode_rtp：H.264 编码网络传输演示程序源码。

● cap_disp_720p：高清分量视频 loopback 演示程序源码。

● tslib：触摸屏演示程序源码。

● interface：包含了 demo 程序需要的库和头文件，用于 UI 显示操作、数据拷贝、遥控器控制等操作。

(2) App 端关于 MPEG4 的实现。在这个目录下，首先需要配置 encodedecode.cfg 文件，如表 7.27 所示。需要和 DM6467 区别的是，在 DM6467 的 Server 端通过使用 cfg 文件中"xdc.useModule"函数和在 App 端使用 cfg 文件中的"Engine.create"或"Engine.createFromServer"定义算法 Module；但是在 DM365 中都是在 App 端的 cfg 文件中完成的。我们可以看出调用的是 Engine.create 函数。由于 DM365 只有一个 ARM 核，因此，在 DM365 的 cfg 文件中不会调用 Engine_createFromServer 函数。

表 7.27 encodedecode.cfg 文件

```
var myEngine = Engine.create("encodedecode", [
    {name: "mpeg4enc", mod: MPEG4ENC, local: true, groupId: 1},
    {name: "h264enc", mod: H264ENC, local: true, groupId: 1},
    {name: "mpeg4dec", mod: MPEG4DEC, local: true, groupId: 1},
    {name: "h264dec", mod: H264DEC, local: true, groupId: 1},
]);
```

其次就是算法的具体调用，在本节中，我们将编码和解码分开进行讲述。编码和解码的实现都是修改 encodedecode 文件夹中的 video.c 文件。

● 针对编码，在 video.c 文件中编写相应的 MPEG4 的视频编码程序。编码函数的调用流程如图 7.23 所示。

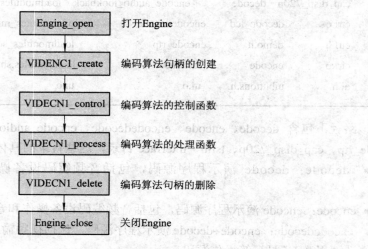

图 7.23 编码算法相关函数调用流程

● 针对解码，在 video.c 文件中编写相应的 MPEG4 的视频解码程序。解码函数的调用流程如图 7.24 所示。

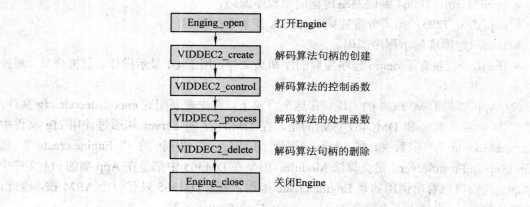

图 7.24 解码算法相关函数调用流程

上述 video.c 文件中调用的函数,全部封装在 DM365 自带的算法库中。

(3) App 端使用的算法库主要分为三种情况。

① 算法的实现需要使用到 DM365 开发板中的视频图像协处理器。这种算法的实现分为两种情况。

第一种如同上述提及的 MPEG4 编解码算法,包括 H.264、MJPEG、JPEG 等算法,这些都是视频图像协处理器所支持的算法。因此,应用程序中使用的都是形如 VIDDEC2_create、VIDDEC2_control、VIDDEC2_process 和 VIDDEC2_delete 等的 VISA 函数,这些函数都是直接在 DM365 自带的算法库中已经封装好的,如表 7.25 中的 MPEG4 编解码库,形如 libmp4enc.a 或者 libmp4dec.a 等的文件,可以直接使用。编译应用程序时,App 端的 cfg 文件通过使用 "xdc.useModule" 以及 "Engine.create" 函数对算法进行配置,完成对 Codec 端算法的添加,可以直接链接这些相应的库文件。当然开发人员也可以对这些已有的库文件再次进行封装,例如将 VIDDEC2_create 和 VIDDEC2_control 函数封装成一个函数等,这样就需要再生成一个提供这些自定义函数的库文件。

第二种情况是需要 DM365 自带的一部分函数,再自行添加一部分开发人员需要的函数接口。例如,添加一个关于自动曝光、自动白平衡的算法,需要重新定义一个结构体供开发人员使用,如表 7.28 所示。这个结构体的第一个成员 ialg 是传统的 xDAIS 算法接口,第二、第三个成员是开发人员根据需要重新定义的函数接口。

表 7.28 新定义的 IAE_Fxns 结构体

```
typedef struct IAE_Fxns {
    IALG_Fxns    ialg;              /** 传统的 xDAIS 算法接口 */
    XDAS_Int32 (*process)(IAE_Handle handle,IAE_InArgs *inArgs,IAE_OutArgs *outArgs,
        IAEWB_Rgb *rgbData, XDAS_UInt8* weight, void *customData);
    XDAS_Int32 (*control)(IAE_Handle handle, IAE_Cmd id,IAE_DynamicParams *params,
        IAE_Status *status);
} IAE_Fxns;
```

在具体调用时可以采用如表 7.29 所示的形式。

表 7.29 IAE_Fxns 结构体中函数的调用

```
numMem = AE_APPRO_AE.ialg.algAlloc((IALG_Params *)&aeParams, NULL,
    gALG_aewbObj.memTab_ae);
retval = AE_APPRO_AE.ialg.algInit(gALG_aewbObj.handle_ae, gALG_aewbObj.memTab_ae,
    NULL, (IALG_Params *)&aeParams);
retval = AE_APPRO_AE.control((IAE_Handle)gALG_aewbObj.handle_ae,
    IAE_CMD_SET_CONFIG, &IAE_DynamicParam, NULL);
AE_APPRO_AE.process( (IAE_Handle)gALG_aewbObj.handle_ae,
    &gALG_aewbObj.AE_InArgs,
    &gALG_aewbObj.AE_OutArgs, rgbData, gALG_aewbObj.weight, NULL);
```

开发人员自行添加的函数接口也需要使用 MAKEFILE.MK 文件封装成库，因此在编译时，不仅需要链接 DM365 自带的算法库文件，同时也需要生成的新库。

② 在 DM365 中除了有协处理器支持一定的编解码算法外，还有其他硬件设备支持一定的具体处理操作，其中就包括图 7.3 中提及的视频子系统(VPSS)。在这个视频子系统中，分为视频前端(VPFE)和视频后端(VPBE)。VPFE 包括 ISIF、IPIPE 和 Face Det 等硬件支持，其中 ISIF 支持图像传感器接口；IPIPE 支持对图像进行格式的转换，包括从 YUV422 到 YUV420 的转换；Face Det 支持对人脸进行检测。VPBE 主要负责视频的编码和屏幕显示(OSD)。这些组件都是通过对寄存器进行相应的设置实现的。

本节我们以 Face Detection 为例进行具体的介绍。对于这部分组件需要开发人员自行添加相应的算法，同时编译生成相应的库文件，供 App 端使用。关于 Face Detection 的操作都是和寄存器相关的。例如，可以把与 Face Detection 相关的寄存器配置封装成以下三个函数：

- DRV_faceDetectOpen()函数：主要负责进行使能操作。
- DRV_faceDetectRun()函数：主要对 FD 寄存器进行设置，使其支持人脸检测，对于这个 DRV_faceDetectRun()函数，开发人员可以定义成如表 7.30 中所示的函数。

表 7.30 DRV_faceDetectRun()函数

```
int DRV_faceDetectRun(DRV_FaceDetectRunPrm *prm, DRV_FaceDetectRunStatus *pStatus)
{
    CSL_FaceDetectHwSetup setup;
    int status;
    int retry;

    CSL_faceDetectIntClear(&gCSL_faceDetectHndl);
    setup.inputAddr          = prm->inPhysAddr;
    setup.workAreaAddr       = gDRV_faceDetectObj.workAreaPhysAddr;
    setup.inStartX           = 0;
    setup.inStartY           = 0;
    setup.inWidth            = prm->inWidth;
    setup.inHeight           = prm->inHeight;
    setup.detectThres        = prm->detectThres;
    setup.detectCondition    = prm->detectCondition;

    status = CSL_faceDetectHwSetup(&gCSL_faceDetectHndl, &setup);
    CSL_faceDetectIntWait(&gCSL_faceDetectHndl, 200);
    retry=50;
    CSL_faceDetectDisable(&gCSL_faceDetectHndl);
    pStatus->numFaces = 0;
    if(retry==0) {
        return OSA_EFAIL;
    }
    status = CSL_faceDetectGetStatus(&gCSL_faceDetectHndl, pStatus->info, &pStatus->numFaces);
    return status;
}
```

由表 7.30 可以看出，在这个 DRV_faceDetectRun()函数中最主要的就是调用函数 CSL_faceDetectHwSetup()。CSL_faceDetectHwSetup()函数对具体的 FD 寄存器进行设置，这个函数的实现如表 7.31 所示。包括对待检区域宽、高以及检测条件等的设置。

表 7.31　CSL_faceDetectHwSetup()函数

```
CSL_Status CSL_faceDetectHwSetup(CSL_FaceDetectHandle hndl,
CSL_FaceDetectHwSetup * data)
{
    CSL_Status status = CSL_SOK;
    if (((Uint32) data->inputAddr) % 32)
        status = CSL_EFAIL;
    if (((Uint32) data->workAreaAddr) % 32)
        status = CSL_EFAIL;
    hndl->regs->FDIF_INTEN = 1;                    //FDIF 中断使能
    hndl->regs->FDIF_PICADDR = (Uint32) data->inputAddr;
    hndl->regs->FDIF_WKADDR  = (Uint32) data->workAreaAddr;
    hndl->regs->FD_DCOND   = data->detectCondition;
    hndl->regs->FD_STARTX = data->inStartX;
    hndl->regs->FD_STARTY = data->inStartY;
    hndl->regs->FD_SIZEX   = data->inWidth;
    hndl->regs->FD_SIZEY   = data->inHeight;
    hndl->regs->FD_LHIT    = data->detectThres;
    hndl->regs->FD_CTRL    = 1;                    //FD 核心控制寄存器，实现复位操作
    {
        volatile int i;
        for(i=0; i<5000; i++)
            ;
    }
    hndl->regs->FD_CTRL    = 0x2;                  // 开始对 FD 的处理
    return status;
}
```

通过上述 DRV_faceDetectRun()函数的定义与实现，开发人员通过硬件设备很容易实现 FD 算法。

● DRV_faceDetectClose()函数：与 DRV_faceDetectOpen 做出相反的操作，取消使能操作。

开发人员根据个人需要编写这些函数，因此这些文件需要通过编译而生成后缀为 a 的库文件。一般都是通过 MAKEFILE.MK 文件指明这些函数所在的文件，实现库文件的生成。MAKEFILE.MK 文件如表 7.32 所示。

表 7.32 一个 MAKEFILE.MK 文件

```
include $(BASE_DIR)/COMMON_HEADER.MK
LIBS=$(LIB_DIR)/av_server.a $(LIB_DIR)/alg.a $(LIB_DIR)/drv.a $(LIB_DIR)/image_tune.a
$(LIB_DIR)/osa.a   $(LIB_DIR) /csl.a   $(CMEM_LIB)
LIBS+=$(CODEC_LIBS)
LIBS+=$(HOME)/ipnc_App/lib/msg_util.a
LIBS+=$(HOME)/ipnc_App/lib/alarm_msg_drv.a
LIBS+=$(DVSDK_BASE_DIR)/dm365mm/lib/libdm365mm.a

INCLUDE+=$(CSL_INC)
INCLUDE+=$(IMAGE_TUNE_INC)
INCLUDE+=$(DRV_INC)
INCLUDE+=$(ALG_INC)
INCLUDE+=$(AV_SERVER_INC)


include $(BASE_DIR)/COMMON_FOOTER.MK
```

MAKEFILE.MK 文件可以看做是编译的一个输入文件。通常情况下，一个 MAKEFILE.MK 文件可以分为三部分：

● 前置部分：即表 7.32 中第一行代码。**COMMON_HEADER.MK** 是对相关编译选项进行设置的文件。

● 内容部分：通常以某一目标为一组相关变量进行设置，包括动态库、应用程序、lib 文件等。一般"APP"表示一个独立的应用程序；"LIB"为一个 LIB 文件；"SHL"表示一个动态库。

● 目标部分：即表 7.32 中最后一行代码，在这一部分可以根据需要增加新的自定义操作。

执行 make 命令，根据 MAKEFILE.MK 文件，最终会生成相应的库文件，供开发人员编译时使用。

③ 对于某一种需要实现的算法，DM365 中并没有相应的硬件支持，也完全不需要 DM365 自带的任何函数，只需要开发人员手动编写实现。例如，添加一个关于移动物体判断的函数接口，这个函数不需要调用 DM365 自带的任何函数接口，开发人员可以完全自行编写，根据 MAKEFILE.MK 等文件封装成库文件，供应用程序使用。

(4) App 端对库文件的链接。在编译应用程序时对于上述各种库文件的链接可以分为两种情况。

一种情况是应用程序和 DM365 的开发套件在同一台主机上，这样不需要开发人员另作操作，make 编译时会根据 Makefile 文件直接链接这些库文件。

另一种情况是 App 端的应用程序以及 DM365 开发套件在不同主机上。例如，假设 App 端应用程序在主机 A 上，而开发套件 dvsdk_2_10_00_17 却在主机 B 上即对库文件的修改以及库文件的生成都是在主机 B 上，而库文件的使用却在主机 A 上。在这种情况下，除了对主机 A 上 App 端的 cfg 文件进行算法的配置外，还需要一个名为 linker.cmd 的文件，这个文件中具体说明编译时链接哪些库文件，这些库文件就是在主机 B 生成然后拷贝到主机 A 上而且这些库文件均是以绝对路径的形式进行链接。这个文件如表 7.33 所示。表 7.33 对库文件的路径进行了修改，该库文件统一存放在/opt/buildscript 目录下，对于这点开发人员可以根据个人需要自行决定是否需要修改库文件的绝对路径。

从表 7.33 中可以看出，在 linker.cmd 文件中第一个链接的文件是 encodedecode_x470MV.o470MV，这个库文件是通过 App 端的 cfg 文件中根据算法的配置生成的文件，表明 App 端支持哪些具体算法的编解码。如果配置文件中使用"xdc.useModule"以及在"Engine.create"函数中新添加了其他需要的算法，这个库文件需要在主机 B 上重新编译生成，再拷贝到主机 A 上。这个文件在目录/opt/dvsdk_2_10_00_17/dvsdk_demos_2_10_00_17/dm365/encodedecode/encodedecode_config/package/cfg 中。其他库文件都是和具体算法相关的，例如库文件"h264vdec_ti_arm926.a"表明支持 H.264 的解码算法。

表 7.33　linker.cmd 文件的部分内容

```
INPUT(
"/opt/buildscript /encodedecode_x470MV.o470MV"
"/opt/buildscript /simplewidget_dm365.a470MV"
"/opt/buildscript /dmai_linux_dm365.a470MV"
"/opt/buildscript /image.av5T"
"/opt/buildscript /video.av5T"
"/opt/buildscript /audio.av5T"
"/opt/buildscript /speech.av5T"
"/opt/buildscript /videnc1.av5T"
"/opt/buildscript /h264vdec_ti_arm926.a"
"/opt/buildscript /dma_ti_dm365.a"
"/opt/buildscript /h264venc_ti_arm926.a"
"/opt/buildscript /dma_ti_dm365.a"
……)
```

完成函数的调用以及库文件链接的配置后，就可以执行 make 命令。上述第一种情况执行 make 命令时，是根据 Makefile 文件、按照 xdcpath.mak 文件中的路径进行搜索，寻找相应的库文件，本节中的 MPEG4 编解码算法就属于第一种情况；而在第二种情况中是通过 Makefile 文件和 linker.cmd 文件链接具体库文件的。

(5) App 端可执行文件的生成。执行 make 命令后，会生成 App 端的可执行程序，就是该目录下的 encodedecode 文件。执行这个可执行程序，就可以实现将视频输入经过编解码后由电视进行显示输出。

这里还需要强调的一点就是，在一个 App 的应用程序中，并不是只可以单单实现像

MPEG4 这样的编解码算法。开发人员根据需要可以同时实现 H.264 和 MPEG4 的编解码算法或其他算法的组合。

对于 DM365 中已有的算法，例如需要同时实现 H.264 和 MPEG4，就要求在创建算法句柄时，同时创建 H.264 和 MPEG4 的编解码句柄，即需要创建 4 个算法句柄，如表 7.34 所示。

表 7.34　创建 H.264 和 MPEG4 的编解码句柄

```
phandle->pvideoalg_handle =
    ALG_CREATE_H264(phandle->width,phandle->height,alignWidth,alignHeight,\
        phandle->videoencparam.video_enc_bitrate,framerate*1000,\
        phandle->videoencparam.keyFrameInterval);
phandle->pvideoalg_handle_mpeg4 =
    ALG_CREATE_MPEG4(phandle->width,phandle->height,alignWidth,alignHeight,\
        phandle->videoencparam.video_enc_bitrate,framerate*1000,\
        phandle->videoencparam.keyFrameInterval);
phandle->pvideodecalg_handle = ALG_CREATE_H264DEC(phandle->width,phandle->height);
phandle->pvideodecalg_handle_mpeg4 =
    ALG_CREATE_MPEG4DEC(phandle->width,phandle->height);
```

在表 7.34 中，主要是四个函数 ALG_CREATE_H264、ALG_CREATE_MPEG4、ALG_CREATE_H264DEC 和 ALG_CREATE_MPEG4DEC，这四个函数中封装了创建算法句柄的函数，其中 ALG_CREATE_H264 和 ALG_CREATE_MPEG4 分别是创建 H.264 和 MPEG4 的编码句柄，其内部实现为调用函数 VIDENC1_create()，而 ALG_CREATE_H264DEC 和 ALG_CREATE_MPEG4DEC 分别是创建 H.264 和 MPEG4 的解码句柄，调用的是函数 VIDDEC2_create()。对应的在删除算法句柄时，也要将这四个句柄都删除。具体进行处理时，H.264 和 MPEG4 的编码调用的函数是 VIDENC1_process，H.264 和 MPEG4 的解码调用的函数是 VIDDEC2_process。只要注意区分 H.264 和 MPEG4 的参数即可同时实现 H.264 和 MPEG4 的编解码算法。

开发人员也可以使用线程同时实现多种算法。例如，如表 7.35 所示，实现自动白平衡、人脸检测、音频编码和运动物体检测等功能。

表 7.35　在 DM365 上实现多种算法

```
status |= VIDEO_aewbCreate();
status |= VIDEO_fdCreate();
status |= VIDEO_encodeCreate();
status |= VIDEO_motionCreate();
```

表 7.35 中的算法都是通过创建线程实现的，例如对于自动白平衡的线程创建如表 7.36 所示。

表 7.36 自动白平衡线程的创建

```
int VIDEO_aewbCreate()
{
        int status;
        IMAGE_TUNE_AttachCmdHandler(IMAGE_TUNE_SYS_AEWB_ENABLE  ,
                VIDEO_aewbImageTuneCmdExecuteAewbEnable );

        status = OSA_tskCreate( &gVIDEO_ctrl.aewbTsk, VIDEO_aewbTskMain,
                VIDEO_2A_THR_PRI, VIDEO_2A_STACK_SIZE,   0);
        if(status!=OSA_SOK) {
                OSA_ERROR("OSA_tskCreate()\n");
                return status;
        }
        return status;
}
```

开发人员可以在函数 VIDEO_aewbTskMain 中编写具体的代码，实现自动白平衡算法。其他人脸检测、音频编码和运动物体检测等算法也是采取同样的方法实现。

7.3.4 算法的实现过程

1. 执行所需的文件

在 SEED_SDK 套件安装配置后，可以先执行 make install 命令，这样会在/opt/nfs/opt 目录下生成一个名为 dm365 的文件夹，开发者在实现自己的算法时，需要把可执行文件、内核文件等必需的内容全部拷贝到这个目录下。在本例中，需要把以下文件拷贝到该目录下：

● cmemk.ko：负责内存分配的模块，GPP 应用程序通过 CMEM 获得物理地址连续的 Buffer。

● irqk.ko：负责 IRQ(中断请求)模块。

● edmak.ko：负责 EDMA(增强型直接内存存取)实现的模块。

● dm365mmap.ko：负责内存映射的模块。

● loadmodules_sd.sh：模块装载脚本文件，通过执行该文件完成模块装载。

● encodedecode：ARM 端的可执行文件，是在 App 端 make 之后生成的文件。

其中，cmemk.ko、irqk.ko、edmak.ko 和 dm365mmap.ko 文件都位于目录 /opt/dvsdk_2_10_00_17/kernel_binaries/dm365 中，可以直接拷贝到文件系统下。

值得特别注意的是，开发人员可以根据个人需要适当修改 loadmodules.sh 文件确定需要加载的模块。

2. 执行前的配置

在连接开发板之前执行程序，还需要进行和 DM6467 相似的配置：

(1) 关闭防火墙，配置 IP 地址。使用命令 setup 进入图 7.25 所示的界面。

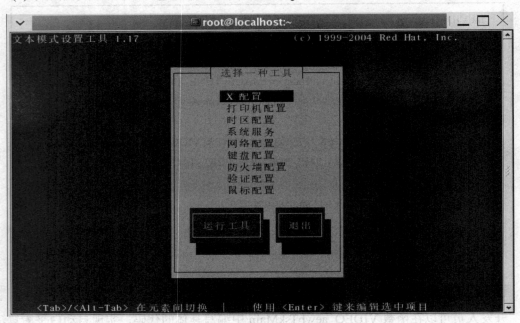

图 7.25　setup 进入界面

① 选择"防火墙配置"，关闭防火墙，如图 7.26 所示。

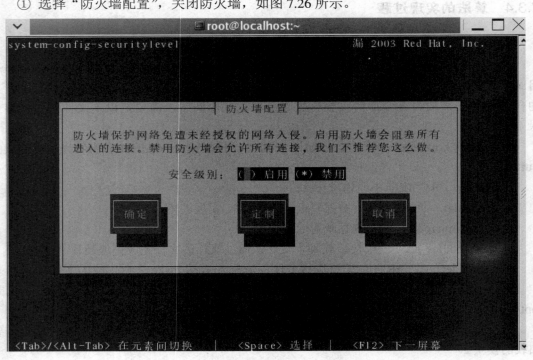

图 7.26　防火墙配置界面

② 选择"网络配置"，配置相应的 IP 地址，如图 7.27 所示。

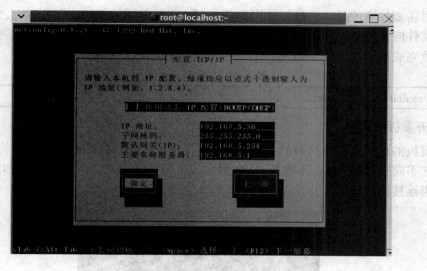

图 7.27　TCP/IP 配置界面

确认退出后，再输入如表 7.37 所示命令重启网络服务。

表 7.37　重启网络服务

service network restart

(2) 开启 nfs。依次使用如下命令开启 nfs：
- /etc/init.d/nfs status；
- /etc/init.d/nfs start；
- /etc/init.d/nfs restart。

(3) 开启 tftp。使用如表 7.38 所示的命令进入文件。

表 7.38　进入 tftp 配置文件

vi /etc/xinetd.d/tftp

需要修改默认的 disable 配置，如表 7.39 所示。

表 7.39　tftp 中的服务配置

service tftp			
{			
	socket_type	= dgram	
	protocol	= udp	
	wait	= yes	
	user	= root	
	server	= /usr/sbin/in.tftpd	
	server_args	= -s /tftpboot	
	disable	= no	
#	disable	= yes	
	per_source	= 11	
	cps	= 1002	
	flags	= IPv4	
}			

这里需要注意的是，注释行使用的是"#"，不是常用的"//"或是"/*...*/"的形式，不同的文件应该注意区分注释的方法。

修改完成后输入如表 7.40 所示的命令来重启服务。

表 7.40　重启 tftp 服务

/etc/init.d/vsftpd restart

3. 开发板的连接

开发板的连接主要包括 DAVINCI 开发板(含 TMS320DM365 芯片及丰富的外设)、串口线等，它不同于 DM6476，不需要 DVD 输入或电视显示。只要将开发板通过串口线和主机相连，再连接网线即可。开发板的启动状态如图 7.28 所示。

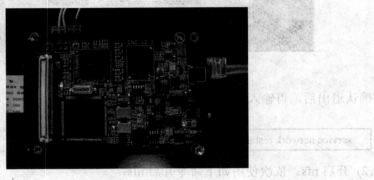

图 7.28　开发板的启动状态

4. 程序执行的流程

将所有必需的文件拷贝完成之后，打开 ZOC(终端模拟器)，启动开发板，进入挂载的文件目录/opt/dm365 中，按照以下顺序依次执行：

● ./loadmodules_sd.sh(执行之后，如果想查看装载的情况，可以使用 lsmod 命令进行查看，或者使用 cat /proc/cmem 查看具体的 pool 信息)。

● ./encode，首先执行的是 MPEG4 的编码算法，在程序实现中打开一个 YUV422 的 mpegenc.dat 数据文件，一帧图像如图 7.29 所示，对其进行 MPEG4 编码，输出的是 mpegenc.mp4 文件。编码输出图像如图 7.30 所示。

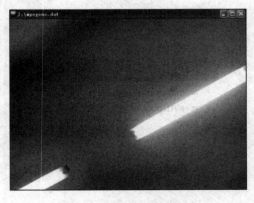

图 7.29　mpegenc.dat 输入文件

图 7.30 编码输出文件 mpegenc.mp4

● ./decode，该程序实现 MPEG4 的解码算法，输入文件是编码后的 mpegenc.mp4 文件，更名为 mpegdec.mp4，输出的是 YUV422 的 mpegdec.dat 文件，一帧图像如图 7.31 所示。比较图 7.29 和图 7.31 可发现，mpegenc.dat 和 mpegdec.dat 文件中一帧图像的内容是一样的。

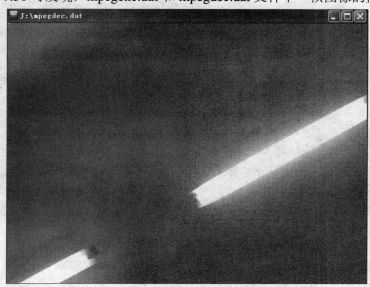

图 7.31 解码输出文件 mpegdec.dat

7.4 内核和文件系统的制作及烧写

7.4.1 UBOOT 文件的烧写

在进行内核和文件系统的制作及烧写之前，首先需要将 UBOOT 程序烧写进开发板，这个操作的完成需要在 CCS 下实现。具体步骤如下：

(1) 打开 CCS "evmdm355_xds560.ccs"，如图 7.32 所示。

图 7.32　evmdm355_xds560.ccs 文件

(2) 按 Alt + C 组合键进行 CCS 链接(默认需要配置 gel 文件)。

(3) 选择 CCS 的 File 菜单中的"Load Program"，装载"NANDWriter_DM365_IPNC.out"文件。

(4) 装载完毕后，按 F5 键运行，弹出如图 7.33 所示的菜单，输入"y"。

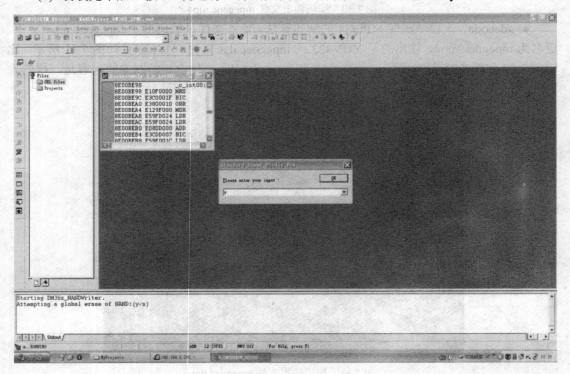

图 7.33　装载 out 文件

(5) 选择 UBL 文件，输入"UBL_DM365_EVM.bin"，如图 7.34 所示。

(6) 选择 UBOOT 文件，输入"u-boot-boot-rst3G-MRU_2030.bin"，如图 7.35 所示。

(7) 在 UBOOT 的 Application entry point 中输入"0x81080000"，如图 7.36 所示。

(8) 在 UBOOT 的 load Addr 中输入"0x81080000"，如图 7.37 所示。

(9) 诊断程序中输入"none"，如图 7.38 所示。

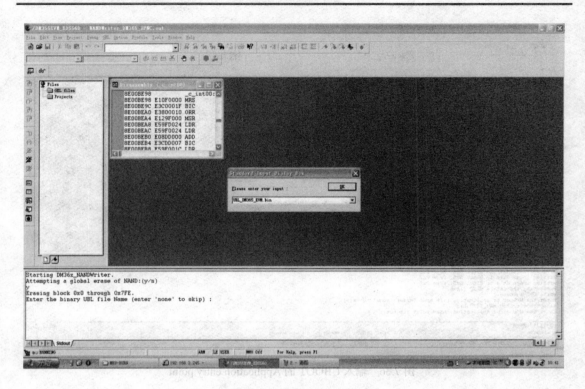

图 7.34 输入 UBL 文件

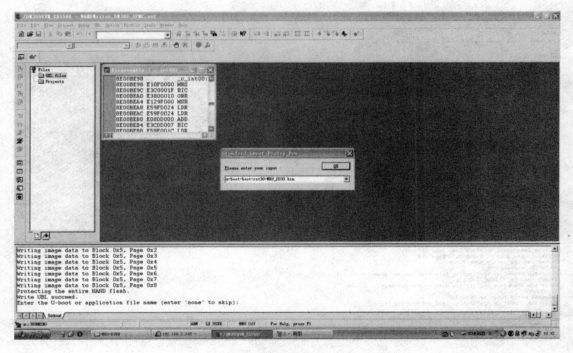

图 7.35 输入 UBOOT 文件

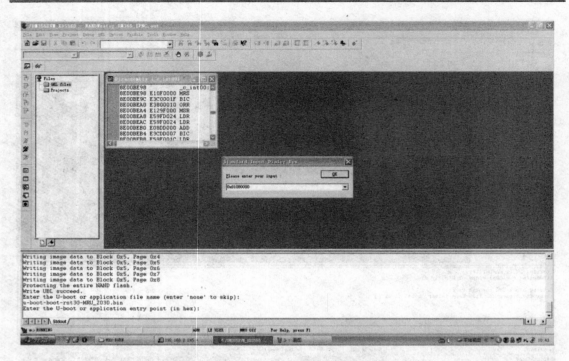

图 7.36 输入 UBOOT 的 Application entry point

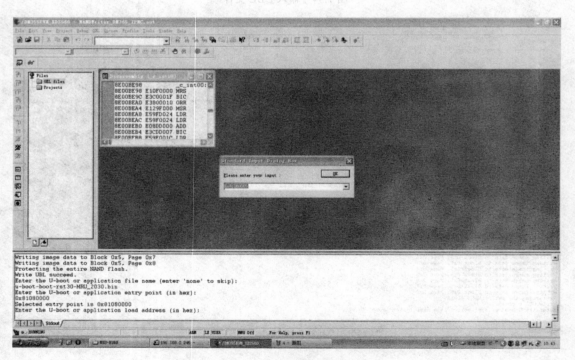

图 7.37 输入 UBOOT 的 load Addr

第7章 基于TMS320DM365的开发系统演示范例

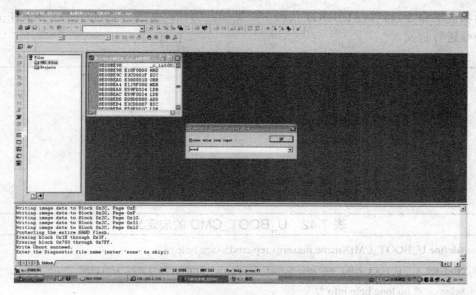

图7.38 诊断输入

(10) 烧写完成，按 Alt+C 断开链接。

7.4.2 内核文件的制作和烧写

(1) 在/opt/mv_pro_5.0/montavista/pro/devkit/lsp/ti-davinci/linux-2.6.18_pro500 目录下，执行 make menuconfig 命令，对内核进行选择。

完成后，进入目录/opt/DM365/mv_pro_5.0/montavista/pro/devkit/lsp/ti-davinci/linux-2.6.18_pro500/arch/arm/boot 中，执行 make uImage 命令，生成 uImage 文件。

(2) 打开超级终端，启动开发板，此时会报错："ERROR：can't get kernel image！"，需要执行 "rx" 命令，选择 "传送→发送文件"，弹出如图 7.39 所示的界面。

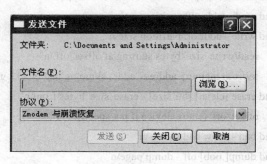

图7.39 超级终端发送文件界面

图 7.39 所示的"文件名"选择相应的 uImage 文件，协议选择 Xmodem，进行文件的传输。通常传送速度为 8K，文件大小不超过 2 MB，传送可能会花费 3 到 4 分钟的时间。

这里的"rx"命令是开发人员定义的 UBOOT 命令，如表 7.41 所示。表 7.41 中的"U_BOOT_CMD"是通过表 7.42 中的宏定义进行定义的。一般通过使用"U_BOOT_CMD"对各种命令进行定义，包括一般使用的 nand 命令，如表 7.43 所示。如果开发人员需要定义实现新功能的命令,可以在UBOOT代码中添加相应的代码实现,同时使用"U_BOOT_CMD"对新命令进行定义。

表 7.41 rx 命令的定义

```
U_BOOT_CMD(
        rx,    3,    0,    do_xmodem,
        "rx    - load binary file over serial line (xmodem)\n",
        "[ off ] [ baud ]\n"
        "      - load binary file over serial line"
        " with offset 'off' and baudrate 'baud'\n"
);
```

表 7.42 U_BOOT_CMD 的宏定义

```
#define U_BOOT_CMD(name,maxargs,rep,cmd,usage,help) \
cmd_tbl_t __u_boot_cmd_##name Struct_Section = {#name, maxargs, rep, cmd, usage, help}
#else    /* no long help info */
#define U_BOOT_CMD(name,maxargs,rep,cmd,usage,help) \
cmd_tbl_t __u_boot_cmd_##name Struct_Section = {#name, maxargs, rep, cmd, usage}
```

表 7.41 中的"do_xmodem"是开发人员定义的函数,用于实现按照 Xmodem 协议进行文件的传输。

表 7.43 nand 命令的定义

```
U_BOOT_CMD(nand, 5, 1, do_nand,
    "nand - NAND sub-system\n",
    "info - show available NAND devices\n"
    "nand device [dev] - show or set current device\n"
    "nand read - addr off|partition size\n"
    "nand write - addr off|partition size\n"
    "    read/write 'size' bytes starting at offset 'off'\n"
    "    to/from memory address 'addr', skipping bad blocks.\n"
    "nand erase [clean] [off size] - erase 'size' bytes from\n"
    "    offset 'off' (entire device if not specified)\n"
    "nand bad - show bad blocks\n"
    "nand dump[.oob] off - dump page\n"
    "nand scrub - really clean NAND erasing bad blocks (UNSAFE)\n"
    "nand markbad off - mark bad block at offset (UNSAFE)\n"
    "nand biterr off - make a bit error at offset (UNSAFE)\n"
    "nand lock [tight] [status]\n"
    "    bring nand to lock state or display locked pages\n"
    "nand unlock [offset] [size] - unlock section\n");
```

(3) 执行 nand erase 0x500000 0x200000 命令。nand erase 命令用于擦除 NAND，格式为 nand erase addr count，第一个参数 addr 是偏移 OFFSET，第二个参数 count 是擦除的字节数。

(4) 执行 nand write 0x80700000 0x500000 0x200000 命令。nand write 命令用于将下载的内存数据写入 NAND，格式为 nand write addr offset count，第一个参数 addr 是内存源地址，第二个参数 offset 是 NAND 的偏移地址，第三个参数 count 是写入的字节数(大小)。

(5) 执行 setenv bootcmd 'nand read 0x80700000 0x500000 0x200000;bootm'命令。

(6) 执行命令：

setenv bootargs 'console=ttyS0,115200n8 root=/dev/nfs

nfsroot=192.168.0.106:/home/mru/ramfs_new/ramfs_img

ip=192.168.0.244:192.168.0.106:192.168.0.1:255.255.255.0::eth0:off mem=80M'

(7) 保存设置并执行 saveenv。

上述指令的执行和输出如图 7.40 所示。

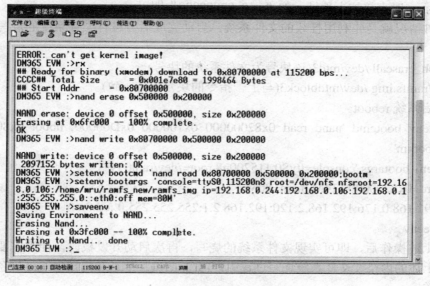

图 7.40　超级终端下命令的执行

上述命令执行完毕后，已完成内核文件的烧写，即可重新启动开发板。这里提及的对内核文件的烧写采用的是 NAND 命令，与 DM6467 相似，也可以使用 tftp 命令对内核文件进行烧写。

7.4.3　文件系统的制作和烧写

在 DM365 中，/opt/nfs 目录下的所有文件夹组成了一个完整的文件系统，因此制作的文件系统中应该包含 nfs 目录下的所有文件夹，所以需要在/opt 目录下进行文件系统的制作。

在这里使用 ramfs 作为系统的文件系统。制作文件系统使用的命令是 mkfs.cramfs，一般可以执行命令"mkfs.cramfs nfs nfs.img"来生成相应的 img 文件。该命令的第一个参数"nfs"是指将 nfs 目录制作为文件系统；第二个参数 "nfs.img" 是指将 nfs 做成文件系统后，命名为"nfs.img"。

文件系统制作完成后，需要对这个后缀为 img 的文件进行烧写，文件系统的烧写分为两种情况。

第一种情况和内核的烧写一样，使用 rx 传送文件，利用 NAND 命令完成文件系统的烧写，主要执行如下命令：
- nand erase 0x700000 0xD00000
- nand write 0x80700000 0x700000 0xD00000
- setenv bootcmd 'nand read 0x82000000 0x700000 0xD00000; nboot 0x80700000 0 0x500000;bootm'
- setenv bootargs 'console=ttyS0,115200n8 root=/dev/ram0 rw initrd=0x82000000,14M mem=80M ip=192.168.0.176:192.168.2.120:192.168.2.1:255.255.255.0::eth0:off'
- saveenv

如果文件系统过大，上述指令可能无法实现，需要重新指定写入时 NAND 的地址，就可以在执行 rx 时直接加上地址，如"rx 0x82000000"即可。

第二种情况就是先利用挂载的文件系统，启动完成后再进行文件系统的烧写，主要命令如下：
- flash_eraseall /dev/mtd3(该块号为文件系统的块号)
- cp /ramfs.img /dev/mtdblock3(与上一指令的块号保持一致)
- 重启系统 reboot
- setenv bootcmd 'nand read 0x82000000 0x700000 0xD00000; nboot 0x80700000 0 0x500000;bootm'
- setenv bootargs 'console=ttyS0,115200n8 root=/dev/ram0 rw initrd=0x82000000,14M mem=80M ip=192.168.0.176:192.168.2.120:192.168.2.1:255.255.255.0::eth0:off'
- saveenv

完成上述操作后，即可实现文件系统的烧写，再次启动开发板时，便不需要挂载文件系统。在上述的内核及文件系统烧写过程中，Flash 的偏移地址和内核中 mtd 设备的配置偏移地址相关。

7.5 小 结

本章以 DM365 自带的 MPEG4 编解码算法为例，对系统的开发流程进行了具体的描述。其中 DM365 的相关环境配置、xdcpath.mak 文件和 user.bld 文件等的修改都与 DM6467 相似，不做赘述。本章对 Codec 和 App 两部分的开发流程进行了详细的描述，并与第 6 章 DM6467 的开发流程做了简单的区分，此外，对于 DM365 内核和文件系统的制作、烧写也进行了介绍，本章中所使用的方法和第 6 章中 DM6467 内核和文件系统烧写与制作的方法，对于两种开发板同样适用，开发人员可根据实际选择适合的方法。

第8章　DSP系统算法优化和DAVINCI核间通信模型

在算法移植之后，必不可少的工作就是算法的优化。针对DSP的特点，如果同时运行多个运算单元，随之而来的可能就是算法效率的下降。因此，算法的优化变得至关重要。同时，ARM和DSP间的通信也是要关注的问题。在算法调用时，DSP和ARM之间如何同步，诸如此类的问题，都属于ARM和DSP之间的通信问题。在本章中将会一一给出答案。

8.1 算法的优化

DSP通常有几个运算单元可以一起工作，因此可以用来进行比较复杂的运算。在DSP的程序中，汇编代码的效率最高，但是汇编代码由于可读性、可修改性和可移植性比较差，而且开发的时间也比较长，因此通常用来编写DSP的启动代码，其余大量代码一般还是倾向于使用C语言来构建。C语言非常灵活，关键是非常利于移植。即使如此，也需要对算法和代码进行优化。

算法和代码的优化工作主要包括数据类型优化、数值操作优化、快速算法使用、变量定义和使用方法优化、函数调用优化、程序流程优化以及计算表格优化等。

8.1.1 数据类型的优化

不同的嵌入式系统对数据类型的定义可能是不一样的，比如int类型的变量，在有些系统中是32位的，在另一些系统中则可能是16位的。因此，在写代码的时候，使用预编译宏typedef将数据类型重新定义，移植的过程就会比较方便，只要更改这些宏定义便可。例如在DM6467中就有如表8.1所示的宏定义。

表8.1 数据类型宏定义

```
/* Handle the 6x ISA */
#if defined(_TMS320C6X) /* 以下是关于 Unsigned integer (32bit, 16bit, 8bit) 的定义 */
    typedef unsigned int        Uint32;
    typedef unsigned short      Uint16;
    typedef unsigned char       Uint8;

    /*以下是关于 Signed integer (32bit, 16bit, 8bit) 的定义*/
    typedef int                 Int32;
    typedef short               Int16;
    typedef char                Int8;
```

在编程中还要注意变量的变化范围，以及变量是 signed 还是 unsigned，因为不同的系统和硬件平台对数据类型的默认定义是不同的。比如在 PC 上的 Visual C++中，默认 char 是 unsigned char，但在 TI 公司的一些 DSP 系统中，默认 char 是 signed char，如果没有注意到这一点，在移植过程中就会遇到相当多的麻烦。

另外，在代码的生成过程中，除非系统有浮点协处理器或专门针对浮点运算设计的处理器，否则不要使用浮点数和浮点数运算。因为浮点数会占用很大的内存空间(IEEE 单精度浮点需 4 Byte，双精度需 8 Byte)，而且运算非常慢，即使有专门的协处理器的支持，通常还是会比定点运算更花时间。

最后需要对 short 型数据进行 int 处理。C64x 的 DSP 具有双 16 位扩充功能，芯片能在一个周期内完成双 16 位的乘法、加减法、比较、移位等操作。在设计时，当对连续的 short 型数据流进行操作时，应该转化成对 int 型数据流的操作，这样一次可以把两个 16 位的数据读入到一个 32 位的寄存器中，然后用内部函数来对它们进行处理，充分运用双 16 位的扩充功能，速度将提升一倍。

8.1.2 数值操作的优化

数值操作的优化，主要采用以下几种方法：

(1) 用比特的移位操作来代替二次幂整数的乘除法运算。DSP 上的乘法器数量有限，但是通常有较多的运算单元可以进行移位运算，因此，尽量把乘法转化为移位，可提高整个系统运算单元的复用率，从而提高执行效率。除法是 DSP 的代码中最需要避免的运算，因为 DSP 系统一般不提供单周期的除法指令，为此必须采用除法子程序来实现。二进制除法是乘法的逆运算，乘法包括一系列的移位和加法，则除法可分解为一系列的减法和移位，但这样做显然会非常慢。一般的做法是把除法改为乘上一个数，再进行一次移位。

(2) 多用查表法。如果内存情况允许，在程序中将一些运行时计算的参数做成查找表或常数数值，这样可以将运行时的计算转化为编译时的计算，虽然增加了一些内存的需求，但是大大提高了运算效率。

(3) 有效地使用协处理器，减小定点处理单元的负担。要充分利用系统中的协处理器或硬件加速器，减轻主处理器的负担，通过并行来提高效率。通常来说，协处理器处理能力比较专一，而且处理能力不亚于主处理器，甚至更优，因此如果系统中有可以使用的这一部分资源，开发时要好好利用。

(4) 尽量避免数值的上下溢出，除非是算法本身的需要。事实上算法中使用对溢出的处理操作是一个比较冒险的做法，尤其是代码可能要往不同的系统上移植的时候，因为不同的系统对溢出和饱和运算的处理可能是不一样的，在一个系统上顺利运行的算法，移植到另一个系统上可能就会出错。

8.1.3 变量定义及使用的优化

C 语言把函数的局部变量放在栈中，对局部变量的访问是间接的，需要通过偏移量寻址，因此较慢。更为有效的方法是将变量放在堆(heap)中，一般有两种方法来实现：一种是声明为全局变量；另一种是声明变量为 static。同时，要注意提高全局变量的重复利用率。

对于需要多次重复访问的变量，如 for 循环中的变量，可以设置为 register 变量，编译器会给它分配一个硬件寄存器。声明变量为 register 能够提高效率，但必须小心使用，因为编译器不一定百分之百地把用户定义的 register 变量对应到硬件寄存器，在系统资源不足的时候，这种对应有可能失效。因此，应该优先把使用最频繁的变量进行对应。

虽然在 C 语言中指针和数组可以达到相同的效果，但数组的寻址要计算偏移量，特别是多维数组。因此，尽量转化为指针的形式，配合 DSP 中寻址所支持的增量寻址，效率会大大提高。

8.1.4 函数的调用

函数调用在代码中要慎重安排，因为在 DSP 的结构中，代码跳转一般需要 5 个机器周期，加上保存寄存器、传送参数时压入、读出堆栈的时间，这个值会比较可观，一些简单的函数花在函数调用上的时间和实际执行代码的时间不相上下，甚至可能更长。

因此，要尽量地避免小函数的频繁调用，把它们改成 inline 类型的函数。尽量减少要传递的参数，这样也可以加快函数调用的速度。同时，如果参数中有结构体，一般的做法是传递结构体的指针，而不是复制结构体本身。

在被调函数的内部减少局部变量，可以减轻堆栈的压力，也可以省去一些不必要的初始化。或把变量定义为 static，这样只需在第一次调用时做初始化。同时，如果被调函数有比较多的返回值，也可以打包成结构体来传回指针。

8.1.5 程序流程的设计

程序流程设计是 C 代码优化中很重要的一环，一个好的流程设计，是其他优化操作的基础。如果代码的流程是低效率的，那么其他部分的优化即便再出色，其作用也无法发挥出来。

程序流程的优化主要是代码总体结构的流程优化，这个优化的目标往往随着实际应用平台的不同而有所不同，但总的原则就是充分利用资源，提高运算速度。具体地说有下面三个方面：

首先，预先准备好数据，避免等待的状态。嵌入式系统中一般都有 DMA 之类不占用 CPU 的传输数据的硬件，要用好 DMA，使得需要数据的时候，数据总是处于"准备好"的状态，以便把传输数据的时间隐藏起来，加快整个代码的执行速度。

其次，应尽量利用硬件的特性，使各个运算部件都处于工作状态。DSP 比较注重并行性，一般有几个运算单元可以同时工作，同时结合流水线(pipeline)来加速整个代码的执行。流水线的效率和可以并行执行的代码长度密切相关，换句话说，并行执行的代码越长，效率就越高。因此，应尽量把并行的工作放到一起做，尽可能增加流水线的执行时间，从而提高效率。

最后，实现零开销循环。DSP 有零开销循环的处理能力。C 语言中有三种循环：for 循环、do-while 循环和 while 循环，零开销循环不需要循环计数更新、测试和回跳指令，因此能够加速处理能力。为了实现零开销循环，编译器必须知道循环的初始化、更新和结束条件。如果循环表达式过于复杂，或者含有的循环变量随循环体的条件变化而变化，编译器就无法生成零开销的循环。因此，循环表达式要尽可能清楚、简单，并且和循环内部的运算独立。

8.2 内存的优化

8.2.1 Cache 的优化

在 DM6467 的 DSP 内存结构中包含有两级 Cache[33]结构和外部内存(external memory)。其中一级 Cache 为 Level 1[34](简称为 L1)，分为程序(L1P)和数据(L1D)两部分。Level 2(简称为 L2)分为 L2 SRAM 和 L2 Cache。两级 Cache 结构图[35]如图 8.1 所示。

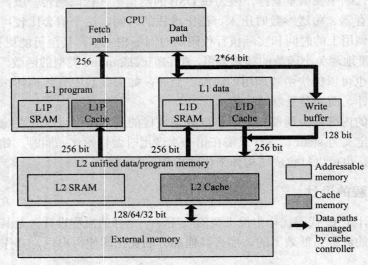

图 8.1 Cache 结构图

在目录/opt/dvsdk_1_40_02_33/codec_engine_2_10_02/ examples/ti/sdo/ce/examples/servers/all_codec/package/cfg/evm-DM6467 下的 all.x64P.map 文件中包含了 Cache 的大小信息，如表 8.2 所示。

表 8.2 all.x64P.map 文件中的 Cache 信息

```
name           origin      length      used        unused      attr    fill
------------   --------    --------    --------    --------    ------  ------
CACHE_L2       10800000    00010000    00000000    00010000    RWIX
CACHE_L1P      10e00000    00008000    00000000    00008000    RWIX
CACHE_L1D      10f10000    00008000    00000000    00008000    RWIX
```

有时开发者可能需要对 Cache 的大小进行重新设置。L1D、L1P、L2 Cache 的大小可以通过表 8.3 中的三个函数在代码中进行修改。

表 8.3 修改 Cache 大小的函数

CACHE_L1PSetSize();
CACHE_L1DSetSize();
CACHE_L2SetSize();

表 8.3 中：

(1) L1P Cache 是直接映射 Cache，大小为 16 KB。CPU 要从内存读取指令的时候，这些指令是直接存储到 L1P Cache 中的。L1P Cache 是只读的，L1P Cache 的 Line Size 是 32 B，指令长度一般为 4 B，这就表示在 L1P Cache 读取指令的时候，其实每次是读取 8 条指令。

此外，L1P Cache 和实际内存的数据映射关系也很重要。因为 L1P Cache 的 Line Size 是 32 B，因此需要保证每个函数在内存中的起始地址是 32 B 对齐，注意这点可以有效利用 L1P Cache。

(2) L1D Cache 是 2 路组相连的 Cache，大小为 16 KB。L1D Cache 的 Line Size 是 64 B，L1D Cache 有两个入口可以访问，访问数据时，应确定对应的是哪一入口。

(3) L2 Cache 大小是 1024 KB。可以被设置成为 L2 Cache 或者 L2 SRAM。L2 的 Line Size 是 128 B，可以是 1、2、3、4 路组相连 Cache，这取决于分配的 L2 Cache 大小：0 K，32 K(1-Way)、64 K(2-Way)、128 K(3-Way)或者 256 K(4-Way)。

由此可见，Cache 的优化也是 DM6467 中不可或缺的一部分。为防止有效代码和数据在缓存中相互排挤，应合理布置代码段和数据段的内存布局。可以从应用级和程序级两部分进行优化。

1. 应用级的优化

需要合理设置 Cache 的大小，尽量将 DMA 用到的 Buffer 分配在片内 RAM 上；此外，将一般性程序代码和数据放到片外 RAM，将 DSP 型代码和数据放到 L2SRAM。所谓一般性代码是指代码中带有很多条件分支转移的指令，程序执行在空间上有随意性，不利于流水线的形成，这类代码放在片外可以发挥 L2 Cache 4-Way 的优势。DSP 型代码是指算法型的代码，放在 L2SRAM 中可以充分发挥 DSP 速度快的优势。

2. 程序级的优化

首先，尽量把顺序执行的代码、同时使用的数据放在相邻的物理空间内。若函数模块和数据包含在同一个循环中，循环体的大小应尽量与 Cache 的容量相吻合，以便能把整个循环体全部放入 Cache 中；其次，为提高 Cache 中数据的重复利用率，可以把数据操作构成一条数据处理链，链中的下一级操作直接使用上一级操作留在 Cache 中的数据；此外，根据 Cache 的数据宽度信息，调节数据在物理内存中的存放位置，利用数据预取增加 Cache 的命中率；最后，可以通过合理的数据填充策略避免同一时钟周期读写相同存储体，以至造成存取冲突。

8.2.2 DDR2 的优化

在描述 Server 端的 tcf 文件时，提到了 mem_ext 数组，其中对内存进行了分配，默认的内存大小为 256 MB，并对每一部分的大小都进行了默认的设置。但是实际上，我们可能并不需要 256 MB 的内存或者按照默认的分配并不合适，可能过大，也有可能过小。因此对于内存的分配需要进行合理的调整。

256 MB 的默认 DDR2 可以主要分为三部分：DSP Server memory、CMEM memory 和 Linux Memory。因此 DDR2 大小的计算可以表示为

total memory = DSP Server memory + CMEM memory + Linux Memory

如果 total memory 是固定值(它是由开发板的硬件设计决定的)，我们可以通过 CMEM memory 和 DSP Servermemory 的值求出 Linuxmemery 的大小。得到具体大小的过程如下：

(1) 一般在最大 256 MB 的内存映射的情况下，根据 cfg 文件运行所有在 Server 端添加的算法，重新创建一个 Server。

(2) 求出 DDRALGHEAP 的大小。对于所有 CE 版本，都有一个函数 Engine_getUsedMem()，此函数的返回值为 Server 端的内存使用总量，其中也包含有 DDR 的大小。因此，可以在 Engine_open()之后，任何算法实例创建之前，调用此函数。因为在没有创建任何算法实例时，DDRALGHEAP 的值为 0。在创建一个或多个算法实例之后，再次调用 Engine_getUsedMem()，通过计算差值便可求得创建的算法实例所需要的 DDRALGHEAP 的大小。此外，根据 CE 的不同版本还有其他各种求出 DDRALGHEAP 大小的函数和方法。

(3) 得出 DDR 的大小。DDR 主要是代码和静态数据，因此得到 DDR 的大小比较容易。在 Server 端的 cfg 文件中加入所有需要使用的 Codec，重新创建 Server，这样会生成一个相应的.map 文件，在/opt/dvsdk_1_40_02_33/codec_engine_2_10_02/examples/ti/sdo/ce/examples/servers/all_codec/package/cfg/evmDM6467 目录的 all.x64P.map 文件里有描述内存的配置，如表 8.4 所示。

表 8.4 all.x64P.map 文件中关于内存的所有配置

MEMORY CONFIGURATION						
name	origin	length	used	unused	attr	fill
IRAM	107f8000	00008000	00000000	00008000	RWIX	
CACHE_L2	10800000	00010000	00000000	00010000	RWIX	
CACHE_L1P	10e00000	00008000	00000000	00008000	RWIX	
L1DSRAM	10f04000	0000c000	00008000	00004000	RWIX	
CACHE_L1D	10f10000	00008000	00000000	00008000	RWIX	
L4CORE	48000000	01000000	00000000	01000000	RWIX	
L4PER	49000000	00100000	00000000	00100000	RWIX	
IVAMMU	5d000000	00001000	00000000	00001000	RWIX	
DDRALGHEAP	8e000000	01800000	01800000	00000000	RWIX	
DDR2	8f800000	00600000	000874df	00578b21	RWIX	
DSPLINKMEM	8fe00000	00100000	00000000	00100000	RWIX	
RESET_VECTOR	8ff00000	00001000	00000000	00001000	RWIX	

(4) 决定 CMEM 的大小。针对 CMEM 的配置，我们需要知道两方面的内容：一个是满足 ARM 和 DSP 两端交互的 Buffer 所需要的内存大小，这个就是 CMEM 的大小；另一个就是应用端对于每一类型 Buffer 的需求总数，这个就是 CMEM 针对每一种 Buffer 所分配的 pool。CMEM 的大小和 pool 的分配是通过 loadmodule.sh 文件实现的。

(5) 减少 DSPLINKMEM 的大小。DSPLINKMEM 适用于 DSP Link，DSPLINKMEM 的默认设置是在 1 MB 的内存段中占用 512 KB 的大小。在分配时，通常情况下都是分配 1 MB

的大小。此外,一般我们可以忽略对于 DSP Link 系统组件默认设置的修改,所以如果需要节省额外的 512 KB 的大小,可以直接减少,不必担心 DSP Link 的本身细节问题。

根据得到的 DSP Server 和 CMEM 的大小,求出分配给 Linux 的内存大小。这样分配的内存比较符合算法需要,比较合理。

8.3 DAVINCI 核间通信机制

8.3.1 ARM 和 DSP 之间的联系

DM6467 的 SoC(System on Chip,片上系统)集成了 ARM 核和 DSP 核,其中的 ARM 核实现整体系统的控制功能,DSP 核实现复杂的数据及图像/视频的处理功能。图 8.2 描述了 ARM 核和 DSP 核之间共享资源的联系[36]。可以看出:

(1) ARM 和 DSP 共享外设:
- ARM 和 DSP 都可以访问 EDMA;
- ARM 和 DSP 都可以访问 McASP;
- ARM 和 DSP 都可以访问 Timer0、Timer1。

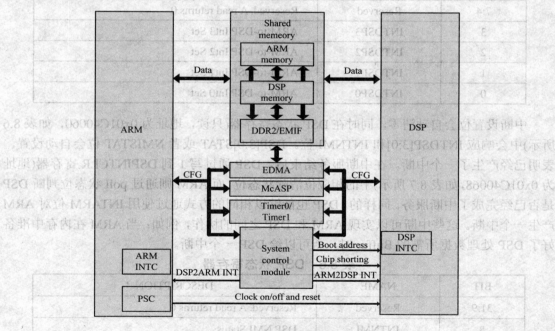

图 8.2 ARM-DSP 之间通信和资源共享

(2) ARM 和 DSP 共享内存:
- ARM 可以访问 DSP 内存(L1D、L1P、L2D);
- DSP 可以访问 ARM 内存;
- ARM 和 DSP 都可以访问 DDR2 和异步 EMIF。

(3) ARM 和 DSP 之间的中断:

- ARM 可以中断 DSP(通过 4 个普通中断和 1 个 NMI);
- DSP 可以中断 ARM(通过 2 个普通中断)。

(4) ARM 可以管理 DSP 的部分功能:
- 启动 DSP;
- 开启/关闭 DSP 时钟;
- 重置 DSP。

8.3.2 ARM-DSP 中断

在 ARM 和 DSP 之间通过一个寄存器可以生成中断——INTGEN[37](系统控制寄存器中的偏移为 10 h,管理和控制 ARM/DSP 的中断状态)。ARM 通过设置 DSPINTSET 寄存器(地址为 0x01C40064,如表 8.5 所示)中 INTDSP[3:0]中的任何一位或者 INTNMI 位,对 DSP 产生一个中断。

表 8.5 DSPINTSET 寄存器

BIT	NAME	DESCRIPTION
31:9	Reserved	Reserved. A read returns 0
8	INTNMI	DSP NMI Set
7:4	Reserved	Reserved. A read returns 0
3	INTDSP3	ARM-to-DSP Int3 Set
2	INTDSP2	ARM-to-DSP Int2 Set
1	INTDSP1	ARM-to-DSP Int1 Set
0	INTDSP0	ARM-to-DSP Int0 Set

中断设置位会自动清零,同时在 DSP 状态寄存器(只读,地址为 0x01C40060,如表 8.6 所示)中会响应 INTDSP[3:0]和 INTNMI 位。DSP[3:0]STAT 或者 NMISTAT 位会自动设置,表明已经产生了一个中断。在中断服务结束后,DSP 通过写 1 到 DSPINTCLR 寄存器(地址为 0x01C40068,如表 8.7 所示)中的相应位清除状态位,而 ARM 则通过 poll 状态位判断 DSP 是否已经完成了中断服务。同样的,DSP 也能够以相同的方式通过使用 INTARM 位对 ARM 产生一个中断。这些中断可以实现 ARM 和 DSP 之间的协作,例如:当 ARM 在内存中准备好了 DSP 处理数据所需的 Buffer 时,就可以给 DSP 一个中断。

表 8.6 DSP 状态寄存器

BIT	NAME	DESCRIPTION
31:9	Reserved	Reserved. A read returns 0
8	INTNMI	DSP NMI Status
7:4	Reserved	Reserved. A read returns 0
3	INTDSP3	ARM-to-DSP Int3 Status
2	INTDSP2	ARM-to-DSP Int2 Status
1	INTDSP1	ARM-to-DSP Int1 Status
0	INTDSP0	ARM-to-DSP Int0 Status

表 8.7 DSPINTCLR 寄存器

BIT	NAME	DESCRIPTION
31:9	Reserved	Reserved. A read returns 0
8	INTNMI	DSP NMI Clear
7:4	Reserved	Reserved. A read returns 0
3	INTDSP3	ARM-to-DSP Int3 Clear
2	INTDSP2	ARM-to-DSP Int2 Clear
1	INTDSP1	ARM-to-DSP Int1 Clear
0	INTDSP0	ARM-to-DSP Int0 Clear

ARM 和 DSP 两者间一个中断实现的典型顺序如下：
- ARM 向共享内存中写入数据和命令；
- ARM 通过配置中断字向 DSP 产生中断；
- DSP 响应中断并且读取共享内存中的数据和命令；
- DSP 针对这条命令执行服务程序；
- 一旦完成执行，DSP 就中断 ARM。

上述的顺序常被称为 ARM-DSP 通信。

ARM 可以访问 5 个 DSP 中断事件，这些中断事件被标志为 ARM2DSP0、ARM2DSP1、ARM2DSP2、ARM2DSP3 和 NMI(NMI 为不可屏蔽中断，无论状态寄存器中 IF 位的状态如何，CPU 收到有效的 NMI 后必须进行响应。NMI 是上升沿有效，中断类型号固定为 2，它在被响应时无中断响应周期，通常用于故障处理)。DSP 可以产生 2 个 ARM 中断事件，这些中断事件被标志为 DSP2ARM0、DSP2ARM1。中断关系如表 8.8 所示。

表 8.8 ARM-DSP 中断映射关系

ARM Interrupt Map			DSP Interrupt Event Map		
Interrupt Number	Lable	Source	Event#	Lable	Source
46	DSP2ARM0	DSP	16	ARM2DSP0	ARM
47	DSP2ARM1	DSP	17	ARM2DSP1	ARM
			18	ARM2DSP2	ARM
			19	ARM2DSP3	ARM
			n/a	NMI	ARM

ARM 和 DSP 就是通过使用 INTGEN 寄存器实现互相中断的，从而实现通信。

8.4 基于裸机制的 DAVINCI 核间通信模型

在 8.3 节中提及的 ARM 和 DSP 间的通信是通过中断实现的，但是由于 ARM 只有 5 个 DSP 中断事件，而 DSP 只有 2 个 ARM 中断，这样会带来一个问题。当 AMR 端向 DSP 端发送多个中断请求时，此时这些中断应该如何处理，一般的做法是使用共享缓存协同中断机制来进行中断辅助处理。

我们可以将共享缓存设计为如图 8.3 所示的情况。

中断号	数据区	信号量
中断号	数据区	信号量
……		

图 8.3　共享缓存

例如，当 ARM 向 DSP 发出一个中断时，可以将中断号、数据直接放入共享缓存中(这里的数据可以是 ARM 处理后，等待 DSP 做进一步处理的数据)，同时将表示使用情况的信号量置位。这样即使已经有 5 个中断处理程序正在运行，新发生的中断也可以直接保存在共享缓存中，等待之前的中断处理程序结束。一旦任意一个中断处理程序结束，共享缓存中的中断就可以马上被读取，进行数据处理。当中断处理程序结束后，将缓存中的相应的信号量再次置位。这样既可以保证每一个中断都被处理，同时又合理地利用了 ARM 和 DSP 之间的共享内存。

8.5　小　　结

在本章中，主要对算法优化和核间通信进行了描述。算法的优化主要从两个方面进行分述。一个是具体算法的优化，另一个是内存的优化。在具体算法的优化中，我们可以通过对数据类型、数值操作、变量定义、变量使用、函数调用以及程序流程设计等的优化达到对具体算法进行优化的目的。而对于内存的优化则主要从 Cache 和 DDR2 两方面进行描述。两种优化的结合，可以大大提高算法的处理效率。对于 ARM 和 DSP 的核间通信，不得不提的就是 INTGEN 寄存器。这个寄存器管理和控制 ARM/DSP 中断状态，通过 DSPINTSET 寄存器、DSP 状态寄存器和 DSPINTCLR 寄存器的设置，由中断实现 ARM 和 DSP 之间的通信。

附录 A Codec 端 make 命令的输出

1   /opt/dvsdk_1_40_02_33/xdc_3_00_06/xdc XDCPATH="/opt/dvsdk_1_40_02_33/codec_engine_2_10_02/examples/ti/sdo/ce/examples/codecs/face_tracing/../../../../../..;/opt/dvsdk_1_40_02_33/dm6467_dvsdk_combos_1_17/packages;/opt/dvsdk_1_40_02_33/codec_engine_2_10_02/examples;/opt/dvsdk_1_40_02_33/codec_engine_2_10_02/packages;/opt/dvsdk_1_40_02_33/xdais_6_10_01/packages;/opt/dvsdk_1_40_02_33/dsplink-davinci-v1.50-prebuilt/packages;/opt/dvsdk_1_40_02_33/cmem_2_10/packages;/opt/dvsdk_1_40_02_33/framework_components_2_10_02/packages;/opt/dvsdk_1_40_02_33/biosutils_1_01_00/packages;/opt/dvsdk_1_40_02_33/bios_5_32_01/packages" \

2   XDCOPTIONS=v all -PD .

3   making all: 一 7月 18 08:52:01 CST 2011 ...

4   ======== .interfaces [/opt/dvsdk_1_40_02_33/codec_engine_2_10_02/examples/ti/sdo/ce/examples/codecs/face_tracing] ========

5   #

6   # making package.mak (because of package.bld) ...

7   /opt/dvsdk_1_40_02_33/xdc_3_00_06/tconf -Dxdc.path="/opt/dvsdk_1_40_02_33/codec_engine_2_10_02/examples/ti/sdo/ce/examples/codecs/face_tracing/../../../../../..;/opt/dvsdk_1_40_02_33/dm6467_dvsdk_combos_1_17/packages;/opt/dvsdk_1_40_02_33/codec_engine_2_10_02/examples;/opt/dvsdk_1_40_02_33/codec_engine_2_10_02/packages;/opt/dvsdk_1_40_02_33/xdais_6_10_01/packages;/opt/dvsdk_1_40_02_33/dsplink-davinci-v1.50-prebuilt/packages;/opt/dvsdk_1_40_02_33/cmem_2_10/packages;/opt/dvsdk_1_40_02_33/framework_components_2_10_02/packages;/opt/dvsdk_1_40_02_33/biosutils_1_01_00/packages;/opt/dvsdk_1_40_02_33/bios_5_32_01/packages;/opt/dvsdk_1_40_02_33/xdc_3_00_06/packages;../../../../../.." -Dxdc.root=/opt/dvsdk_1_40_02_33/xdc_3_00_06 -Dxdc.hostOS=Linux -Dconfig.importPath=".;/opt/dvsdk_1_40_02_33/codec_engine_2_10_02/examples/ti/sdo/ce/examples/codecs/face_tracing/../../../../../..;/opt/dvsdk_1_40_02_33/dm6467_dvsdk_combos_1_17/packages;/opt/dvsdk_1_40_02_33/codec_engine_2_10_02/examples;/opt/dvsdk_1_40_02_33/codec_engine_2_10_02/packages;/opt/dvsdk_1_40_02_33/xdais_6_10_01/packages;/opt/dvsdk_1_40_02_33/dsplink-davinci-v1.50-prebuilt/packages;/opt/dvsdk_1_40_02_33/cmem_2_10/packages;/opt/dvsdk_1_40_02_33/framework_components_2_10_02/packages;/opt/dvsdk_1_40_02_33/biosutils_1_01_00/packages;/opt/dvsdk_1_40_02_33/bios_5_32_01/packages;/opt/dvsdk_1_40_02_33/xdc_3_00_06/pa

ckages;../../../../../..;/opt/dvsdk_1_40_02_33/xdc_3_00_06;/opt/dvsdk_1_40_02_33/xdc_3_00_06/etc" -Dxdc.bld.targets="" -DTOOLS= /opt/dvsdk_1_40_02_33/xdc_3_00_06/packages/xdc/bld/bld.js ./config.bld package.bld package.mak

8　config.bld: loading user build configuration file /opt/dvsdk_1_40_02_33/ codec_engine_2_10_02/examples/user.bld
9　building for target C64P ...
10　building for target MVArm9 ...
11　#
12　# generating interfaces for package ti.sdo.ce.examples.codecs.face_tracing (because package/package.xdc.xml is older than package.xdc) ...
13　/opt/dvsdk_1_40_02_33/xdc_3_00_06/xs-Dxdc.path="/opt/dvsdk_1_40_02_33/codec_engine_2_10_02/examples/ti/sdo/ce/examples/codecs/face_tracing/../../../../../..;/opt/dvsdk_1_40_02_33/dm6467_dvsdk_combos_1_17/packages;/opt/dvsdk_1_40_02_33/codec_engine_2_10_02/examples;/opt/dvsdk_1_40_02_33/codec_engine_2_10_02/packages;/opt/dvsdk_1_40_02_33/xdais_6_10_01/packages;/opt/dvsdk_1_40_02_33/dsplink-davinci-v1.50-prebuilt/packages;/opt/dvsdk_1_40_02_33/cmem_2_10/packages;/opt/dvsdk_1_40_02_33/framework_components_2_10_02/packages;/opt/dvsdk_1_40_02_33/biosutils_1_01_00/packages;/opt/dvsdk_1_40_02_33/bios_5_32_01/packages;/opt/dvsdk_1_40_02_33/xdc_3_00_06/packages;../../../../../.." -Dxdc.root=/opt/dvsdk_1_40_02_33/xdc_3_00_06 -Dxdc.hostOS=Linux -Dconfig.importPath=".;/opt/dvsdk_1_40_02_33/ codec_engine_2_10_02/examples/ti/sdo/ce/examples/codecs/face_tracing/../../../../../..;/opt/dvsdk_1_40_02_33/dm6467_dvsdk_combos_1_17/packages;/opt/dvsdk_1_40_02_33/codec_engine_2_10_02/examples;/opt/dvsdk_1_40_02_33/codec_engine_2_10_02/packages;/opt/dvsdk_1_40_02_33/xdais_6_10_01/packages;opt/dvsdk_1_40_02_33/dsplink-davinci-v1.50-prebuilt/packages;/opt/dvsdk_1_40_02_33/cmem_2_10/packages;/opt/dvsdk_1_40_02_33/framework_components_2_10_02/packages;/opt/dvsdk_1_40_02_33/biosutils_1_01_00/packages;/opt/dvsdk_1_40_02_33/bios_5_32_01/packages;/opt/dvsdk_1_40_02_33/xdc_3_00_06/packages;../../../../../..;/opt/dvsdk_1_40_02_33/xdc_3_00_06;/opt/dvsdk_1_40_02_33/xdc_3_00_06/etc" -Dxdc.bld.targets="" -DTOOLS=　-f xdc/services/intern/cmd/build.xs -m package/package.xdc.dep –i package/package.xdc.inc package.xdc
14　　　translating FACE_TRACING
15　.interfaces files complete: 一 7月 18 08:52:07 CST 2011.
16　======== .libraries [/opt/dvsdk_1_40_02_33/codec_engine_2_10_02/examples/ti/sdo/ce/examples/codecs/face_tracing] ========
17　rm -f package/lib/lib/face_tracing/face_tracing.o470MV
18　#
19　# cl470MV face_tracing.c ...
20　/opt/mv_pro_4.0.1/montavista/pro/devkit/arm/v5t_le/bin/arm_v5t_le-gcc -c -MD -MF package/lib/lib/face_tracing/face_tracing.o470MV.dep -x c　-fPIC -Wunused -Wall -fno

-strict-aliasing   -Dfar=   -Dxdc_target_name__=MVArm9 -Dxdc_target_types__=
gnu/targets/std.h -Dxdc_bld__profile_release -Dxdc_bld__vers_1_0_3_4_3 -O2   -I.
-I/opt/dvsdk_1_40_02_33/codec_engine_2_10_02/examples/ti/sdo/ce/examples/codecs/face_tracing/../../../../../..
-I/opt/dvsdk_1_40_02_33/dm6467_dvsdk_combos_1_17/packages
-I/opt/dvsdk_1_40_02_33/codec_engine_2_10_02/examples
-I/opt/dvsdk_1_40_02_33/codec_engine_2_10_02/packages
-I/opt/dvsdk_1_40_02_33/xdais_6_10_01/packages
-I/opt/dvsdk_1_40_02_33/dsplink-davinci-v1.50-prebuilt/packages
-I/opt/dvsdk_1_40_02_33/cmem_2_10/packages
-I/opt/dvsdk_1_40_02_33/framework_components_2_10_02/packages
-I/opt/dvsdk_1_40_02_33/biosutils_1_01_00/packages
-I/opt/dvsdk_1_40_02_33/bios_5_32_01/packages
-I/opt/dvsdk_1_40_02_33/xdc_3_00_06/packages -I../../../../../..   -o
package/lib/lib/face_tracing/face_tracing.o470MV face_tracing.c

21 rm -f
package/lib/lib/face_tracing/package/package_ti.sdo.ce.examples.codecs.face_tracing.o470MV

22 #

23 # cl470MV package/package_ti.sdo.ce.examples.codecs.face_tracing.c ...

24 /opt/mv_pro_4.0.1/montavista/pro/devkit/arm/v5t_le/bin/arm_v5t_le-gcc -c -MD -MF
package/lib/lib/face_tracing/package/package_ti.sdo.ce.examples.codecs.face_tracing.o470MV.dep -x c   -fPIC -Wunused -Wall -fno-strict-aliasing   -Dfar=
-D__xdc_bld_pkg_c__=package.bld.c -Dxdc_target_name__=MVArm9
-Dxdc_target_types__=gnu/targets/std.h
-Dxdc_bld__profile_release
-Dxdc_bld__vers_1_0_3_4_3 -O2   -I. -I/opt/dvsdk_1_40_02_33/codec_engine_2_10_02/examples/ti/sdo/ce/examples/codecs/face_tracing/../../../../../..
-I/opt/dvsdk_1_40_02_33/dm6467_dvsdk_combos_1_17/packages
-I/opt/dvsdk_1_40_02_33/codec_engine_2_10_02/examples
-I/opt/dvsdk_1_40_02_33/codec_engine_2_10_02/packages
-I/opt/dvsdk_1_40_02_33/xdais_6_10_01/packages
-I/opt/dvsdk_1_40_02_33/dsplink-davinci-v1.50-prebuilt/packages
-I/opt/dvsdk_1_40_02_33/cmem_2_10/packages
-I/opt/dvsdk_1_40_02_33/framework_components_2_10_02/packages
-I/opt/dvsdk_1_40_02_33/biosutils_1_01_00/packages
-I/opt/dvsdk_1_40_02_33/bios_5_32_01/packages
-I/opt/dvsdk_1_40_02_33/xdc_3_00_06/packages -I../../../../../..   -o
package/lib/lib/face_tracing/package/package_ti.sdo.ce.examples.codecs.face_tracing.o4

```
        70MV package/package_ti.sdo.ce.examples.codecs.face_tracing.c
25  rm -f lib/face_tracing.a470MV
26  #
27  # archiving package/lib/lib/face_tracing/face_tracing.o470MV  package/lib/lib/face_
    tracing/package/package_ti.sdo.ce.examples.codecs.face_tracing.o470MV into lib/face_
    tracing.a470MV ...
28  /opt/mv_pro_4.0.1/montavista/pro/devkit/arm/v5t_le/bin/arm_v5t_le-ar  cr lib/face_
    tracing.a470MV     package/lib/lib/face_tracing/face_tracing.o470MV package/lib/lib/
    face_tracing/package/package_ti.sdo.ce.examples.codecs.face_tracing.o470MV
29  rm -f package/lib/lib/face_tracing_dma/face_tracing.o64P
30  #
31  # cl64P face_tracing.c ...
32  /opt/dvsdk_1_40_02_33/cg6x_6_0_16/bin/cl6x -c  -oe -qq -pdsw225 -pden -pds=195
    -mv64p -eo.o64P -ea.s64P  -Dxdc_target_name__=C64P
    -Dxdc_target_types__=ti/targets/std.h
    -Dxdc_bld__profile_release
    -Dxdc_bld__vers_1_0_6_0_16 -o2 -DIDMA3_USEFULLPACKAGEPATH
    -DACPY3_USEFULLPACKAGEPATH
    -DUSE_ACPY3  -I.
    -I/opt/dvsdk_1_40_02_33/codec_engine_2_10_02/examples/ti/sdo/ce/examples/codecs/f
    ace_tracing/../../../../../..
    -I/opt/dvsdk_1_40_02_33/dm6467_dvsdk_combos_1_17/packages
    -I/opt/dvsdk_1_40_02_33/codec_engine_2_10_02/examples
    -I/opt/dvsdk_1_40_02_33/codec_engine_2_10_02/packages
    -I/opt/dvsdk_1_40_02_33/xdais_6_10_01/packages
    -I/opt/dvsdk_1_40_02_33/dsplink-davinci-v1.50-prebuilt/packages
    -I/opt/dvsdk_1_40_02_33/cmem_2_10/packages
    -I/opt/dvsdk_1_40_02_33/framework_components_2_10_02/packages
    -I/opt/dvsdk_1_40_02_33/biosutils_1_01_00/packages
    -I/opt/dvsdk_1_40_02_33/bios_5_32_01/packages
    -I/opt/dvsdk_1_40_02_33/xdc_3_00_06/packages -I../../../../../..
    -I/opt/dvsdk_1_40_02_33/cg6x_6_0_16/include
    -fs=./package/lib/lib/face_tracing_dma -fr=./package/lib/lib/face_tracing_dma -fc face_
    tracing.c
33  /opt/dvsdk_1_40_02_33/xdc_3_00_06/bin/mkdep -a package/lib/lib/face_tracing_dma/
    face_tracing.o64P.dep -p
    package/lib/lib/face_tracing_dma -s o64P face_tracing.c -C  -oe -qq -pdsw225 -pden
    -pds=195  -mv64p -eo.o64P -ea.s64P  -Dxdc_target_name__=C64P
```

```
         -Dxdc_target_types__=ti/targets/std.h
         -Dxdc_bld__profile_release
         -Dxdc_bld__vers_1_0_6_0_16 -o2
         -DIDMA3_USEFULLPACKAGEPATH
         -DACPY3_USEFULLPACKAGEPATH
         -DUSE_ACPY3
         -I.
         -I/opt/dvsdk_1_40_02_33/codec_engine_2_10_02/examples/ti/sdo/ce/examples/codecs/
         face_tracing/../../../../../..
         -I/opt/dvsdk_1_40_02_33/dm6467_dvsdk_combos_1_17/packages
         -I/opt/dvsdk_1_40_02_33/codec_engine_2_10_02/examples
         -I/opt/dvsdk_1_40_02_33/codec_engine_2_10_02/packages
         -I/opt/dvsdk_1_40_02_33/xdais_6_10_01/packages
         -I/opt/dvsdk_1_40_02_33/dsplink-davinci-v1.50-prebuilt/packages
         -I/opt/dvsdk_1_40_02_33/cmem_2_10/packages
         -I/opt/dvsdk_1_40_02_33/framework_components_2_10_02/packages
         -I/opt/dvsdk_1_40_02_33/biosutils_1_01_00/packages
         -I/opt/dvsdk_1_40_02_33/bios_5_32_01/packages
         -I/opt/dvsdk_1_40_02_33/xdc_3_00_06/packages -I../../../../../..
         -I/opt/dvsdk_1_40_02_33/cg6x_6_0_16/include -fs=./package/lib/lib/face_tracing_dma
         -fr=./package/lib/lib/face_tracing_dma
34   rm -f
     package/lib/lib/face_tracing_dma/package/package_ti.sdo.ce.examples.codecs.face_traci
     ng.o64P
35   #
36   # cl64P package/package_ti.sdo.ce.examples.codecs.face_tracing.c ...
37   /opt/dvsdk_1_40_02_33/cg6x_6_0_16/bin/cl6x -c  -oe -qq -pdsw225 -pden -pds=195
     -mv64p -eo.o64P -ea.s64P  -D__xdc_bld_pkg_c__=package.bld.c
         -Dxdc_target_name__=C64P
         -Dxdc_target_types__=ti/targets/std.h
         -Dxdc_bld__profile_release
         -Dxdc_bld__vers_1_0_6_0_16 -o2
         -DIDMA3_USEFULLPACKAGEPATH
         -DACPY3_USEFULLPACKAGEPATH
         -DUSE_ACPY3
         -I.
         -I/opt/dvsdk_1_40_02_33/codec_engine_2_10_02/examples/ti/sdo/ce/examples/codecs/fa
         ce_tracing/../../../../../..
         -I/opt/dvsdk_1_40_02_33/dm6467_dvsdk_combos_1_17/packages
```

```
 -I/opt/dvsdk_1_40_02_33/codec_engine_2_10_02/examples
 -I/opt/dvsdk_1_40_02_33/codec_engine_2_10_02/packages
 -I/opt/dvsdk_1_40_02_33/xdais_6_10_01/packages
 -I/opt/dvsdk_1_40_02_33/dsplink-davinci-v1.50-prebuilt/packages
 -I/opt/dvsdk_1_40_02_33/cmem_2_10/packages
 -I/opt/dvsdk_1_40_02_33/framework_components_2_10_02/packages
 -I/opt/dvsdk_1_40_02_33/biosutils_1_01_00/packages
 -I/opt/dvsdk_1_40_02_33/bios_5_32_01/packages
 -I/opt/dvsdk_1_40_02_33/xdc_3_00_06/packages -I../../../../../..
 -I/opt/dvsdk_1_40_02_33/cg6x_6_0_16/include
 -fs=./package/lib/lib/face_tracing_dma/package
 -fr=./package/lib/lib/face_tracing_dma/package
 -fc package/package_ti.sdo.ce.examples.codecs.face_tracing.c
38  /opt/dvsdk_1_40_02_33/xdc_3_00_06/bin/mkdep -a package/lib/lib/ face_tracing_dma/ package/package_ti.sdo.ce.examples.codecs.face_tracing.o64P.dep  -p  package/lib/lib/face_tracing_dma/package
-s o64P package/package_ti.sdo.ce.examples.codecs.face_tracing.c -C    -oe -qq -pdsw225 -pden -pds=195   -mv64p -eo.o64P -ea.s64P
-D__xdc_bld_pkg_c__=package.bld.c
-Dxdc_target_name__=C64P
-Dxdc_target_types__=ti/targets/std.h
-Dxdc_bld__profile_release
-Dxdc_bld__vers_1_0_6_0_16 -o2 -DIDMA3_USEFULLPACKAGEPATH
-DACPY3_USEFULLPACKAGEPATH -DUSE_ACPY3     -I.
-I/opt/dvsdk_1_40_02_33/codec_engine_2_10_02/examples/ti/sdo/ce/examples/codecs/face_tracing/../../../../../..
-I/opt/dvsdk_1_40_02_33/dm6467_dvsdk_combos_1_17/packages
-I/opt/dvsdk_1_40_02_33/codec_engine_2_10_02/examples
-I/opt/dvsdk_1_40_02_33/codec_engine_2_10_02/packages
-I/opt/dvsdk_1_40_02_33/xdais_6_10_01/packages
-I/opt/dvsdk_1_40_02_33/dsplink-davinci-v1.50-prebuilt/packages
-I/opt/dvsdk_1_40_02_33/cmem_2_10/packages
-I/opt/dvsdk_1_40_02_33/framework_components_2_10_02/packages
-I/opt/dvsdk_1_40_02_33/biosutils_1_01_00/packages
-I/opt/dvsdk_1_40_02_33/bios_5_32_01/packages
-I/opt/dvsdk_1_40_02_33/xdc_3_00_06/packages -I../../../../../..
-I/opt/dvsdk_1_40_02_33/cg6x_6_0_16/include
-fs=./package/lib/lib/face_tracing_dma/package
-fr=./package/lib/lib/face_tracing_dma/package
```

```
39  rm -f lib/face_tracing_dma.a64P
40  #
41  # archiving package/lib/lib/face_tracing_dma/face_tracing.o64P package/lib/lib/face_
    tracing_dma/package/package_ti.sdo.ce.examples.codecs.face_tracing.o64P into lib/
    face_tracing_dma.a64P ...
42  /opt/dvsdk_1_40_02_33/cg6x_6_0_16/bin/ar6x   rq lib/face_tracing_dma.a64P package/
    lib/lib/face_tracing_dma/face_tracing.o64Ppackage/lib/lib/face_tracing_dma/package/
    package_ti.sdo.ce.examples.codecs.face_tracing.o64P
43  rm -f package/lib/lib/face_tracing/face_tracing.o64P
44  #
45  # cl64P face_tracing.c ...
46  /opt/dvsdk_1_40_02_33/cg6x_6_0_16/bin/cl6x -c   -oe -qq -pdsw225 -pden -pds=195
    -mv64p -eo.o64P -ea.s64P  -Dxdc_target_name__=C64P
    -Dxdc_target_types__=ti/targets/std.h
    -Dxdc_bld__profile_release -Dxdc_bld__vers_1_0_6_0_16 -o2   -I.
    -I/opt/dvsdk_1_40_02_33/codec_engine_2_10_02/examples/ti/sdo/ce/examples/codecs/fa
    ce_tracing/../../../../../..
    -I/opt/dvsdk_1_40_02_33/dm6467_dvsdk_combos_1_17/packages
    -I/opt/dvsdk_1_40_02_33/codec_engine_2_10_02/examples
    -I/opt/dvsdk_1_40_02_33/codec_engine_2_10_02/packages
    -I/opt/dvsdk_1_40_02_33/xdais_6_10_01/packages
    -I/opt/dvsdk_1_40_02_33/dsplink-davinci-v1.50-prebuilt/packages
    -I/opt/dvsdk_1_40_02_33/cmem_2_10/packages
    -I/opt/dvsdk_1_40_02_33/framework_components_2_10_02/packages
    -I/opt/dvsdk_1_40_02_33/biosutils_1_01_00/packages
    -I/opt/dvsdk_1_40_02_33/bios_5_32_01/packages
    -I/opt/dvsdk_1_40_02_33/xdc_3_00_06/packages -I./../../../../../..
    -I/opt/dvsdk_1_40_02_33/cg6x_6_0_16/include -fs=./package/lib/lib/face_tracing
    -fr=./package/lib/lib/face_tracing -fc face_tracing.c
47  /opt/dvsdk_1_40_02_33/xdc_3_00_06/bin/mkdep -a package/lib/lib/face_tracing/ face_
    tracing.o64P.dep -p package/lib/lib/face_tracing -s o64P face_tracing.c -C   -oe -qq
    -pdsw225 -pden -pds=195   -mv64p -eo.o64P -ea.s64P  -Dxdc_target_name__=C64P
    -Dxdc_target_types__=ti/targets/std.h
    -Dxdc_bld__profile_release -Dxdc_bld__vers_1_0_6_0_16 -o2   -I.
    -I/opt/dvsdk_1_40_02_33/codec_engine_2_10_02/examples/ti/sdo/ce/examples/codecs/f
    ace_tracing/../../../../../..
    -I/opt/dvsdk_1_40_02_33/dm6467_dvsdk_combos_1_17/packages
    -I/opt/dvsdk_1_40_02_33/codec_engine_2_10_02/examples
    -I/opt/dvsdk_1_40_02_33/codec_engine_2_10_02/packages
```

```
      -I/opt/dvsdk_1_40_02_33/xdais_6_10_01/packages
      -I/opt/dvsdk_1_40_02_33/dsplink-davinci-v1.50-prebuilt/packages
      -I/opt/dvsdk_1_40_02_33/cmem_2_10/packages
      -I/opt/dvsdk_1_40_02_33/framework_components_2_10_02/packages
      -I/opt/dvsdk_1_40_02_33/biosutils_1_01_00/packages
      -I/opt/dvsdk_1_40_02_33/bios_5_32_01/packages
      -I/opt/dvsdk_1_40_02_33/xdc_3_00_06/packages -I../../../../../..
      -I/opt/dvsdk_1_40_02_33/cg6x_6_0_16/include -fs=./package/lib/lib/face_tracing
      -fr=./package/lib/lib/face_tracing
48    rm -f
package/lib/lib/face_tracing/package/package_ti.sdo.ce.examples.codecs.face_tracing.o64P
49    #
50    # cl64P package/package_ti.sdo.ce.examples.codecs.face_tracing.c ...
51    /opt/dvsdk_1_40_02_33/cg6x_6_0_16/bin/cl6x -c   -oe -qq -pdsw225 -pden -pds=195
      -mv64p  -eo.o64P  -ea.s64P   -D__xdc_bld_pkg_c__=package.bld.c -Dxdc_target_name
      __=C64P -Dxdc_target_types__=ti/targets/std.h -Dxdc_bld__profile_release
      -Dxdc_bld__vers_1_0_6_0_16 -o2      -I.
      -I/opt/dvsdk_1_40_02_33/codec_engine_2_10_02/examples/ti/sdo/ce/examples/codecs/f
      ace_tracing/../../../../../..
      -I/opt/dvsdk_1_40_02_33/dm6467_dvsdk_combos_1_17/packages
      -I/opt/dvsdk_1_40_02_33/codec_engine_2_10_02/examples
      -I/opt/dvsdk_1_40_02_33/codec_engine_2_10_02/packages
      -I/opt/dvsdk_1_40_02_33/xdais_6_10_01/packages
      -I/opt/dvsdk_1_40_02_33/dsplink-davinci-v1.50-prebuilt/packages
      -I/opt/dvsdk_1_40_02_33/cmem_2_10/packages
      -I/opt/dvsdk_1_40_02_33/framework_components_2_10_02/packages
      -I/opt/dvsdk_1_40_02_33/biosutils_1_01_00/packages
      -I/opt/dvsdk_1_40_02_33/bios_5_32_01/packages
       -I/opt/dvsdk_1_40_02_33/xdc_3_00_06/packages -I../../../../../..
      -I/opt/dvsdk_1_40_02_33/cg6x_6_0_16/include
      -fs=./package/lib/lib/face_tracing/package -fr=./package/lib/lib/face_tracing/package -fc
      package/package_ti.sdo.ce.examples.codecs.face_tracing.c
52    /opt/dvsdk_1_40_02_33/xdc_3_00_06/bin/mkdep -a package/lib/lib/face_tracing/ package/
      package_ti.sdo.ce.examples.codecs.face_tracing.o64P.dep -p package/lib/lib/face_
      tracing/package  -s o64P  package/package_ti.sdo.ce.examples.codecs.face_tracing.c  -C
      -oe -qq -pdsw225 -pden -pds=195    -mv64p -eo.o64P -ea.s64P
      -D__xdc_bld_pkg_c__=package.bld.c -Dxdc_target_name__=C64P
      -Dxdc_target_types__=ti/targets/std.h
      -Dxdc_bld__profile_release -Dxdc_bld__vers_1_0_6_0_16 -o2     -I.
```

-I/opt/dvsdk_1_40_02_33/codec_engine_2_10_02/examples/ti/sdo/ce/examples/codecs/face_tracing/../../../../../..
-I/opt/dvsdk_1_40_02_33/dm6467_dvsdk_combos_1_17/packages
-I/opt/dvsdk_1_40_02_33/codec_engine_2_10_02/examples
-I/opt/dvsdk_1_40_02_33/codec_engine_2_10_02/packages
-I/opt/dvsdk_1_40_02_33/xdais_6_10_01/packages
-I/opt/dvsdk_1_40_02_33/dsplink-davinci-v1.50-prebuilt/packages
-I/opt/dvsdk_1_40_02_33/cmem_2_10/packages
-I/opt/dvsdk_1_40_02_33/framework_components_2_10_02/packages
-I/opt/dvsdk_1_40_02_33/biosutils_1_01_00/packages
-I/opt/dvsdk_1_40_02_33/bios_5_32_01/packages
-I/opt/dvsdk_1_40_02_33/xdc_3_00_06/packages -I../../../../../..
-I/opt/dvsdk_1_40_02_33/cg6x_6_0_16/include
-fs=./package/lib/lib/face_tracing/package -fr=./package/lib/lib/face_tracing/package

53 rm -f lib/face_tracing.a64P
54 #
55 # archiving package/lib/lib/face_tracing/face_tracing.o64P package/lib/lib/face_tracing/package/package_ti.sdo.ce.examples.codecs.face_tracing.o64P into lib/face_tracing.a64P ...
56 /opt/dvsdk_1_40_02_33/cg6x_6_0_16/bin/ar6x rq lib/face_tracing.a64P package/lib/lib/face_tracing/face_tracing.o64P
    package/lib/lib/face_tracing/package/package_ti.sdo.ce.examples.codecs.face_tracing.o64P
57 .libraries files complete: 一 7月 18 08:53:00 CST 2011.
58 ======== .dlls [/opt/dvsdk_1_40_02_33/codec_engine_2_10_02/examples/ti/sdo/ce/examples/codecs/face_tracing] ========
59 .dlls files complete: 一 7月 18 08:53:00 CST 2011.
60 ======== .executables [/opt/dvsdk_1_40_02_33/codec_engine_2_10_02/examples/ti/sdo/ce/examples/codecs/face_tracing] ========
61 .executables files complete: 一 7月 18 08:53:01 CST 2011.
62 ======== all [/opt/dvsdk_1_40_02_33/codec_engine_2_10_02/examples/ti/sdo/ce/examples/codecs/face_tracing] ========
63 #
64 # all files complete.
65 all files complete: 一 7月 18 08:53:01 CST 2011.

附录 B config.bld 文件

```
/*
 *  ========  config.bld ========
 *  这个脚本文件是在所有用于创建的脚本之前运行的
 *  这个文件对于目标文件以及与平台相关的设置都是与主机系统相独立的
 *  但是这个文件通过设置 user.bld 文件中的 rootDirs 寻找主机系统的指定用户
 *  这些设置可能是关于下述全局变量的一个函数
 *
 *  environment      是一个关于环境变量的 string 类型的哈希表
 *
 *  arguments        是关于 config.bld 脚本中的 string 类型参数的数组
 *                   初始化为以下类型:
 *                       arguments[0]——config.bld 脚本的文件名
 *                       arguments[1]——在 XDCARGS 中定义的第一个参数
 *                       arguments[n]——在 XDCARGS 中定义的第 n 个参数
 *
 *  Build            是 xdc.om.xdc.bld.BuildEnvironment 的别名
 */

/*
 *  ========  DSP target ========
 */
var remarks =    " " +
//      "-pdr "        +                   // enable remarks
        "-pden "       +                   // enumerate remarks
//      "-pds=880 "    +                   // variable never referenced
//      "-pds=552 "    +                   // variable set but not used
//      "-pds=238 "    +                   // controlling expression is constant
//      "-pds=681 "    +                   // call cannot be inlined
//      "-pds=452 "    +                   // long long type is not standard
        "-pds=195 "    +                   // zero used for undefined preprocessing id (setjmp.h)
// check for -pds=452 -pds=238 -pds=681
        "";
```

```
var C64P                = xdc.useModule('ti.targets.C64P');
C64P.platform           = "ti.platforms.evmDM6467";
C64P.ccOpts.prefix     += remarks;

/*
 *  ======== Linux host target ========
 */
var Linux86             = xdc.useModule('gnu.targets.Linux86');
Linux86.lnkOpts.suffix  = "-lpthread " + Linux86.lnkOpts.suffix;

/*
 *  ======== Arm target ========
 *  这一部分的所有操作需要仔细检查,决定添加或者删除哪些
 */
var MVArm9              = xdc.useModule('gnu.targets.MVArm9');
MVArm9.ccOpts.prefix += " "
    // options that check quality/strictness of code
    + "-Wall "
    // supress some warnings caused by .xdc.h files
    + "-fno-strict-aliasing "
    ;

MVArm9.platform = "ti.platforms.evmDM6467";

/* remove reference to C++ from opts */
MVArm9.lnkOpts.suffix = MVArm9.lnkOpts.suffix.replace("-lstdc++", "");

/* add pthreads */
MVArm9.lnkOpts.suffix = "-lpthread " + MVArm9.lnkOpts.suffix;


/*
 *  ======== Arm9 uClibc ========
 *
 *  GCC toolchain using uClibc runtime library
 */
var UCArm9              = xdc.useModule('gnu.targets.UCArm9');
UCArm9.platform         = "ti.platforms.evmDM6467";
```

```
UCArm9.ccOpts.prefix      += " -D_REENTRANT ";

/* add pthreads */
UCArm9.lnkOpts.suffix = "-lpthread " + UCArm9.lnkOpts.suffix;


/*
 *  ======== Build.targets ========
 *  这个数组定义一系列和创建相关的平台
 *
 *  它将会覆盖 XDCTARGETS 设置的参数
 *
 *  需要注意的是这个关于目标的表可以被一个用户的 user.bld 文件所覆盖
 */
Build.targets = [
    C64P,
    MVArm9,
    Linux86,
    UCArm9,
];


/*
 *  ======== Pkg.attrs.profile ========
 */
Pkg.attrs.profile = "release";


/*
 *  ======== Pkg.libTemplate ========
 *  设置一个供所有 package 使用的默认库版本模版
 */
Pkg.libTemplate = "ti/sdo/ce/utils/libvers.xdt";


/*
 *  ======== load user.bld ========
 *  按照下述顺序搜索 user.bld 文件:
 *  1) 当前目录 current directory 下
 *  2) 当前包的库的路径
 *  3) 包的路径
 */
```

附录 B config.bld 文件

```
var userPath = ".;"
    + ('.' + Pkg.name).replace(/[^\.]+/g, "./") + ";"
    + xdc.curPath();

var userFile = utils.findFile("user.bld", userPath, ";");
if (userFile != null) {
    userFile = java.io.File(userFile).getCanonicalPath();
    print("config.bld: loading user build configuration file " + userFile);
    utils.importFile(userFile);
}
else {
    throw new Error("config.bld: ERROR: could not find the user-specific "
        +  "build configuration file, user.bld, along the path '"
        + userPath + "'");
}

/* 检查是否所有目标的 rootDirs 都真实存在 */
for (var i = 0; i < Build.targets.length; i++) {
    var targ = Build.targets[i];
    if (!java.io.File(targ.rootDir).isDirectory()) {
        throw new Error("\nconfig.bld: Error: compiler path for " +
            (targ.name == "C64P" ? "C6x DSP tools" :
              targ.name == "MVArm9" ? "Montavista Arm9 tools" :
              targ.name == "Linux86" ? "Linux x86 native tools" :
              targ.name == "UCArm9" ? "uClibc tools" :
              targ.name) + " points to an incorrect directory " +
            "(" + targ.name + ".rootDir='" + targ.rootDir + "'" +
            "). " +
            "Edit file '" + userFile + "' and correct the line that " +
            "sets the '" + targ.name + ".rootDir' variable. \n");
    }
}
```

附录 C package.bld 文件

```
/*
 *  ========  package.bld  ========
 */

Pkg.attrs.exportAll = true;

var SRCS = ["face_tracing"];

for (var i = 0; i < Build.targets.length; i++) {
    var targ = Build.targets[i];

    var mycopts = "";
    print("building for target " + targ.name + " ...");

    if (targ.name == "C64P") {
        Pkg.addLibrary("lib/face_tracing_dma", targ, {
                    copts: "-DIDMA3_USEFULLPACKAGEPATH
                            -DACPY3_USEFULLPACKAGEPATH " +
                           "-DUSE_ACPY3 ",
        }).addObjects(SRCS);
    }

        Pkg.addLibrary("lib/face_tracing", targ, {
            copts: mycopts
        }).addObjects(SRCS);
}
```

附录 D makefile 文件

```
#
#  Copyright 2008 by Texas Instruments Incorporated.
#
#  All rights reserved. Property of Texas Instruments Incorporated.
#  Restricted rights to use, duplicate or disclose this code are
#  granted through contract.
#
#  ======== makefile ========
#  基于 GNUmake 的 makefile 文件
#
#  文件中如下的内容：定义 XDC 的 pacakge、定义路径以及创建准则

EXAMPLES_ROOTDIR := $(CURDIR)/../../../../../..

include $(EXAMPLES_ROOTDIR)/xdcpaths.mak

# [CE] 添加 examples 的目录到 package 的路径列表中
XDC_PATH := $(EXAMPLES_ROOTDIR);$(XDC_PATH)

include $(EXAMPLES_ROOTDIR)/buildutils/xdcrules.mak
#
#    @(#)    ti.sdo.ce.examples.codecs.videnc_copy;    1,0,0,132;    9-9-2008    02:03:52;
/db/atree/library/trees/ce-h27x/src/
#
```

附录 E 本书中用到的术语和缩写对照表

- ABI：Application Binary Interface，应用程序二进制接口
- ADC：Analog-to-Digital Converter，模/数转换器
- ANN：Artificial Neural Network，人工神经网络
- ARM：Advanced RISC Machine，高级精简指令集机器
- ASP：Audio Serial Port，音频串口
- ATA：Advanced Technology Attachment，先进技术附件
- BIOS：Basic Input Output System，基本输入输出系统
- BSD：Berkeley Software Distribution，伯克利软件套件
- BSS：Block Started by Symbol，以符号开始的块
- CAN：Controller Area Network，控制器局域网络
- CCD：Charge-Coupled Device，电荷耦合元件或 CCD 图像传感器
- CF：Compact Flash，紧凑型缓存
- CMEM：Continuous Memory allocator for Linux，Linux 的连续内存分配器
- CMOS：Complementary Metal Oxide Semiconductor，互补金属氧化物半导体
- CPSR：Current Program Status Register，程序状态寄存器
- CRGEN：Clock Reference Generator，参考时钟发生器
- DAC：Digital-to-Analog Converter，数/模转换器
- DC-DC 变换器：Direct Current，有流斩波器
- DPCM：Differential Pulse Code Modulation，差分脉冲编码调制或差值编码
- DSP：Digital Signal Processing，数字信号处理
- DSS：Decision Support System，决策支持系统
- DVEVM：Digital Video Evaluation Module，数字视频评估模块
- DVSDK：Digital Video Software Development Kit，数字视频软件开发套件
- EAV：End Active Video，模拟视频中有效数据结束标志
- EDMA：Enhanced Direct Memory Access，增强型直接内存存取
- EMAC：Ethernet Media Access Controller，以太网多媒体访问控制器
- EMIF：External Memory Interface，外部存储器接口
- EPROM：Erasable Programmable ROM，可擦除可编程 ROM
- EPSI：Easy Peripheral Software Interface，简单外设软件接口
- Ext2/Ext3：The Second Extended File System/The Third Extended File System
- FIQ：Fast Interrupt Request，快速中断请求
- GPIO：General Purpose Input Output，通用输入/输出或总线扩展器

- GPMC: Group Policy Management Console,组策略管理控制台
- GPP: General Purpose Processor,通用处理器
- H3A: Histogram Module, Auto-Exposure/Auto-White Balance/Auto-Focus
- HDD: Hard Disk Drive,硬盘驱动器
- HDTV: High Definition Television,高清晰度电视
- HSYNC: Horizontal Synchronization,水平同步或行同步
- IRQ: Interrupt Request,中断请求
- I^2C: Inter-Integrated Circuit,内部集成电路
- ISA: Instruction Set Architecture,指令集架构
- JTAG: Joint Test Action Group,联合测试行动小组,是一种国际标准测试协议,主要用于芯片内部测试
- KDE: Kool Desktop Environment,K桌面环境
- LCD: Liquid Crystal Display,液晶显示器
- LSP: Linux Support Packet,Linux支持包
- MAC: Media Access Control,多媒体访问控制
- McASP: Multi-channel Audio Serial Port,多通道音频串口
- McBSP: Multi-channel Buffered Serial Port,多通道缓冲串口
- MIPS: Million Instructions Per Second,单字长定点指令平均执行速度
- MMC: MultiMedia Card,多媒体存储卡
- MMU: Memory Management Unit,内存管理单元
- OSAL: Operating System Abstraction Layer,操作系统抽象层
- OSD: On-Screen Display,屏幕菜单式调节方式
- PDI: Probability Distribution Image,概率分布图像
- PLL: Phase Locked Loop,锁相回路或锁相环
- PWM: Pulse Width Modulation,脉冲宽度调制,简称脉宽调制
- RTO: Real Timer Out,实时输出
- SAV: Start Active Video,模拟视频中有效数据开始标志
- SBSRAM: Synchronous Burst Static Random Access Memory,同步突发式静态RAM
- SCI: Serial Communication Interface,串行通信接口
- SDIO: Secure Digital Input and Output Card,安全数字输入输出卡
- SDRAM: Synchronous Dynamic Random Access Memory,同步动态随机存储器
- SDRC: Synchronous Dynamic Random Access Memory Controller,同步动态随机存储控制器
- SDTV: Standard-Definition TV,标准清晰度电视
- SPI: Serial Peripheral Interface,串行外设接口
- SVM: Support Vector Machine,支持向量机
- SWI: Software Interrupt,软中断
- TLB: Translation Lookaside Buffer,旁路转换缓冲或页表缓冲
- TSIF: Transport Stream Interface,传输流接口

- UART：Universal Asynchronous Receiver/Transmitter，通用异步接收/发送装置.
- UBL：User Boot Loader
- UBOOT：Universal Boot Loader
- UUID：Universally Unique Identifier，通用唯一识别码
- VDCE：Video Data Conversion Engine，视频数据转换引擎
- VFD：Vacuum Fluorescent Display，真空荧光显示屏
- VSYNC：Vertical Synchronization，垂直同步

参 考 文 献

[1] 彭启琮. 达芬奇技术——数字图像/视频信号处理新平台[M]. 北京：电子工业出版社，2008.

[2] TMS320 DSP Algorithm Standard API Reference User's Guide[EB/OL]. SPRU360E. February 2005–RevisedFebruary2007. [2011-03-25]. http://www.ti.com/lit/ug/spru360e/spru360e.pdf.

[3] 赵勇，袁兴乐，丁瑞. DAVINCI 技术原理与应用指南[M]. 南京：东南大学出版社，2008.

[4] Xdais-DM(Digital Media) User Guide[EB/OL]. SPRUEC8B. January 2007. [2011-3-25]. http://www.ti.com/lit/ug/spruec8b/spruec8b.pdf.

[5] XDC Consumer User's Guide[EB/OL]. SPRUEX4. July 2007. [2011-4-5]. http://www.ti.com/lit/ug/spruex4/spruex4.pdf .

[6] TMS320 DSP Algorithm StandardRules and Guidelines[EB/OL]. SPRU352G. June 2005–Revised February 2007. [2011-4-8]. http://www.ti.com/lit/ug/spru352g/spru352g.pdf.

[7] 使用 Automake，Autoconf 生成 Makefile[EB/OL].[2011-4-17]. http://www.ibm.com/developerworks/cn/linux/l-makefile/.

[8] David MacKenzie and Tom Tromey. automake 中文手册[EB/OL]. For version 1.3，3 April 1998.[2011-4-17].http://www.linuxforum.net/books/automake.html.

[9] Gary V. Vaughan，Ben Elliston，Tom Tromey，and Ian Lance Taylor. GNU AutoConf，AutoMake and LibTool[EB/OL]. October，2000. [2011-4-17]. http://download.csdn.net/detail/rootfs/178371

[10] David MacKenzie，Tom Tromey and AlexandreDuret-Lutz. GNU Automake[EB/OL]. version 1.11.1，8 December 2009. [2011-4-17]. http://www.linuxforum.net/books/automake.html.

[11] Bruce Korb.AutoGen—The Automated Program Generator[EB/OL]. For version 5.11，December 2010.[2011-4-20].http://www.gnu.org/software/autogen/manual/.

[12] Cmake Practice[EB/OL]. [2011-4-20]. http://sewm.pku.edu.cn/src/paradise/reference/CMake%20Practice.pdf.

[13] Codec Engine Algorithm Creator User's Guide[EB/OL]. SPRUED6C. September 2007. [2011-4-22]. http://www.ti.com/lit/ug/sprued6c/sprued6c.pdf.

[14] RTSC Codec Package Wizard FAQ [EB/OL]. [2011-4-25]. http://processors.wiki.ti.com/index.php/RTSC_Codec_Package_Wizard_FAQ.

[15] Codec Engine ServerIntergrator User's Guide[EB/OL]. SPRUED5B. September 2007. [2011-4-23]. http://www.ti.com/lit/ug/sprued5b/sprued5b.pdf.

[16] TMS320C6000 DSP/BIOS 5.32Application Programming Interface (API) Reference Guide[EB/OL]. SPRU403N. November2010. [2011-5-5].
http://www.ti.com/lit/ug/spru403r/spru403r.pdf.

[17] xDAIS DSKT2 User's Guide[EB/OL]. SPRUEV5A. September 2007. [2011-5-6].
http://www.ti.com/lit/ug/spruev5a/spruev5a.pdf.

[18] Memory management in xDAISwith DSKT2[EB/OL]. [2011-5-6].
http://processors.wiki.ti.com/index.php/Memory_management_in_XDAIS_with_DSKT2.

[19] Using IRES and RMAN Framework Components for 'C64x+'[EB/OL]. SPRAAI5. February 2008. [2011-5-8]. http://www.ti.com/lit/an/spraai5/spraai5.pdf.

[20] DSP/BIOS 5.30 Textual Configuration(Tconf) User's Guide[EB/OL]. SPRU007H. February 2009. [2011-5-20]. http://www.ti.com/lit/ug/spru007i/spru007i.pdf.

[21] Changing the DVEVM memory map [EB/OL]. [2011-5-11].
http://processors.wiki.ti.com/index.php/Changing_the_DVEVM_memory_map.

[22] Mastering the Art of Memory Map Configuration for DaVinci-Based Systems[EB/OL]. SPRAAQ6. September 2007. [2011-5-20]. http:// www.ti.com/lit/an/spraaq6/spraaq6.pdf.

[23] DSPLink Overview[EB/OL]. [2011-5-15].
http://processors.wiki.ti.com/index.php/DSPLink_Overview.

[24] Codec Engine ApplicationDeveloper User's Guide[EB/OL]. SPRUE67D. September 2007. [2011-5-22]. http://www.ti.com/lit/ug/sprue67d/sprue67d.pdf.

[25] 张起贵，张胜，张刚. 最新DSP技术——"达芬奇"系统、框架和组件[M].北京：国防工业出版社，2009.

[26] SEED-DVS6467 Development Software User's Guide[EB/OL]. [2011-5-22].
http://wenku.baidu.com/view/0ae89acfa1c7aa00b52acb9d.html

[27] 达芬奇DM6467评估板系统软件平台构建方法[EB/OL]. [2011-5-22].
http://www.61ic.com/code/viewthread.php?tid=37324&extra=page%3D1.

[28] SEED-DVS365 Development Software 用户指南[EB/OL]. [2011-5-23].
http://wenku.baidu.com/view/e57cb3030740be1e650e9a7a.html

[29] TMS320DM365Digital Media System-on-Chip (DMSoC)[EB/OL]. SPRS457E. MARCH 2009–REVISED JUNE 2011.[2011-5-23].
http:// www.ti.com/lit/ds/sprs457e/sprs457e.pdf.

[30] TMS320DM36x Digital Media System-on-Chip(DMSoC)Video Processing Front End (VPFE)User's Guide[EB/OL]. SPRUFG8. March 2009–Revised November 2010. [2011-5-23].
http://www.ti.com/lit/ug/sprufg8c/sprufg8c.pdf.

[31] Jonathan Corbet，Alessandro Rubini，Greg Kroah-Hartman.Linux Device Drivers[EB/OL]. January 27，2005.[2011-5-24]. http://lwn.net/Kernel/LDD3/.

[32] TMS320DM36x Digital Media System-on-Chip(DMSoC)Video Processing Back

End(VPBE) User's Guide[EB/OL]. SPRUFG9. March 2009–Revised July 2010. [2011-5-24].

http://www.ti.com/lit/ug/sprufg9c/sprufg9c.pdf.

[33] TMS320C64x+ DSP Megamodule Reference Guide[EB/OL]. SPRU871K. August 2010. [2011-5-24]. http://www.ti.com/lit/ug/spru871k/spru871k.pdf.

[34] TMS320C64x DSP Two-Level Internal Memory Reference Guide[EB/OL]. SPRU610C. February 2006. [2011-5-24]. http://www.ti.com/lit/ug/spru610c/spru610c.pdf .

[35] TMS320C64x+ DSP Cache User's Guide[EB/OL]. SPRU862B. February 2009. [2011-5-26].

http://www.ti.com/lit/ug/spru862b/spru862b.pdf.

[36] TMS320DM646x DMSoCDSP SubsystemReference Guide[EB/OL]. SPRUEP8. December 2007. [2011-5-18]. http://www.ti.com/lit/ug/spruep8/spruep8.pdf.

[37] TMS320DM6467TDigital Media System-on-Chip [EB/OL]. SPRS605B. JULY 2009–REVISED JULY 2010. [2011-5-23]. http://www.ti.com/lit/ds/sprs605b/sprs605b.pdf.